# 中国伦理文化与金融现代化

Chinese Ethical Culture and Financial Modernization

唐丽华◎著

经济管理出版社
ECONOMY & MANAGEMENT PUBLISHING HOUSE

图书在版编目（CIP）数据

中国伦理文化与金融现代化 / 唐丽华著. —北京：经济管理出版社，2020. 9
ISBN 978-7-5096-7522-9

Ⅰ. ①中… Ⅱ. ①唐… Ⅲ. ①伦理学—关系—金融事业–现代化研究–中国
Ⅳ. ① B82-092 ② F832

中国版本图书馆 CIP 数据核字（2020）第 163704 号

组稿编辑：范美琴
责任编辑：范美琴
责任印制：黄章平
责任校对：王淑卿

出版发行：经济管理出版社
（北京市海淀区北蜂窝 8 号中雅大厦 A 座 11 层　100038）
网　　址：www.E-mp.com.cn
电　　话：（010）51915602
印　　刷：三河市延风印装有限公司
经　　销：新华书店
开　　本：710mm × 1000mm / 16
印　　张：17.5
字　　数：324 千字
版　　次：2020 年 9 月第 1 版　2020 年 9 月第 1 次印刷
书　　号：ISBN 978-7-5096-7522-9
定　　价：68.00 元

# 目　录


绪　论 …… 001

第一章　现代金融体系概论 …… 006

一、金融范畴 …… 007

（一）金融的内涵 …… 007

（二）金融的起源 …… 009

（三）金融范畴的形成与拓展 …… 010

二、金融在现代经济中的作用 …… 011

（一）现代经济的核心与纽带 …… 011

（二）对经济的宏观调控作用 …… 012

（三）社会资金积聚与配置作用 …… 012

三、现代金融体系及其功能 …… 013

（一）金融市场的内涵 …… 013

（二）金融市场概述：金融制度和金融体系 …… 020

第二章　现代金融监管体系概论 …… 035

一、关于金融监管的理论基础 …… 035

（一）防范金融风险、保障金融安全的需要 …… 035

（二）关于金融监管的概念 …… 038

（三）金融监管的内涵 …… 039

二、次贷危机后欧美国家金融监管改革及对我国的启示 …… 047

（一）美国金融监管应对次贷危机失效的原因分析 …… 047

（二）次贷危机后欧美国家的金融监管改革 …… 049
（三）主要发达国家金融监管改革对我国的启示 …… 052
三、金融监管的目标 …… 056
（一）维护国家金融安全 …… 057
（二）防范系统性金融风险 …… 059
（三）维护金融市场秩序 …… 059
（四）保护金融消费者权益 …… 061
（五）促进金融市场的健康发展 …… 063
四、关于金融监管模式 …… 065
（一）金融监管模式及其类型化研究 …… 065
（二）主要发达国家金融监管模式演变比较研究 …… 072
（三）金融监管模式的比较分析 …… 079
五、金融监管的国际合作 …… 082

**第三章　伦理文化与金融现代化** …… 085
一、伦理文化的作用 …… 085
（一）文化含义的相关分析 …… 085
（二）思维理念与价值观的历史分析 …… 086
（三）中西方伦理文化的历史意义 …… 089
（四）对于文化力现实意义的思考 …… 091
二、伦理文化的意义 …… 095
三、伦理文化与金融现代化 …… 098

**第四章　金融与伦理文化的关系** …… 102
一、金融内涵的历史考量 …… 102
二、金融及其构成要素的伦理文化考量 …… 106
（一）金融本身的伦理属性分析 …… 106
（二）货币的伦理属性分析 …… 111

（三）信用的伦理属性分析 …… 114
（四）金融主体的伦理属性分析 …… 119
三、金融与伦理关系研究 …… 121
（一）金融伦理范畴分析 …… 122
（二）金融交换中的伦理关系分析 …… 123
（三）金融契约中的伦理关系分析 …… 126
（四）金融信用中的伦理关系分析 …… 128
（五）金融伦理的结构与功能 …… 129

**第五章 伦理文化与金融安全** …… 132
一、金融安全的内涵 …… 132
（一）金融安全的内涵 …… 132
（二）影响金融安全的内在与外在因素 …… 135
（三）金融安全态势的监测与预警 …… 136
二、金融危机也是伦理文化危机 …… 138
三、建立起伦理文化的防火墙 …… 141
四、伦理文化与金融安全的史实分析 …… 142
（一）历史的回溯与启示 …… 142
（二）从华尔街开始的疯狂的股票交易 …… 147
（三）从“股市大崩溃”到“金融海啸”的历史反思 …… 150

**第六章 我国金融体系发展概要** …… 158
一、改革开放前的金融体系 …… 158
（一）新中国金融机构体系的萌芽及创建时期 …… 158
（二）“大一统”金融体系时期 …… 160
二、改革开放至党的十八大以前的金融工作 …… 163
（一）金融体制改革的动因 …… 163
（二）金融体制改革的过程 …… 165
（三）金融体系趋于完善 …… 176

**第七章 新时代中国特色社会主义伦理文化与金融现代化** …… 179
一、新时代中国特色社会主义伦理文化 …… 179
（一）坚持以人民为中心 …… 180
（二）创新、协调、绿色、开放、共享的发展理念 …… 182
（三）弘扬中华民族优秀传统美德 …… 185
（四）以“德”为实质的社会主义核心价值观 …… 187
（五）坚持依法治国与以德治国相结合 …… 189
二、新时代中国特色社会主义伦理文化视角下的我国金融现代化建设 …… 191
（一）金融现代化建设的指导思想 …… 191
（二）新时代中国特色社会主义伦理文化视角下的金融市场体系建设 …… 202
（三）构建新时代金融风险防控体系，持续推进金融监管体制改革 …… 209
（四）推进落实金融服务实体经济 …… 222
（五）大力发展普惠金融、科技金融、绿色金融 …… 231
（六）扩大金融对外开放，积极参与全球金融治理 …… 239
三、后疫情时代的伦理应对 …… 242
（一）加强政府引导和财政投入，建立金融安全的伦理文化屏障 …… 249
（二）基于伦理文化的金融安全制度创新 …… 252
（三）伦理文化保护的机制创新 …… 266

**参考文献** …… 269

# 绪　论

2012 年 11 月 29 日，在国家博物馆参观“复兴之路”展览时，习近平同志指出：“实现中华民族伟大复兴，就是中华民族近代以来最伟大的梦想。”中国共产党第十八次全国代表大会以来，以习近平为核心的党中央站在历史和时代发展的新高度，深刻阐述了实现中华民族伟大复兴的中国梦，创造全体人民更加美好的生活理想的宏伟蓝图。这个梦想就是要实现国家富强、民族振兴、人民幸福，它承载着希望和未来，是一代又一代中华儿女接续奋斗、苦苦求索的宏图愿景，体现了中华民族和中国人民的整体利益，是每一个中华儿女的共同期盼。“国家治理体系和治理能力是一个国家制度和制度执行能力的集中体现”①，要实现伟大复兴的中国梦，国家治理体系和治理能力的现代化必不可缺。

18 世纪法国经济学家、重农学派的创始人弗朗索瓦·魁奈在《中华帝国的专制制度》一书中就这样感慨过：“这是世界上已知的最美丽、人口最密集、最繁华的王国。中华帝国不亚于一个统一在同一王朝之下的欧洲。”然而，自 1840 年第一次鸦片战争起，“中华帝国”开始从 5000 年文明的辉煌中跌落，进入一个积贫积弱的时代，昔日的强国沦为各殖民势力竞相争夺的目标。此后，探索国家富强之道就成为近代中国仁人志士们的不懈追求。

犹如哈佛大学东亚研究中心创始人、美国著名历史学家费正清在其《观察中国》一书中所言：“帝国主义的侵略使中国人民蒙受了耻辱，正是这种耻辱唤起了中国的民族主义并激发了 20 世纪的中国革命。”抗日战争的伟大胜利，使中国人民终于实现了国家独立和民族解放。之后，提高中华民族的整体素质，提升中华文明的影响力，确立中华民族在世界文明发展中的领先地位，这一民族振兴的梦想就成为中华儿女的共同心愿。通过不懈努力和艰苦奋斗，中

① 中共中央文献研究室. 十八大以来重要文献选编（上）[M]. 北京：中央文献出版社,2014：547–548.

华民族的崛起吸引了全世界的目光，中国人民的自尊心和自信心不断增强。今天，中国已经成为世界经济发展的引擎，持续、稳定、高速的经济增长，不仅为中国自身和平崛起创造了有利条件，同时也为世界其他国家和地区带来了发展机遇，中国在许多国际事务中正发挥着关键性作用，在维护世界和平稳定方面做出了很大贡献。然而，民族振兴只有进行时，没有完成时，实现中华民族伟大复兴依然任重道远。从实现民族振兴的国内外环境来分析，我们机遇虽多，但挑战也不少。无论是经济发展方式的转变，还是改善人民生活；无论是文化软实力的提升，还是中国力量的凝聚；无论是正确处理内部矛盾，还是积极应对国际局势，都必然要求提高国家机构履职能力，必然要求积极推进国家治理体系和治理能力的现代化。

中国共产党自成立以来，团结带领人民，坚持把马克思主义基本原理同中国具体实际相结合，赢得了中国革命胜利，并深刻总结国内外正反两方面经验，不断探索实践，不断改革创新，建立和完善社会主义制度，形成和发展党的领导和经济、政治、文化、社会、生态文明、军事、外事等各方面制度，加强和完善国家治理，取得历史性成就。新中国成立 70 多年来，我们党领导人民创造了世所罕见的经济快速发展奇迹和社会长期稳定奇迹，中华民族迎来了从站起来、富起来到强起来的伟大飞跃。党的十八大以来，我们党领导人民统筹推进“五位一体”总体布局，协调推进“四个全面”战略布局，推动中国特色社会主义制度更加完善，国家治理体系和治理能力现代化水平明显提高，为政治稳定、经济发展、文化繁荣、民族团结、人民幸福、社会安宁、国家统一提供了有力保障。

党的十八届三中全会在《中共中央关于全面深化改革若干重大问题的决定》中提出“全面深化改革总目标是完善和发展中国特色社会主义制度，推进国家治理体系和治理能力现代化”。党的十九大报告提出了“从全面建成小康社会到基本实现现代化，再到全面建成社会主义现代化强国，是新时代中国特色社会主义发展的战略安排”，以及实现“富强民主文明和谐美丽”的发展目标。党的十九届四中全会通过了《中共中央关于坚持和完善中国特色社会主义制度、推进国家治理体系和治理能力现代化若干重大问题的决定》。以习近平同志为核心的党中央，把国家治理现代化作为建设中国特色社会主义的重大战略举措，作为实现国家现代化和实现中华民族伟大复兴中国梦的重要保障。

新中国成立以来，特别是改革开放 40 多年来，中国现代化建设各方面工作都取得了举世瞩目的成就。近年来，我们经受住国际金融危机和世界经济低迷的冲击，国民经济保持平稳较快发展，人民生活不断改善，经济总量已居世界第二位，综合国力大幅提升，在实现国家富强之路上已经迈出了坚实的一步。实践证明，中国特色社会主义制度和国家治理体系是以习近平新时代中国特色社会主义思想为指导、植根中国大地、具有深厚中华文化根基、深得人民拥护的制度和治理体系，是具有强大生命力和巨大优越性的制度和治理体系，是能够持续推动拥有近14亿人口大国进步和发展、确保拥有5000多年文明史的中华民族实现“两个一百年”奋斗目标进而实现伟大复兴中国梦的制度和治理体系。

但我们还必须清醒地认识到，我国人均国内生产总值仅是世界平均水平的60%左右，发展中我们还面临一系列突出矛盾和新的问题，“我国仍处于并将长期处于社会主义初级阶段的基本国情没有变，人民日益增长的物质文化需要同落后的社会生产之间的矛盾这一社会主要矛盾没有变，我国是世界最大发展中国家的国际地位没有变”。目前，我国发展不平衡、不协调、不可持续的问题依然存在；农业基础薄弱、产业结构不合理、自主创新能力不足等问题仍然没有解决；国有企业效率低下、环境污染严重等问题仍然突出；惩治和预防腐败、维护国家安全等工作仍然任务艰巨。从现实情况看，我国在高速发展的同时，面临着发展中出现的诸多问题。随着国家经济社会发生深刻变化，人们的生产方式、生活方式、交往方式也发生了深刻的变化。新时代，特别是全面深化改革的时代背景下，社会利益多元化，社会矛盾叠加涌出，新情况新问题层出不穷，改革开放以来形成的阶层固化、利益固化等问题严重阻碍了国家治理能力的执行。我国社会也出现了两极分化、秩序失衡、贪污腐败盛行、伦理道德沦丧、社会冲突加剧、社会心理焦虑变形等问题。这些问题与国家治理能力的非正常表达密切相关，如何打破固化的利益格局，破解全面深化改革过程中的难题，是党和国家亟待解决的任务。

中国改革开放成绩斐然，“中国速度”“中国奇迹”为实现人民幸福奠定了坚实的物质基础，但是幸福感并非仅仅由经济状况所决定，它还受到政治生态、社会保障、公共服务、环境状况、精神生活等诸多因素的影响。当前，我们虽然已经迈入全面建成小康社会的时代，但是仍然面临着诸多挑战——城乡差距和收入分配差距依然较大，民主法治建设有待加强，社会保障、教育公平、食品安全、文化生活、生态环境等关系人民群众切身利益的问题较多。人民群众是我们力量的源泉，也是我们应该全心全意为之服务的对象。正因如此，习近平同志强调：“中国梦归根到底是人民的梦，必须紧紧依靠人民来实现，必须不断为人民造福。”要为人民造福，就应该随时倾听人民呼声，顺应人民对美好生活的期待，保证人民平等参与、平等发展权利，提高人民的生活水平，维护社会公平正义，增进人民福祉，使发展成果更多更公平惠及全体人民。为此，必须解决好人民最关心、最直接、最现实的民生问题，让每个人都能够学有所教、劳有所得、病有所医、老有所养、住有所居。因此，为了提升人民的幸福指数，增强人民的幸福感，必须扩大公民有序政治参与，积极推进社会主义民主政治制度化、规范化、程序化；必须完善社会保障制度，全面建成覆盖城乡居民的社会保障体系；必须健全基层公共服务，努力提升基本公共服务水平和均等化程度；必须加快文化产业发展，不断丰富人民群众的精神文化生活；必须重视生态环境保护，大力打造人与自然和谐发展的新格局；必须正视全社会的道德问题，扎实推进公民道德建设工程。实现人民幸福是一项复杂的系统工程，必然要求实现党、国家、社会各项事务治理制度化、规范化、程序化，必然要求积极推进国家治理体系和治理能力的现代化。

由次观之，在进入新的历史发展阶段，为真正把我国建设成为富强、民主、文明、和谐的社会主义现代化强国，必然要求提高运用中国特色社会主义制度有效治理国家的能力，必然要求积极推进国家治理体系和治理能力的现代化。习近平说："我们也要看到，相比我国经济社会发展要求，相比人民群众期待，相比当今世界日趋激烈的国际竞争，相比实现国家长治久安，我们在国家治理体系和治理能力方面还有许多不足，有许多亟待改进的地方。真正实现社会和谐稳定、国家长治久安，还是要靠制度，靠我们在国家治理上的高超能力，靠高素质干部队伍。"新时代，"面对改革进入攻坚期和深水区、各种深层次矛盾和问题不断呈现、各类风险和挑战不断增多的新形势"，要实现国家治理现代化的发展目标，实现"人民对美好生活的向往"的庄严承诺，需要我们不断提高改革决策水平、推进国家治理体系和治理能力现代化，这是时代的声音，更是现实的需要。

1991 年邓小平在视察上海时说过："金融很重要，是现代经济的核心。金融搞好了，一着棋活，全盘皆活。"① 从此，金融作为现代经济核心的观念深深地扎根在了人们心中。而且，无论是改革开放初期中央提出的"经济体制改革"，还是改革发展到全面深化阶段后中央提出的"供给侧结构性改革"，都包含着金融体制改革或金融供给侧结构性改革问题。所以，不仅在改革理论上，而且在改革实践上，党中央和中国政府都始终坚持把金融体制改革作为经济体制改革的重要内容，并在历届党的代表大会、中央全会、中央经济工作会议和全国金融工作会议上，提出发展设想、做出改革规划、制定相关政策，都不同程度地涉及金融改革问题。尤其在近年来，随着市场化改革不断深入，潜在的金融风险也在扩大，发生系统性金融风险的概率有所攀升，以防控系统性金融风险为底线、促进金融业健康发展、服务实体经济为主旨的金融体制改革和金

① 邓小平．邓小平文选（第 3 卷）[M]．北京：人民出版社，1993：366.

融体系建设，被提升到了更加重要、更加突出的位置。

金融作为实体经济的血脉，健全现代金融体系是推进国家治理体系现代化的重要一环。金融治理现代化是国家治理现代化的重要支撑，国家治理现代化离不开金融治理的现代化。习近平主席在中央政治局集体学习时指出，“金融是国家重要的核心竞争力，金融安全是国家安全的重要组成部分，金融制度是经济社会发展中重要的基础性制度”。当前，我国经济和社会发展正步入新阶段，建设现代化金融体系是经济从高速增长阶段转向高质量发展阶段的内在要求，是转变发展方式、优化经济结构、转换增长动力的迫切需要，是顺应中国特色社会主义进入新时代发展阶段的战略目标和重大部署。现代金融体系及其功能内嵌于国家治理体系和治理能力现代化当中，在国家治理体系和治理能力现代化中居于核心地位。具体表现为：一是金融治理是国家治理体系的重要组成部分；二是经济与金融关系的制度安排是现代经济体系和国家治理体系中的核心制度安排之一；三是经济和金融安全是国家治理现代化和中国梦的底线和保障。总的来说，金融现代化主要包括现代化金融体系和现代化金融治理能力两部分。现代化金融体系主要包括金融机构体系现代化、金融市场体系现代化和金融基础设施体系现代化等。现代化金融治理能力指的是金融监管体系现代化，主要体现在金融调控能力现代化、金融风险防控能力现代化与金融监管能力现代化这几个方面。

# 第一章

# 现代金融体系概论

现代金融体系是国家治理体系和治理能力现代化的重要组成部分和基础支撑。金融体系决定了一个国家资金的供给效率和供给成本，一个现代化的金融体系，能够有效引导资金在市场的作用下，进行合理的资源配置，推动经济向着高质量的方向发展。在现代金融体系建设中，金融制度是重要基础性制度，金融机构和金融市场的价值就在于，通过完善有效的金融制度在储蓄者和企业之间以最优的成本架起一座桥梁。

党的十七大报告提出："推进金融体制改革，发展各类金融市场，形成多种所有制和多种经营形式、结构合理、功能完善、高效安全的现代金融体系。"这是在党的代表大会报告中第一次提出要构建和形成"现代金融体系"的问题。党的十七大报告的这一重要精神，对于完善我国现代金融体系的建设与发展，具有重要的理论意义和现实意义。

金融和金融体系是商品货币关系发展的产物，并随着商品货币关系的发展而发展；金融体系理论是在商品货币关系不断发展的基础上产生和形成的。马克思在批判并吸收古典经济学理论合理内核的基础上，通过考察、分析货币的起源和本质，为人类解开了"货币之谜"，并以探究货币本质和职能为基础，分析资本循环和周转，提出了货币资本"第一推动力"和"持续推动力"的论断，进而通过剖析资本主义金融体系发展带来的危害，形成了马克思主义货币资本理论。金融是经济的核心，金融体系自然是经济体系的核心。而要建设现代化经济体系，就必须着力打造现代金融体系这一"核心"。建设现代化经济体系，是要通过构建市场机制有效、微观主体有活力、宏观调控有度的经济体制，建立实体经济、科技创新、现代金融、人力资源协同发展的产业体系，从而实现质量第一、效益优先、持续提高全要素生产率。现代金融体系作为现代化经济体系的核心，也是现代化经济体系的重要标志，对现代化经济体系的完善以及运行效率的提升具有至关重要的作用。

现代金融体系理论是现代金融理论的核心要素，主要是现代西方学者致力于研究金融市场发展而提出并逐渐成熟起来的。这一理论体现在构建现代金融体系过程中，是以概率统计和泛函分析为基础，通过大量应用随机分析和数论等金融数学原理，探讨和研究资本市场运营、资本资产的结构和定价以及金融风险防控等而取得的理论成果。金融市场是由债券、基金、股票、期货、期权等要素构成的金融证券市场；证券则起源于中世纪后期，以意大利的威尼斯、热那亚等城市发行军事公债为标志。第二次世界大战以后，资本主义市场经济发展布局发生了重大变化，后起的资本主义国家——美国经济迅猛发展，期间也伴随着金融危机屡屡发生。金融经济不断发展，必然要求不断完善金融市场，以有效防控和化解金融风险，而随着生产领域的技术创新不断涌入金融领域，导致各种金融衍生产品大量涌现，这就需要解决金融衍生产品定价、证券投资决策等问题。随着马克维茨资产组合理论、布来克和斯科尔斯期权定价方程的提出，金融理论的发展便进入了新的历史阶段。

## 一、金融范畴

关于金融概念的争论由来已久，欧美国家以及俄罗斯、日本、中国都各有解释，可谓“仁者见仁，智者见智”，而且概念解释在不断变化。金融一词，在英文中拼写为 finance，在世界文化交流过程中 finance 逐渐与金融互译。不过，在西方国家，finance 的含义也不尽相同，有的包括财政，有的指公司金融或金融市场等。我国究竟在何时使用了“金融”这一概念还无从考证。对于金融的定义，中国 1915 年版的《词源》中释义是：“今谓金钱之融通状态曰金融，旧称银根。各种银行、票号、钱庄，曰金融机构。”我国著名金融家黄达认为，金融可以定义为：由货币与信用相互结合而形成的市场交易行为的集合①。许涤新在《政治经济学辞典》中的解释是：“货币流通的调节和信用活动的总称。”② 审视所有这些定义，其中都包含三个词在内：货币、信用和交换。当然，还应该有金融交换活动的主体——人。从本质上讲，金融属于经济范畴，它的构成元素包括经济生活中的全部货币资产借贷、货币买卖活动和以信用为基础的货币流通等。

### （一）金融的内涵

从非专业的视角来看，金融领域的涵盖面十分广泛，包括与物价有联系的货币流通、金融机构体系、证券市场、短期拆借市场、保险系统、国际金融等

---

① 黄达 . 金融学 [M]. 北京：中国人民大学出版社，2003.

② 许涤新 . 政治经济学辞典（下）[M]. 北京：人民出版社，1981.

方面，这几乎涵盖了经济学理论所理解的一切金融领域，而且这种理解既包括金融系统的宏观运行机制，也包括金融系统的微观运行机制。

在金融理论界，对金融的解释存在狭义和广义之别。前者认为资本市场即资本市场的微观运行机制即为金融，后者则将“金融”范围由资本市场扩展至金融机构和其他金融市场。在中国，“金融”作为一个完整的词汇出现，最早见于1915年出版的《辞源》和1937年出版的《辞海》。但直到20世纪50年代，人们对“金融”的内涵和外延的理解都不十分确定。在计划经济时期，“金融”这个词很少被使用，只是到了改革开放之后，它才成为报刊文章和人们日常生活中使用频率较高的词汇。但在现代的工具书中，都已经习惯于把中文“金融”和英文“Finance”对应起来，而且在日常生活中人们也是这样对二者进行简单互译。

那么，作为经济范畴或金融范畴，二者能否等同视之？这个问题不能一概而论，需要具体分析西方人是如何使用“Finance”一词的。对于“Finance”的解释，西方人有广义、狭义以及介于二者之间的三种不同解释。一是在广义上的解释，把Finance定义为“货币事务、货币管理、与金钱有关的财源等”。具体包括：“① Public Finance（即政府的货币资财及其管理）；② Corporate Finance（即工商企业的资财货币及其管理）；③ Personal Budget（即个人的货币资财及其管理）。”在中国，财政由政府货币收支构成，而其英文正是Public Finance。可见，在中国人眼里，财政与金融具有密切关系，国家财政即为两个范畴的重叠域。尽管如此，在中国，二者依然没有把对方纳入自己范畴。所以，虽然工商企业货币收支构成了公司财务，但从不被纳入金融范畴，也没有人把金融纳入财政范畴。至于个人的理财行为，虽然与金融联系密切，但个人理财和金融则更不能等同。二是在狭义上的解释，经济学界通常把Finance这个词的内涵界定为与资本市场有关的运作机制、股市和其他金融资产行情的形成。当代中国人对金融内涵的理解，就深受西方人所理解的Finance这种含义的影响。对Finance这个词除了有广义和狭义解释之外，还有一种折中的解释，其实这种解释并没有特别之处，就是把货币流通、信用授予、投资运作、银行服务等，统统纳入了Finance的范畴。当然，在这种解释中，如何具体界定Finance也存在着分歧。

总之，西方人对Finance也并非仅仅一种解释和用法，不同的解释和用法与历史发展阶段有关，与不同社会群体和不同场合也有关，不同解释和不同用法同时并存是不足为怪的，因为事实关系的发展始终决定着理念和理论的发展。在中国，人们对金融的理解和人们赋予Finance的含义，同样是随着时代发展而逐渐丰富和演进的。中国最初使用“金融”一词的时候，其本义应该是指通过中介以借贷形式所进行的资金融通；在西方，把 Finance 限定用来指资本市场，则是 20 世纪后半叶才开始有的。所以，绝对不能把中文的“金融”和西方的 Finance 简单套用，既不能要求西方人按照中国人对金融的理解使用 Finance，也不能要求中国人按照西方人使用 Finance 的习惯来理解“金融”概念。而应该采取的唯一正确的态度，就是视情境和语境不同来确定中国人使用“金融”与西方人使用 Finance 的语义关系，但为了避免语义和理解上的歧义及混乱，必须尊重国内多年来对 Finance 约定俗成的译法。

### （二）金融的起源

在学术界，多数人将金融范畴的起源归因于货币和信用的发展。当然，也并非完全限于此。其实，早在资本主义现代经济形成之前，就存在货币和信用范畴，只不过它们是以相互独立的形式分别在经济生活中发挥作用。从理论上讲，货币的起源应先于信用的起源，因其与商品交换的发展需要密切相关。随着商品经济日益发达和繁荣，货币流通范围呈现逐渐扩大趋势。起初，货币是以实物形态出现的。中国古代货币的发展经历了以下过程：最早的货币是贝壳，金属铸币是后来才出现的。货币一出现就进入了流通领域，极大地促进了商品生产和交换。在中国，最早的铸币像布币、刀币、圜钱等，是用铜铸造的，在历史上流通时间最长的是圆廓方孔铜币。在秦汉时期，黄金曾经充当货币用来流通，之后货币形态发生变化。在东汉、唐朝时期，存在铜钱、布帛一起流通现象。到了宋代，白银成为计量货币，到清朝中期以后，由于世界经济形势发生变化，外国白银大量流入，对清朝币制产生影响，清政府开始铸造银元，银元成为主要流通货币。但由于铸币权由国家和官府垄断，虽然货币形态发生变化，而未与信用机构产生联系。

决定信用产生的原因，是财富的非所有权转移调剂需求。在进入资本主义时代以前，借贷的形式既有货币借贷也有实物借贷。而随着商品经济的发展，货币作为财富的凝结，在借贷关系中的地位日益重要，而且其功能和作用不断扩大，逐渐产生了货币兑换、保管、汇兑业务等金融活动。然而，货币制度相对于信用的独立性并没有改变。

在中国，早在先秦时期就存在货币借贷现象，孟尝君“出息钱于薛”的典故就说明了这一点。据说，汉代有放债牟利的子钱家，随着唐代商业的繁荣，出现了以动产为抵押的“质库”、以不动产为抵押的“贴赁”和“典质”以及官府放贷的“公廨本钱”和专事保管钱财的“柜房”。当时多以货币为营运和借贷对象，而在广大乡村，除以货币为借贷对象外，实物形态的借贷关系仍大量存在。直到中华人民共和国成立前，在民间依然存在“春借一斗，秋还三斗”的借贷形式。信用的发展促使借贷关系把贮藏货币变成了流通货币，加快了货币流通，推动了商业繁荣。例如，唐代基于信用关系的汇兑业务而出现的“飞钱”“便换”等，使货币在大范围内流动更加便利。宋代出现的“交子”，作为信用凭证充分发挥了代替铸币流通、弥补铸币短缺的功能，在中国开创了国家强制使用纸币的先河。

这些事例表明，货币和信用的关系是随着商品经济关系的发展而日益联系密切的，宋代交子的出现，说明货币和信用已经在这种形式中结合为一体，中国货币经济关系的发展是如此，西欧也大体经历了这样的发展过程。在前资本主义时代，货币同信用的联系虽然逐渐增多，但由于缺乏现代中介机构作为桥梁，无论在中国还是在西方国家，它们仍是相互独立的，这就是金融范畴在前资本主义时代未能形成的缘由。

### （三）金融范畴的形成与拓展

金融范畴的形成与现代银行的产生直接相关。随着商品交易的繁荣发展，在 16 世纪的意大利威尼斯最先产生了近代银行，其功能主要是为了适应交易对资金的需求而进行放贷和吸纳存储。17 世纪的英国，不仅产生了保管贵金属的银行，而且催生了流通于市面的银行券。17 世纪末期，新兴资产阶级开展了反高利贷的斗争，为了适应新的经济形势发展需要，英国旧式高利贷银行演变为资本主义银行，并且伴随着英格兰银行的建立，兴起了开办资本主义股份制商业银行的热潮。股份制商业银行的兴办，是早期银行向现代银行转型的标志，但这种转变的过程十分缓慢，直到 18 世纪末才完成。

在银行业兴办和发展的初期，不仅银行数目众多，而且独自发行银行券。这种状况显然不利于稳定资本主义经济秩序，为应对资本主义经济进一步发展的需要，政府开始强化对社会经济生活的干预，1844 年英国通过了《英格兰银行条例》，对英格兰银行进行改组，使其成为真正的中央银行，这也是世界上出现的第一个央行。不过，这时的中央银行还没有成为银行的银行，仍是政府的银行和发行的银行。第一次世界大战后，许多国家开始建立中央银行制度；经过第二次世界大战的深刻教训，世界各国普遍信奉凯恩斯的货币理论和货币政策主张，均以货币政策作为干预市场、调节经济的主要手段，开始强化中央银行制度。

随着现代资本主义经济的发展和现代银行的产生，资本主义商品经济关系发生了很大变化。第一次世界大战以后，资本主义发达国家金融领域发生的重大变化之一，就是贵金属货币退出了流通领域。这种现象的出现是经历了一个过程的，第一次世界大战爆发前，资本主义世界就开始金融变革，并且形成了彻底不兑现的银行券流通制度，从而使货币流通和信用活动变为同一过程。正是有了银行信用作为基础，才出现了把银行券作为日常小额支付手段，把转账结算存款货币用于大额支付手段，从而促使信用活动和货币结合在了一起。当信用活动和货币运动保持相对独立状态时，货币和信用是两个范畴；当二者紧密结合又同时存在并长期相互渗透时，便形成了金融范畴。中国出现新式银行较晚，大约在 19 世纪末期。而到 1935 年，随着民国政府实行法币改革，流通领域排除了银元，中国也形成了金融范畴。

金融范畴形成之后，其内涵随着以银行为主体的各类金融机构活动范围的扩展而不断发展，对人类经济活动产生的影响几乎无法估量。20 世纪 80 年代以来，世界各国银行业务和经营活动发生了巨大变化，业务经营模式由分业经营发展为混业经营，促使银行业集中购并速度加快。货币和信用相互渗透的日益深化和迅猛拓展，使金融范畴发生巨大变化，不仅超越了“既涉及货币，又涉及信用的所有经济关系和交易行为的集合”，还覆盖了现代金融领域的各个方面。所以，金融就是涉及信用和货币以及由它们二者相互结合而生成、运作的全部交易行为，换句话说，“凡是涉及货币供给，银行与非银行信用，以证券交易为操作特征的投资、商业保险以及类似形式进行运作的所有交易行为的集合”[①]就是金融。

## 二、金融在现代经济中的作用

在现代社会，金融密切联系着国家生活、社会生活和个人生活，在现代经济中的地位和作用主要表现在三个方面。

### （一）现代经济的核心与纽带

从金融产生的本源来看，它是适应经济发展而产生的，无论在传统商品经济还是在现代市场经济中，它始终处于经济体系的核心地位，对经济增长和运行发挥着重要的直接作用。尤其是现代经济，它是社会经济和市场经济的统一体，它的运行有两个显著特点：第一，表现为由价值流导向实物流；第二，表现为由货币资金运动导向物质资源运动，已经发展成为发达的货币信用经济或金融经济。因此，金融与现代经济的关系更为紧密、直接和重要，即“金融活，经济活；金融稳，经济稳”[②]；金融乱，经济乱。金融在现代经济中的核心

---

① 黄达．金融学 [M]．北京：中国人民大学出版社，2003．

② 习近平总书记在中央政治局第四十次集体学习时的重要讲话[EB/OL].中国政府网，2017-04-26.

地位和作用，是由其性质、功能及其市场运行状况决定的，金融市场运行得越平稳、健康，货币资金筹集、融通、使用得就越充分，社会资源配置得也就越合理，从而对社会经济良性运行和发展所起的促进作用也就越加突出。

## （二）对经济的宏观调控作用

现代经济就其本质而言属于市场经济，在市场经济条件下，资源配置需要通过市场发挥直接的决定性作用来实现，政府一般不能直接干预市场，国家对经济的调控是间接的宏观调控，并且以货币政策为主要宏观调控手段。所以，金融在构建、完善和发展国家宏观调控体系中具有重要作用，只要保证其有序、规范运行，就可以促进经济健康发展、社会安全稳定，进而实现社会公平和分配正义。国民经济各部门的功能发挥都离不开金融，它们与金融之间的联系能够比较全面而又具体、生动而又真实地反映一切市场主体的经济动向和所有经济活动。不仅如此，金融组织还可以充分利用自己独有的手段和优势，对各类微观经济主体直接施加影响，调节所有主体的经济活动。与金融机构相比，国家对市场主体施加影响的依据、途径和方式则不同，它只能依据法律和国家宏观经济政策的需求，调整生产要素在不同领域的配置格局，通过中央银行制定货币政策，调控货币供应数量、结构和利率，使社会总供给和社会总需求保持大体平衡。金融的这种杠杆作用，直接或间接地影响生产资料和消费品价格、进出口数量和规模、不同部门单位的收入、社会财富在社会成员之间的分配等，从而发挥调节经济发展规模、速度、结构的作用，影响经济主体参与市场活动的态度和决策，同时发挥稳定物价、抑制贫富分化、促进经济社会持续稳定发展的作用。

## （三）社会资金积聚与配置作用

金融作为现代经济生活的命脉和媒介，连接着每个社会成员和千家万户，连接着各部门、行业、单位的生产经营，现代一切经济活动几乎都离不开货币资金运动。金融将零散、闲置的社会资金积聚起来，配置到社会急需领域和部门，可以发挥零散资金的整合效应，使生产力得到更大发展，是国家用来管理、监督、调控国民经济运行的重要杠杆和配置资金投向的重要手段。所谓金融活，经济活，也就是在这个意义上讲的。在国际上，金融是各个国家对外交往的重要组成部分，它对促进国际贸易、引进外资、加强经济技术合作等发挥着重要作用，任何国家经济的发展和繁荣，都离不开与国际社会在金融领域的合作。

# 三、现代金融体系及其功能

现代金融既是国民经济的重要支柱和发展引擎，又是市场配置资源不可替代的核心枢纽。金融市场是统一市场体系中的重要组成部分，是投融资双方集中的场所，通过金融市场各种融资工具的发行和交易，起到聚集资金、加快资金融通和提高资金使用效率等作用，以此促进经济的增长。金融市场对一国经济发展和社会福利水平提高有着至关重要的作用。但是金融市场又必须以实体经济为根据，为实体经济服务，不能脱离于实体经济存在。

改革开放 40 多年来，我国金融市场建设取得了很大成就，金融市场架构已见雏形，金融市场形式、金融市场工具、市场交易体系逐渐形成并且在不断完善。目前，我国是世界第二大经济体，同时又是处于经济社会转轨时期的发展中大国，经济发展速度快但又不均衡。我国经济运行中存在的一些长期问题和短期问题相互交织，体制性矛盾和结构性矛盾并存，要加快转变经济发展方式，提升经济增长内生动力，迫切需要有一个能适应自身经济发展和经济增长方式转变的金融市场体系，这是我国金融市场发展的指导思想。

## （一）金融市场的内涵

### 1. 金融市场的定义

金融市场是指资金供应者和资金需求者双方通过信用工具进行交易而融通资金的市场，广而言之，是实现货币借贷和资金融通、办理各种票据和有价证券交易活动的市场。比较完善的金融市场定义是：金融市场是交易金融资产并确定金融资产价格的一种机制。

金融市场又称为资金市场，包括货币市场和资本市场，是资金融通市场。所谓资金融通，是指在经济运行过程中，资金供求双方运用各种金融工具调节资金盈余的活动，是所有金融交易活动的总称。在金融市场上交易的是各种金融工具，如股票、债券、储蓄存单等。资金融通简称为融资，一般分为直接融资和间接融资两种。直接融资是资金供求双方直接进行资金融通的活动，也就是资金需求者直接通过金融市场向社会上有资金盈余的机构和个人筹资；与此对应，间接融资则是指通过银行所进行的资金融通活动，也就是资金需求者采取向银行等金融中介机构申请贷款的方式筹资。金融市场对经济活动的各个方面都有着直接的深刻影响，如个人财富、企业的经营、经济运行的效率，都直接取决于金融市场的活动。

金融市场体系是指其子市场的构成形式。金融市场的构成十分复杂，它是由许多不同的市场组成的一个庞大体系。但是，一般根据金融市场上交易工具的期限，把金融市场分为货币市场和资本市场两大类。货币市场是融通短期（一年以内）资金的市场，资本市场是融通长期（一年以上）资金的市场。货币市场和资本市场又可以进一步分为若干不同的子市场。货币市场包括金融同业拆借市场、回购协议市场、商业票据市场、银行承兑汇票市场、短期政府债券市场、大面额可转让存单市场等。资本市场包括中长期信贷市场和证券市场。中长期信贷市场是金融机构与工商企业之间的贷款市场；证券市场是通过证券的发行与交易进行融资的市场，包括债券市场、股票市场、基金市场、保险市场、融资租赁市场等。和其他市场相比，金融市场具有自己独有的特征：第一，金融市场是以资金为交易对象的市场。第二，金融市场交易之间不是单纯的买卖关系，更主要的是借贷关系，体现了资金所有权和使用权相分离的原则。第三，金融市场可以是有形市场，也可以是无形市场。现代市场经济的发展需要强大和完善的金融市场的支撑，因此建立市场化的有效金融市场对于我国的市场经济改革而言是一个长期而又艰巨的任务。

对于金融市场的内涵还应强调以下三点：

（1）金融市场是指以金融工具为交易对象实现资金融通的场所。这种市场可以是场内市场，也可以是场外市场，而且随着科学技术的不断进步，信息交流手段的不断更新，场外市场在迅速扩张。这种市场可以是有形的，如证券交易所；也可以是无形的，如外汇交易市场、网上银行系统等。

（2）金融市场是与交易、资金融通相关的各种运行机制。其中最主要的是价格机制；它揭示了金融资产的定价过程，说明了如何通过这些定价过程在市场的各个参与者之间合理分配风险和收益。①

（3）完整的金融市场应该包括以下四个构成要素。首先，金融市场主体，就是金融市场的参加者，政府、工商企业、居民、各类金融机构都是金融市场的参与者。其次，交易对象，金融市场的交易对象不管其具体的物理形态如何，对象最终都指向货币资金，交易的实质内容都是货币资金的所有权或者其他有经济价值的部分权能的转移。再次，交易工具，又称金融工具，它是代表一定的货币资金权属关系并可以据此进行交易的合法凭证。金融工具必须具备广泛的社会可接受性、具有可转让性、流通性良好及被法律所认可四个特征。最后，交易价格，指金融工具所代表的价值，即规定的货币资金及其所滋生的利率或收益率的总和。

根据金融市场的外延，可以将金融市场分为广义金融市场和狭义金融市场。广义金融市场包括货币资金借贷、证券、外汇、保险和黄金买卖等一切金

---

① 张亦春．现代金融市场学 [M]. 北京：中国金融出版社，2002.

融业务。从狭义上来说，金融市场一般指直接金融市场或证券市场，有时，甚至专指证券交易所。从表现形态来看，金融市场的形态有两种：一种是有形市场，即交易者集中在有固定地点和交易设施的场所内进行交易的市场，在证券交易电子化之前的证券交易所就是典型的有形市场，但目前世界上所有的证券交易所都采用了数字化交易系统，因此有形市场渐渐被无形市场所替代；另一种是无形市场，即交易者分散在不同地点（机构）或采用电信手段进行交易的市场，如场外交易市场、全球外汇市场和证券交易所市场都属于无形市场。

一个完备的金融市场，应包括四个基本要素：

（1）资金供应者和资金需求者。包括政府、金融机构、企业事业单位、居民、外商等，既能向金融市场提供资金，也能从金融市场筹措资金。这是金融市场得以形成和发展的一项基本因素。

（2）信用工具。这是借贷资本在金融市场上交易的对象。如各种债券、股票、票据、可转让存单、借款合同、抵押契约等，是金融市场上实现投资、融资活动必须依赖的标的。

（3）信用中介。这是指一些充当资金供求双方的中介人，起着联系、媒介和代客买卖作用的机构，如银行、投资公司、证券交易所、证券商和经纪人等。

（4）价格。金融市场的价格指它所代表的价值，即规定的货币资金及其所代表的利率或收益率的总和。

金融市场与资金市场是两个极易混淆的概念。以前人们将资金市场等同于金融市场，但是这种做法在金融市场不断发展的今天是错误的。在 20 世纪 80 年代，中国的证券市场、黄金市场、外汇市场和保险市场等尚未起步或不太发达，将两者等同还可以说得通。实际上，这两者是两个互相联系而又互相区别的概念。金融市场是一个大概念，资金市场是一个小概念；金融市场包括资金市场，资金市场是金融市场的一个组成部分。

2. 金融市场的分类

按照不同的标准可以对金融市场进行不同的分类。多样的分类方法有助于更充分地理解金融市场，反映这个复杂市场。按资金偿还期的长短，金融市场可以分为短期金融市场和长期金融市场。按金融资产的发行和流通特征的不同，可以将金融市场分为发行市场和流通市场。资金需求者将信用工具首次出售给资金的供应者时所形成的交易市场称为发行市场或者一级市场。信用工具的发行有两种方式：第一种是将金融资产销售给特定的机构，也叫私募发行；第二种是将金融资产广泛地发售给社会公众，也叫公募发行。信用工具首次发行后，其在不同的投资者之间买卖、转让所形成的市场称为流通市场或二级市场。根据组织形式的不同，流通市场可分为场内交易市场和场外交易市场。按交易场所有无物理形态，可以分为有形市场和无形市场。按交易范围，可以分为地方性市场、区域性市场、全国性市场和国际性市场。按地理范围可分为国际金融市场和国内金融市场。按交易对象划分为拆借市场、贴现市场、大额定期存单市场、证券市场（包括股票市场和债券市场）、外汇市场、黄金市场和保险市场。按交割期限可分为金融现货市场和金融期货市场。按交易标的物划分为货币市场、资本市场、金融衍生品市场、外汇市场、保险市场、黄金及其他投资品市场等。

3. 金融市场的功能

简单地说，就是它有四大功能：一是融资；二是调节；三是避险；四是信号。

（1）金融市场能够迅速有效地引导资金合理流动，提高资金配置效率。

1）扩大了资金供求双方接触的机会，便利了金融交易，降低了融资成本，提高了资金使用效益。

2）金融市场为筹资人和投资人开辟了更广阔的融资途径。

3）金融市场为各种期限、内容不同的金融工具互相转换提供了必需的条件。

（2）金融市场具有定价功能，金融市场价格的波动和变化是经济活动的晴雨表。

1）金融资产均有票面金额。

2）企业资产的内在价值——包括企业债务的价值和股东权益的价值——是多少，只有通过金融市场交易中买卖双方相互作用的过程才能“发现”。即必须以该企业有关的金融资产由市场交易所形成的价格作为依据来估价，而不是简单地以会计报表的账面数字作为依据来计算。

3）金融市场的定价功能同样依存于市场的完善程度和市场的效率。

4）金融市场的定价功能有助于市场资源配置功能的实现。

（3）金融市场为金融管理部门进行金融间接调控提供了条件。

1）金融间接调控体系必须依靠发达的金融市场传导中央银行的政策信号，通过金融市场的价格变化引导各微观经济主体的行为，实现货币政策调整意图。

2）发达的金融市场体系内部，各个子市场之间存在高度相关性。

3）随着各类金融资产在金融机构储备头寸和流动性准备金比率的提高，金融机构会更加广泛地介入金融市场运行之中，中央银行间接调控的范围和力度将会伴随金融市场的发展而不断得到拓宽加强。

（4）金融市场的发展可以促进金融工具的创新。

1）金融工具是一组预期收益和风险相结合的标准化契约。

2）多样化金融工具通过对经济中的各种投资所固有的风险进行更精细的划分，使得对风险和收益具有不同偏好的投资者能够寻求到最符合其需要的投资。

3）多样化的金融工具也可以使融资者的多样化需求得到尽可能大的满足。

（5）金融市场帮助实现风险分散和风险转移。

1）金融市场的发展带来居民金融资产多样化和金融风险分散化。

2）发展金融市场为居民投资多样化、金融资产多样化和银行风险分散化开辟了道路，为经济持续、稳定发展提供了条件。

3）居民通过选择多种金融资产、灵活调整剩余货币的保存形式，增强了投资意识和风险意识。

（6）金融市场可以降低交易的搜寻成本和信息成本。

1）搜寻成本是指为寻找合适的交易对方所产生的成本。

2）信息成本是在评价金融资产价值的过程中所发生的成本。

3）金融市场帮助降低搜寻与信息成本的功能主要是通过专业金融机构和咨询机构发挥的。

4. 金融市场的特殊性

与其他市场相比，金融市场的特殊性主要表现在：

（1）市场参与者之间的关系是借贷关系和委托代理关系，是以信用为基础的资金的使用权和所有权的暂时分离或有条件的让渡。

（2）金融市场的交易对象不是普通商品，而是特殊的商品——货币资金及其衍生物。

（3）金融市场的交易方式具有特殊性。

（4）金融市场的价格的决定较为复杂，影响因素很多并且波动巨大。

（5）市场交易的场所在大部分情况下是无形的。

金融市场可以将众多投资者的买卖意愿聚集起来，使单个投资者交易的成功率大增，即在接受市场价格的前提下，证券的买方可以买到他想买的数量，卖方可以卖出他想卖的数量。交易所的这种属性其实就是流动性，交易所的流动性使得资本在不同的时间、地区和行业之间进行转移，使资源得以配置。金融市场出现的目的是提供交易的便捷，因而流动性就是金融市场的基础经济功能所在，没有了集中流动性的功能，金融市场就失去存在的基础。流动性的作用还不仅在于此，作为交易成本还体现在市场对交易机制的选择和变迁的决定作用，因为在世界经济一体化的时代，各个金融市场面临着激烈的竞争，而流动性是其竞争力的最直接体现。"流动性是委托量大小和频率的函数，当有些买卖委托输入特定的交易系统时，将会吸引其他买卖委托进入该系统，可以说，流动性能吸引流动性。"（Ruben，1998）。因此抢得先机者可用流动性来创造更大的流动性，从而在竞争中占有明显的战略优势。

### 5. 金融市场在市场经济中的地位

（1）市场经济下的诸生产要素市场。市场经济是一个由形形色色的分市场所构成的庞大的市场统一体。在社会生产过程中，每项生产要素在交换过程中都构成了自己的市场体系。这些市场主要是：生产资料市场和劳动力市场，以及由此派生出的消费资料市场、劳务市场、技术市场、产权市场、文化市场等。这些市场，通过产品的互换，实现社会生产和消费的正常进行。上述各种生产要素市场的交换，在当代经济运行中，不是以物物交换形式完成的，而是以货币为媒介来实现的。当代经济是货币经济和信用经济，正是由于货币信用的推动，实现了物质资源的迅速配置，使信用资金具有了商品性。资金不仅在向产业部门输送过程中体现其商品的属性，而且在交易媒介——金融工具的带动下，进行金融商品的买卖。一般来说，金融商品即货币资金的购买者或需求者，取得资金用于投资、发展生产和流通，但是，出于种种目的，不同的金融商品之间也会相互交易，这样，纵横交错的金融商品流通，构成了一个相对独立的市场——金融市场，同样成为一个不可缺少的生产要素市场，成为市场经济下沟通诸要素市场必不可少的一环。马克思认为，货币资金是资本主义发展的第一推动力和持续的动力。通过这个市场的资金融通功能，把资金从所有者转向需求者手中，实现资金的重新配置和优化组合，充分发挥资金的流动性和效益性，从而推动商品市场的发展。可见，金融市场是整个市场体系的有机组成部分。

（2）金融市场同其他各种市场的关系。金融市场是货币资金或金融商品交易的场所，也是资金融通的场所。它主要是进行货币借贷以及各种票据、有价证券、黄金和外汇买卖的场所。通过金融市场的交易活动，沟通资金供求双方的关系，实现资金融通。金融市场同其他各种商品市场既有联系又有区别。

第一，金融市场同其他市场之间的联系具体表现在：一是金融市场为商品市场提供交易的媒介，使商品交换得以顺利进行；二是金融市场可以有力地推动商品市场的发展，在外延的广度上促进商品市场的发展；三是通过金融市场的带动和调节，使商品市场进行流动和组合，从而引起对资源的重新配置。

第二，金融市场同其他市场的区别表现在：一是交易场所的区别。一般商品交易有其固定的场所，以有形市场为主；而金融市场既有有形市场，在更大的范围内也有通过电话、电报、电传、电脑等通信工具进行交易的无形市场，这种公开广泛的市场体系，可以将供求双方最大限度地结合起来。二是交易对象的特殊性。一般商品的交易对象是普通商品或劳务，其本身含有一定的价值和使用价值，一经交易就进入消费；金融市场的交易对象是金融商品，其价值和使用价值有着不同的决定方式：使用价值为其所有者带来收益的功能，价值具有多重的决定方式。三是交易方式的特殊性。一般商品的交易遵循等价交换的原则，通过议价、成交付款、交货而使交易结束，双方不再发生任何关系；金融市场的交易是信用、投资关系的建立和转移过程，交易完成之后，信用双方、投融资双方的关系并未结束，还存在本息的偿付和收益分配等行为。可见，金融市场上的交易，作为金融商品的买卖关系虽然已经结束，但作为信用或者投资关系却没有结束。四是交易动机的不同。一般商品交易的卖者为实现价值取得货币，买者则为取得使用价值满足消费的需求；金融市场上的交易，卖者为取得筹资运用的权利，买者则为取得投融资利息、控股等权利，此外，还派生出保值、投机等种种动机。

6. 金融市场的运行机制

金融市场上资金的运动具有一定规律性，由于资金余缺调剂的需要，资金总是从多余的地区和部门流向短缺的地区和部门。金融市场的资金运动起因于社会资金的供求关系，最基本的金融工具和货币资金的形成，是由银行取得（购入）企业借据而向企业发放贷款而形成的。银行及其他金融机构作为中间人，既代表了贷者的集中，又代表了借者的集中，对存款者是债务人，对借款者是债权人，因而，它所进行的融资是间接融资。当银行创造出大量派生存款之后，为其他信用工具的创造和流通建立了前提。当各种金融工具涌现，多种投融资形式形成，金融工具的流通轨迹就变得错综复杂，它可以像货币一样多次作为货币资金运动的媒介，资金的交易不只是一次就完成，金融市场已形成了一个相对独立的市场。金融工具会脱离最初的交易场所反复地运动，这种运动大多是借助于直接融资工具如股票、债券的多次流通而实现的。这种直接融资是资金供求双方的直接交易，无须借助于中间人，或者只需中介者集中撮合即可。另外，借助于中介机构发行的金融工具，形成金融流通市场，表现在支票、汇票、本票的流通及贷款证券化的流通。因而，在金融市场上，金融工具的卖出者可以转化为买入者，金融工具的买入者可以转化为卖出者。再加上新的交易伙伴的不断涌入，推动着金融工具流通转让。与此同时，资金相应地作逆向的流动，使金融市场纷繁复杂起来。金融市场的范围有多大？有人认为仅指银行之外的资金交易和融通，不包括银行所进行的融资活动。其实，当银行走向市场化之后，以银行所推动的金融产品交易，同样是作为商品的交易，即使是在过去计划经济时代，资金交易也仅是有计划的商品交易。因而，将银行这一大块资金交易排除在金融市场之外，显然是不适当的。可以说，金融市场是各类金融机构、金融活动所推动的资金交易的总和，它是一个宏观的概念，只要是资金交易，就离不开金融市场，它是无所不包的。

## （二）金融市场概述：金融制度和金融体系

金融制度是一个国家用法律形式所确立的金融体系结构，以及组成这一体系的各类银行和非银行金融机构的职责分工和相互联系。金融制度是在长期发展中逐渐形成的，已演化成复杂而又脉络清晰的系统。

所谓的金融制度是指银行系统及其相应的制度规定。构成西方国家金融制度主体的是中央银行和商业银行。①金融制度的最上层是法律、规章制度和货币政策，即一般意义上的金融活动和金融交易规则；②金融制度的中间层是金融体系的构成，包括金融机构和监管机构；③金融制度的基础层是金融活动和金融交易参与者的行为。在任何一个金融制度中，它的参与者基本上可以归纳为五类：资金有余的人或部门、资金短缺的人或部门、金融中介机构、金融市场、金融监管当局。

### 1. 什么是金融体系

对现代金融体系的理解，在构成要素上虽然仍然存在不同解释，有三要素说、五要素说等不同说法，但都不再认为其仅由金融机构构成，而是它认为包含金融市场、金融主体、金融制度、金融设施、金融工具等多方面元素，而且随着金融科技的发展，金融体系的内涵仍将继续扩展。实际上，由于世界各国经济体制存在差异，金融体系也不完全相同，世界上并没有统一的金融模式，即使在发达国家，金融制度之间也存在明显区别，这种差别主要表现为金融市场作用大还是金融中介作用大。

德国和美国分别为两个不同的典型。在德国金融领域，真正起支配作用的是少数大银行，相对而言，金融市场并不十分重要；在美国金融领域，由于银行集中程度较低，金融市场的作用更加突出，银行的作用相对较小。当然，也有介于德国和美国之间的中间模式，日本、法国就是这样的典型，它们传统上是银行为主的体制，但是近年来金融市场发展很快，而且作用越来越大。也有与以上国家都不同的国家，比如，英国、加拿大的金融市场发达程度超过了德国，银行部门的集中程度则高于美国。但不同国家金融体系的差异并不能否定金融体系作为一个经济体中资金流动基本框架的事实，无论任何国家，金融体系都是资金流动工具、市场主体和交易方式等金融要素构成的整体。同时，市场经济发展历史表明，市场经济体制下的金融业，由于缺乏自身有效的规范和约束，具有很强的外部性，潜在的金融风险始终是客观存在的，如果失去外在力量的有效约束，发生金融危机就难以避免。所以，政府监管架构也是金融体系不可缺少的组成部分。

金融体系由许多系统构成。在金融体系中，以不同主体为中心的货币收支，形成了一个连绵不断、割裂不开的货币收支系统，这个系统被称为货币流通，是经济生活中现实运动着的货币的集合或总和，而国家以法令规定的该国货币流通的结构和组织形式，就是货币制度。由货币制度规范的货币流通，是金融体系的基础。金融机构系统是货币收支的专门载体，现代金融理论把金融机构划分为两类，即银行业金融机构和非银行业金融机构，那些经营货币和货币资本的企业，充当信用中介、从事各种金融服务的组织，不管是银行业组织还是非银行业组织，都被定性为金融机构。

金融市场是金融体系的第二大系统。这个系统由货币市场、资本市场、外汇市场、保险市场、衍生性金融工具市场构成，其中最重要的元素是金融机构，其他要素如利率、汇率、指数等，则是价格信号构成要素，金融工具发行和交易场所的性质和功能也决定了其属于金融市场系统。因为，如果没有金融交易系统，就无法开展金融工具发行和交易工作。金融工具被释义为“信用关系的书面证明、债权债务的契约文书等，是金融机构中和金融市场上交易的对象，包括银行票据、商业票据、期货、期权、保单、各种金融衍生工具的标准合约，以及存款、贷款等信用关系的契约等”，它们被统称为金融产品、金融商品。

在市场经济体系中，国家为了有效地管理金融运行并实行政策性调节，还建立了由金融制度和惯例构成的制度体系，如金融机构制度、市场制度、货币制度、信用制度、利率制度、汇率制度、支付清算制度、监管制度等，这些制度在金融体系中分别发挥着独特的不可替代的作用。金融制度系统是由“国家颁布的成文法或非成文法、政府制定的行政法规和条例、行业公约或一系列约定俗成的惯例等”构成的。除上述内容之外，金融体系还包括金融政策，如中国政府对金融领域的宏观调控，往往通过实施货币政策等系统的金融政策来实现，而不是仅仅依靠法律规范，这也是中国对经济进行干预的重要特点。

从一般性意义上看，金融体系是一个经济体中资金流动的基本框架，它是由资金流动的工具（金融资产）、市场参与者（中介机构）和交易方式（市场）等各金融要素构成的综合体，同时，由于金融活动具有很强的外部性，在一定程度上可以视为准公共产品，因此，政府的管制框架也是金融体系中一个密不可分的组成部分。

2. 金融体系的内容

一般认为，一个金融体系包括几个相互关联的组成部分：

第一，金融部门（Financial Sector，各种金融机构、市场，它们为经济中的非金融部门提供金融服务）。

第二，融资模式与公司治理（Financing Patten and Corporate Governance，

居民、企业、政府的融资行为以及基本融资工具；协调公司参与者各方利益的组织框架）。

第三，监管体制（Regulation System）。金融体系不是这些部分的简单相加，而是相互适应与协调。

著名金融学家黄达认为，现代金融体系包括五个方面："①由货币制度所规范的货币流通；②金融机构；③金融市场；④金融工具；⑤金融制度和调控机制。"中国金融体系则包括金融调控体系、金融企业体系（组织体系）、金融监管体系、金融市场体系、金融环境体系五个方面。

（1）金融调控体系既是国家宏观调控体系的组成部分，包括货币政策与财政政策的配合、保持币值稳定和总量平衡、健全传导机制、做好统计监测工作、提高调控水平等；也是金融宏观调控机制，包括利率市场化、利率形成机制、汇率形成机制、资本项目可兑换、支付清算系统、金融市场（货币、资本、保险）的有机结合等。

（2）金融企业体系，既包括商业银行、证券公司、保险公司、信托投资公司等现代金融企业，也包括中央银行、国有商业银行上市、政策性银行、金融资产管理公司、中小金融机构的重组改革、发展各种所有制金融企业、农村信用社等。

（3）金融监管体系（金融监管体制）包括健全金融风险监控、预警和处置机制，实行市场退出制度，增强监管信息透明度，接受社会监督，处理好监管与支持金融创新的关系，建立监管协调机制（银行、证券、保险及与央行、财政部门）等。分业经营分业监管：银监会、证监会、保监会，混业经营统一监管。

（4）金融市场体系（资本市场）包括扩大直接融资，建立多层次资本市场体系，完善资本市场结构，丰富资本市场产品，推进风险投资和创业板市场建设，拓展债券市场、扩大公司债券发行规模，发展机构投资者，完善交易、登记和结算体系，稳步发展期货市场。

（5）金融环境体系包括建立健全现代产权制度、完善公司法人治理结构、建设全国统一市场、建立健全社会信用体系、转变政府经济管理职能、深化投资体制改革。

无论人们对金融体系的构成要素怎样划分，都认为各构成要素之间的关系应相互适应、相互协调，不同金融体系之间的区别，不仅是其构成部分之间的差别，而且是它们相互之间协调关系的不同。

### 3. 金融体系的两种类型

由于现实中不同国家的金融制度差异较大，因此很多研究认为，存在着不同的金融体系。一是以英美为代表的市场主导型金融体系，二是以法德日为代表的银行主导型金融体系。在美国，银行资产占 GDP 的比重为 53%，只有德国的 1/3；相反，美国的股票市值对 GDP 的比重为 82%，大约比德国高 3 倍。因此，美国、英国的金融体制常常被称为“市场主导型”，而德国、法国、日本则被称为“银行主导型”。

4. 各国金融体系的差异

（1）以完成金融体系的融资功能方式不同为标准。哲肯克伦将金融体系划分为三种类型：英国的融资多用短期银行借款的形式；德国则采用长期融资与管理协助相结合的“综合银行”模式；俄罗斯由于工业化较晚，所以还需要政府的直接融资。

凯林顿和爱德沃兹从考察不同国家长期融资用于实际投资的数量入手，把主要发达国家的金融体系分为两类：一类以美、英为代表，是以资本市场为基础的金融体系；另一类以法、德、日为代表，银行与工业高度融合，银行贷款是融资的主要渠道，因此称之为以银行为基础的金融体系。

（2）以完成金融体系配置资源功能的方式不同为标准。泽曼用三个指标来区分金融体系：存款转化为投资的方式；贷款和证券市场上的价格是如何形成的；政府在金融体系中的地位。以此为标准，他把金融体系分为三类：以资本市场为基础的体系、信用基础体系和以德国为代表的靠操纵市场来达到目标的金融体系。梅尔从金融体系与投资间的关系入手，把经济分为银行经济和市场经济两种。他认为这两类经济之间最主要的区别在于公司所有制模式与金融体系结构之间关系的不同。

（3）以完成金融体系解决不确定性风险功能的方式不同为标准。莱布泽斯基把金融体系分为两种基本形式：银行导向体系和市场导向体系。他研究不同金融体系对工业发展的作用，把金融体系看作是对承受和分配风险的安排。

（4）以完成金融体系解决激励机制功能的方式不同为标准。珀林用“退场 / 发言”来形容两种体系。在退场体系中，证券持有者靠出售他们的有价证券来施加影响；在发言控制体系中，银行与企业联系紧密，银行提供大量长期贷款，金融资产缺乏高度发展的二级市场。

从上面的分析中可以看出，尽管选取的指标不同，得出的结论也有差异，但总的来说，理论界已经达成了一种共识，即发达国家确实存在两种不同的金融体系：以德、日为代表的银行导向型体系和以英、美为代表的市场导向型体系。两种类型金融体系的差异在于，完成金融体系职能的过程中，银行和证券市场所起到的作用不同。在银行导向型体系中，银行起决定性作用；市场导向型体系中，市场机制成为完成金融体系职能的主要机制，证券市场的作用更为突出。

5. 金融体系的功能

美国著名金融学教授滋维·博迪（Zvi Bodie）、罗伯特·莫顿（Robert C. Merton）、戴维·L. 克利顿（David L. Cleeton）从功能主义出发撰写了《金融学》一书，尤其以莫顿为代表，从六个方面集中概括了现代金融体系的功能。

（1）清算和支付功能。在经济金融化程度日益加深的趋势下，最大的问题就是缺乏可靠的交易和支付系统以及由此所产生的高昂交易成本和经济低效率，解决这一问题急需建立一个有效的、适应性较强的交易和支付系统。一个可靠、便利、安全、有效的支付系统，对于社会交易而言，是不可缺少的必要条件。这个系统如果不健全或者欠发达，就难以便捷地进行交易，还会增加社会交易成本；如果社会专业化发展得迅速，现代化程度很高，就有利于促进科学技术在金融领域的运用和发展，进而提高生产率。所以，为了提高经济增长速度，必然要构建更加完善和发达的现代支付系统。

（2）融资和股权细化功能。在金融体系中，金融市场和银行中介的融资功能体现在两个方面：一方面，可以动员全社会的储蓄资源，发挥资源的规模效应，并对改进金融资源配置发挥决定性作用，从而促使初始投入的有效技术迅速转化为生产力，同时可以分散个别投资项目风险，并为投资者提供相对较高的回报；另一方面，金融体系可以提供流动性服务，为长期投资提供资金支持。金融市场存在长期的、大规模的项目投资和企业股权融资需求，这些投融资活动需要大量资金，金融体系可以为大规模的、无法分割的投资项目提供融资通道和各种机制，同时，还可以为技术革新和风险投资提供资金来源。

金融体系在股权细化方面的功能表现在为了便于中小投资者参与大项目投资，可以将无法分割的大型投资项目划分为若干小额股份。金融体系的股权细化功能，实现了对经理的监视和对公司的控制，可以促进公司治理结构改善。在现代市场经济中，股权高度分散化、公司经营职业化，对公司组织和经营方式的深刻变化产生了重要影响。为了解决投资大型公司组织中出现的投资方与经营方信息不对称、投资方不能有效监督资本运用问题，以便保护内部投资人利益，需要外部放款人监督公司活动，而金融系统能够提供这一机制。

（3）资源配置功能。即为经济资源跨时间、地域、产业转移提供方法和机制。为投资筹集充足的资源，对于实现和扩大投资者利益、繁荣市场经济固然重要，而投资结构或资源配置效率对于投资回报和经济增长同样重要。对于投资者来说，由于项目回报信息不完全，对市场变化和经营者实际能力不可知，以及投资配置时机选择、地域优劣判断、项目前景分析困难导致投资风险必然存在。一般来说，克服这些困难的方法，就是建立一种金融中介机构，使其能够掌握市场信息。在不确定因素广泛存在的市场经济时代和现代信息社会，个体投资者单纯凭借自身投资经验、知识和能力，很难对公司、经理、市场条件做出准确判断。金融机构具有为投资者提供中介服务的优势，以其专业化资质和条件提供与投资者共担风险机制，强化流动性风险管理，对项目进行评估，从而改善和提高社会资本投资配置的效率。

（4）风险管理功能。即为应付不测和控制风险提供途径和手段。在市场经济条件下，资本投资的不确定性随着投资周期延长而增长，对投资风险进行交易和定价，规避或减轻投资人的投资风险，保护投资人利益，需要建构金融中介和投资人共担风险的机制，这是金融体系固有的风险管理功能。在金融中介和投资人之间，由于存在信息不对称和交易成本，金融机构通过对风险进行交易、分散和转移而承担相应的责任，并为了维护、实现自身利益而改善企业内部治理结构，必须通过创新治理模式，建立一种机制并通过它保障社会经济健康运行。

（5）信息提供功能。即为帮助协调不同经济部门非集中化决策，提供价格信号。掌握充足、准确的投资信息，是做出正确的投资决策的前提。在金融市场上，各种投资产品及其价格形成方面的影响信息、筹资者获得各种融资方式的成本信息，是投资者所需要的，但投资者只能通过金融体系发挥信息提供功能而获得；同时，金融监管部门所需要的金融交易是否正常、合规等信息，也需要通过金融系统来获得。金融系统的这一功能可以为有关部门和人员参与金融体系、管理金融事务进行决策提供信息帮助。

（6）激励功能。即对于金融交易双方拥有不对称信息及委托代理行为中的激励问题提供解决方案。在现实生活中，不同经济个体的相互交往目标和利益诉求存在很大差异，这种现象是极其普遍的，而且在市场经济环境下，某一特定的经济个体能否实现其经营目标和利益诉求以及实现到什么程度，不是由个人意志决定的，而是会受到其他有关经济个体所掌握的信息和行为的制约。也就是说，在经济交往中，某一经济个体的利益得以实现所需要具备的很多因素和条件，该经济个体自身往往不能全部控制，甚至全部不能控制。如同在现代企业制度下的公司运行那样，企业的所有权与控制权往往是相分离的，这是普遍的社会经济现象，因此便产生了激励问题。

政府为了刺激社会经济发展，企业为了实现自身利益最大化，会通过制定相应的经济政策或改善内部治理结构的途径，解决激励问题。但对于金融体系而言，不能采用政府或其他企业惯用的方式来解决激励问题，而通过股票、股票期权等自身独有的功能解决激励问题，可能会收到更好的效果，即金融机构通过金融中介的角色，让企业管理者和员工共同持有该企业股票或股票期权，将他们都变为企业股东，使员工和企业所有者、经营者结成命运共同体，把员工自身利益和企业效益及命运紧紧地连接在了一起，而企业运营和效益状况就顺理成章地决定了管理者收益和员工利益。所以，在企业运行中，把管理者、员工、所有者三方利益整合在一起，通过持有股票或股票期权方式统一起来，也就解决了委托代理问题，并激发管理者和员工提高企业绩效的积极性。

6. 金融体系实现其功能必须具备的能力

为了实现上述各项功能，金融体系必须具备一套相互配套的能力。

（1）稳定能力。一个稳定的金融系统具有竞争力，才能应对各种潜在威胁，化解金融风险，保障金融安全，保持货币稳定，没有过度通货膨胀或通缩、过度扭曲性融资安排和过度金融泡沫，因此金融体系应该具备稳定能力。金融体系不稳定的代价是非常严重的。首先，定价体系的紊乱会扰乱实体经济领域的交易秩序，破坏正常的生产活动；其次，社会信用会受到影响，融资活动难以正常进行，从而影响投资进而影响经济的增长；最后，不稳定的金融体系使人们产生不确定的预期，极易导致具有巨大破坏力的集体行动，对正常的经济活动产生强大的冲击力。因此，金融保持自身的稳定对整体经济的稳定意义重大。金融稳定要求定价体系能够正常运转，币值、利率、汇率、股价等价格指标保持稳定；要求具备危机预警指标体系和识别、转移、控制、分散风险的机制，能够应对各种意料之外的突发事件的冲击，化解风险，解除危机；要求具有约束微观金融机构进入金融市场、开展各项经营活动的规章制度并保证它们能够被遵守的机制；要求建立对金融体系进行宏观监管的机构、监管规则和监管手段。

（2）适应能力。金融体系是在特定的经济环境中实现其各项功能的，金融体系必须适应其赖以存在的经济环境，同时经济环境处在不断的变化之中，金融体系也必须同步变化，即应该具备适应能力和创新能力。金融体系的适应能力即一国的金融发展应该重点放在强调金融体系基本功能正常发挥的制度建设和协调发展上，而不是脱离金融体系的基本功能去看重市场外部结构的发展和规模的扩充，否则，忽视金融功能谈金融发展就有可能造成金融资源的严重浪费和扭曲。另外，值得指出的是，金融体系的活动存在外部性：偏重某一金融功能的发挥，有时可能会放大它的负面效应，比如为了提高金融体系的价格发现功能，市场的整合与利率和汇率的市场化是必要的，但是这些做法会增加市场风险，如果金融体系的风险防范和分散功能还不到位，那么这种不平衡的发展就会导致宏观经济的不稳定，最终会反过来遏制金融体系价格发现功能的正常发挥。一个能保证金融发展和实体经济之间良性互动关系的金融体系，绝对不是单纯地在规模和数量上追求最好的投、融资制度和金融工具的集合，而应该是能够平衡好各种利益冲突、效果冲突，在此基础上能够有效地发挥金融体系六大基本功能，从而推动实体经济持续稳定地增长这样一种最优化的动态体系。

（3）经营能力。金融体系必须通过自身的经营活动实现其各项功能，除了初期必需的投入以外，它不能依赖于政府或任何个人的连续不断的资金投入，这样的金融体系才能够长期存在并不断发展，即金融体系必须具有经营能力。金融机构的经营能力是指金融机构利用经济资源实现经营目标的程度。由于经济主体的多元性，导致了经营目标的多元化，经营绩效是多元化目标的综合反映，是经营能力大小的反映。金融机构通过向社会提供负债工具、信贷资产使用权、股票、债券等金融服务或者工具来达到经营目的。金融机构必须依靠自身的能力来履行其各项职能，而不能依靠不断的外部资源投入，因而经营能力是金融机构得以生存的必要条件，是它能够不断发展的基础。

（4）配置能力。为了发挥在时空上提供渠道实现经济资源转移的功能和融通资金和股权细化功能，金融体系必须能够对金融资产进行定价，能够将非流动性资产变成流动性资产，并且能够将资产进行最优的配置，因此金融体系必须具有配置能力、流动能力、定价能力。金融资源配置效率是指市场以最低交易成本为资金需求者提供金融资源的能力，换句话说，是将有限的金融资源配置到效益最好的企业和行业的能力。金融中介的资金配置作用主要来自金融中介的信息优势。在政府主导型的融资制度下，银行与企业从理论上说应关系密切，特别是日本、韩国等国主银行制度的建立，对银行和企业之间的信息流通是非常有利的，银行可以充分利用这一信息优势选择好的项目并对项目的履行进行有效监督，实现较高的资金配置效率。提高资金配置效率，除了可以利用金融中介的信息优势外，还可以通过合同安排降低资金配置所需要的信息量来实现。信息不对称所引起的逆向选择和道德风险是影响资金配置效率的主要因素。当提高企业自有资金比例或增加抵押、担保后，可以减少甚至消除逆向选择和道德风险，从而减少甚至取消银行提供贷款时对信息的需求，即信息与自有资金、抵押、担保之间存在着互补关系。金融体系通过银行、证券、保险等多种渠道将资金从储蓄领域高效地引至投资领域，并发挥金融系统的监督功能，促使资金在实体经济领域的良性循环，实现资源的优化配置。

（5）传导能力。各国都将金融体系作为对经济进行宏观调控、传导政策意图的途径，金融体系必须具有传导能力，才能实现这种用途。金融体系是政府影响实体经济部门、促进经济增长的重要渠道。它之所以天然地能够承担起这一传导政策意图的职能，是因为它同时与各类经济部门有着千丝万缕的联系，并且具有操作方便、容易测量、能够控制的特点。政策措施通过金融体系的传导一般需要经过以下三个层次：第一层是货币政策对金融体系影响的传导链，第二层是金融体系对实体经济部门影响的传导链，第三层是实体经济的各部门对经济增长的贡献链。金融体系传导政策意图的能力可以通过传导的及时性、完整性、准确性来加以衡量。政府的政策措施只有被及时传导才会产生良好效果，否则这种政策措施在变化后的环境中发挥作用可能会适得其反。完整性是指政府的所有政策意图都要能够被传导至经济活动中，而不能遗漏其中的一些内容，否则可能达不到预期的政策效果。准确性是指依照政策制定者所设计的方式来加以传导，从而使得这些政策能够按照政策制定者预期的方式发挥作用。

（6）流动能力。由于金融体系的作用，资源可以更充分地流动。资源的充分流动对经济运行的好处是显而易见的，它使得处于闲置状态的资源能被投入运用，使得运用效率低的资源流向更有效率的用途。金融体系的流动能力具有两个方面的含义：一是它将固定的、不流动的资产变现为流动资产的能力，二是流动性资产在不同投资者之间流转的能力。如何衡量金融体系的流动性呢？一是当全部有效资金供应都流向了需求方，全部有效需求都得到了满足，不存在闲置资金，也不存在未满足的有效资金需求时，货币资金的供求就达到了最佳的均衡状态。二是配置在各种用途上的资源的边际价值达到均等，使资源配置处于最佳状态。

（7）定价能力。市场经济遵循等价交换的原则，金融市场上的交易也不例外。金融交易中的定价不仅要考虑金融产品的内在价值，同时要考虑其风险价值。在金融市场上，金融产品的价格可以通过较公开的竞价方式形成，通过这种竞价过程，金融市场能够在迅速平衡金融产品供给和需求的同时，为金融产品形成统一的市场价格。基于此，金融市场才能够有效地指导增量金融资源的积累与存量资源的调整。因此，金融体系对金融资产准确定价是配置资源和消化风险的前提。

（8）创新能力。金融体系是在特定的经济环境中存在并发挥作用的，没有也不可能存在能够脱离经济环境而独立存在的金融体系。由于社会分工的不断深化、国际经济联系的进一步加强、技术手段和知识在经济发展中得到越来越多的应用、市场交易的方式日益增多，现代经济环境正在变得越来越复杂。相应地，现代经济中所蕴藏的风险也越来越复杂。因此在经济中发挥枢纽作用的金融体系必须具有随经济环境变化而变化的能力，只有如此它才能够正常行使其所承担的各项职能，才能满足经济发展对金融体系提出的各项要求。金融体系的创新与经济环境的变迁是互动的。一个僵化的金融体系只会使得经济运行受到阻碍，从而制约经济的进一步发展。

（9）信息能力。金融体系传导信息的功能特别重要，正是由于金融体系发挥了这一功能，市场才真正被连接到一起。与单个投资者对代理人所管理的企业的独立监督相比，投资者联合起来组成联盟，由联盟派出代表进行监督成本更低。这个联盟可以是金融中介，也可以是金融市场。金融中介在监督企业方面存在比较优势，而金融市场在信息获取和汇总方面存在比较优势。金融市场特别是股票市场的一个重要特点就是信息的及时快速传播。因为股票市场上的交易价格是快速变动而且公开的，而作为有效市场，股票价格包含大量的公司信息。加上股票市场的信息披露，从而使得股票市场成为信息最完全传播最快的市场。尽管如此，股票市场信息仍然可能是不完全的，因而存在套利机会。那些通过非公开渠道获得公司信息的投资者，就能够在信息广泛传播之前通过证券买卖获得利润。

7. 银行和证券市场对完成金融体系功能的作用

对金融体系产生影响的因素中，交易成本和信息不对称起着非常重要的作用。金融体系的几大功能都与这两个因素有关。

交易成本是指金融交易中所花费的时间和金钱，是影响金融体系功能效率的主要因素。对个人来说，发放贷款的交易成本是非常高的。为了保护自己的资金，在发放贷款前需要调查项目、调查借款人的信用水平、聘请专门的法律人员设计完备的借款合同等。高额交易成本的存在成为资金在借、贷双方之间流动的阻碍。银行等金融中介机构在解决这个问题上存在较大的优势。它们具有规模经济效应，因此可以节约交易成本。金融中介从个人和企业聚集资金再将其贷放出去。由于形成了规模经济，金融中介可以减少交易成本。

信息不对称在交易之前会造成逆向选择问题，在交易之后会导致道德风险问题。如果想在贷款市场上尽量减少逆向选择问题，就需要贷款者从不良贷款的风险中识别好的项目。道德风险的存在降低了还款的可能性，使贷款者的预期收益降低，从而降低了他们提供贷款的愿望。股东和经理人之间也存在这个问题。股东期望公司实现利润最大化从而增加其所有者权益。而实际上，经理人的目标常常与股东的目标有所偏差。由于公司的股东人数众多且比较分散，无法对经理人进行有效的监控，经理人掌握私人信息，股东无法避免经理人隐藏信息，实施对自己有利而对股东不利的行为。

金融中介在解决信息不对称带来的道德风险和逆向选择时，也显示出了自身的优势。由于其在生产公司信息方面是专家，因此在某种程度上可以分辨信贷风险的高低。银行等金融中介从存款者那里获得资金，再将其贷给好的公司，这就保证了银行的收益。贷款发放以后，银行代表存款者对项目进行监督。一旦银行与企业签订长期贷款合同，那么其对企业的监控成本要比直接去企业监督的成本低。金融中介机构的作用是“代理监督”，可以在一定程度上解决债务人和债权人之间的委托—代理问题。当然，银行并不能完全解决信息不对称所带来的问题。银行掌握信息的优势是相对于存款者来说的，而借款者拥有的有关自身情况、项目性质等的信息是最多的。因此银行也常常面临道德风险和逆向选择问题，银行的不良资产就说明了这一点。

证券市场，特别是股票市场的相关制度安排与机制会降低代理成本，可克服部分存在于资本分配中的道德风险和逆向选择。而且，股票市场的发展也有利于对公司的控制。所有者会将公司在股票市场上的表现与经理人员的报酬结合起来，从而有效地将经理人员与所有者的利益联系起来。同时，流动性使金融资产的交易成本和不确定性都会下降。一些高回报的项目要求长期资本投资，但储蓄者不可能将其储蓄押在长期投资上，因此，如果金融体系不能增加长期投资的流动性，长期项目的投资就会不足。

由此可见，利用银行融资和利用资本市场融资的主要差别集中在解决交易成本以及信息不对称所带来的道德风险、逆向选择问题上。银行在降低交易成本方面比证券市场更有优势；在信息不对称的条件下，银行解决委托—代理问题的能力也强于证券市场。这也正好可以解释为什么人们一度认为银行导向型金融体系比市场导向型金融体系更有利于经济的发展。然而，近 20 年来，市场导向型体系国家，特别是美国出现了持续的经济高涨，而银行导向型体系国家相对而言竞争力明显减弱。不仅如此，银行导向型国家还在大力发展市场机制，出现了向市场导向型体系融合的趋势。这其中技术进步所起的作用是不容忽视的。

8. 科技进步对金融体系的影响

（1）技术进步带来的变化。20 世纪 70 年代以来，国际金融市场上最显著的三个变化是：资产证券化、金融市场国际化和网上交易。计算机技术的进步是这些变化的重要物质基础。

第一，资产证券化。证券化是将非流动性金融资产转变为可交易的资本市场工具。由计算机记录，金融机构发现他们可以将多种形式的债务组合绑在一起，集合利息和本金，再将其卖给第三方。证券化开始于 70 年代，现在 2/3 的固定抵押品都被证券化了。比如 20 世纪 80 年代中期兴起的汽车贷款，1985 年证券化的汽车贷款只发行了 90 亿美元，1986 年就发展到了 100 亿美元。计算机技术还使得金融机构可以为市场的特殊需求量身定做有价证券，集合抵押债务就是例子。计算机化使集合抵押债务可以划分为几级。每级根据不同的风险等级获取不同的收益。

第二，计算机技术是网上交易的关键。网上交易可以使大宗的股票及其他有价证券买卖通过网络进行，大大节省了交易成本。同时它还打破了参与交易者在地理上的局限性，使得交易者无论身处何地都可以即时参与交易。虽然网络安全问题仍然存在，但证券市场的网上交易与其他类型的电子商务一样都被认为有着广阔的发展前景。

第三，计算机和先进的电子通信技术还是金融市场国际化的重要动力。技术的进步使得交易者可以在全球传递股票价格和即时信息。交易者可以不受市场营业时间的限制，国际交流的低成本使对外投资更加容易了。证券市场的电子化开始于 1971 年，美国证券交易商协会自动报价系统即 NASDAQ 是世界上第一个电子化证券市场。在欧洲，证券市场电子化进程从 1986 年开始。英国建立了最新的“证券交易所自动报价系统”，以卫星线路与纽约、东京相连的电子计算机进行，实现了一天 24 小时的全球证券交易。

（2）技术进步对金融体系的影响。上述变化使金融体系也相应发生了改变，包括：

第一，债务市场规模更大，越来越多的债务工具开始可以交易了。信息技术的进步减少了金融市场中的信息不对称，减轻了逆向选择和道德风险问题。以前金融机构资产负债表中的资产现在可以交易了，金融机构通过分类定价和对风险的重新包装，使得不透明的资产变成了信息充分的有价证券，交易成本也下降了。交易成本的下降增加了这类债务的供给并加强了它们的流动性。因此，债务市场发展起来。而这种债务已经不仅以银行贷款的形式出现了，它通常作为新兴的金融产品在证券市场上进行交易，如 CMO 债券等。

第二，衍生产品市场发展起来，企业交易的市场风险成本降低。衍生品市场在 20 世纪 70 年代出现，80 年代，柜台交易衍生品市场迅速发展。它们是应供求两方面的需要而出现的。20 世纪 70 年代宏观经济动荡，与此相关的汇率和利率也不稳定，这提高了企业对更好地管理系统风险的需要。供给方面，金融理论的发展使得金融机构可以以较低的成本在这些市场上运作，特别是金融工程学为资本定价和风险管理提供了理论依据。

第三，支付体系向电子体系发展，减少了家庭对将其财富投资于银行存款的需求。过去，大量的零售支付由支票来完成。近年来，电子支付技术的应用迅速普及。自动取款机（ATM）应用范围越来越大。这种技术在 20 世纪 70 年代就已经出现，1988~1998 年，ATM 机的数量翻了一番，交易额增加了两倍。同时，信用卡和借记卡的应用在 20 世纪 90 年代也迅速发展起来。

技术进步对金融体系的影响是通过对交易成本和信息不对称问题的解决而实现的。它对交易成本的影响在于：计算机的出现以及便宜的数据传输导致了交易成本的锐减。通过增加交易的数量，以及让金融机构以低成本提供新的产品和服务，金融体系的效率变得更高。计算机和通信技术可以合称为信息技术。它对金融市场信息对称产生了深远的影响。投资者可以更容易地识别不良贷款的风险，或去监督企业，从而减少逆向选择和道德风险的问题。结果是，发行可交易证券的障碍减少，从而鼓励了发行。由此导致的必然结果是人们对银行的依赖程度降低，银行在金融体系中的重要性被削弱；与此同时，证券市场在解决以上两个问题时相对于银行的劣势在很大程度上也得到了弥补，而在流动性上的优势得以发挥，其重要性也日益凸显出来。由此，银行主导型金融体系表现出向市场主导型融合的趋势。

综上所述，现代金融体系是建立在现代金融市场基础之上的，是由专门的体制、机制、制度、法律等规范资金、资本与资产流动的一个基本框架，具有支付清算、金融资源配置、信息传递、资产定价、风险转移与财富管理等基本功能。规模适度、结构合理、功能完善和安全高效是现代金融体系的基本要求。强大的持续经营能力、资源配置能力、政策传导能力、资产定价能力、资本流动能力、发展创新能力以及风险防控能力等构成现代金融体系成熟的标志。基于这些功能，现代金融体系有助于提高储蓄投资转化效率、降低社会交易成本、推进技术革新、提高资源使用效率，从而促进经济发展。打造现代金融体系，从其内在要求而言，有必要把握好以下几个着力点。

（1）完善现代金融制度。现代金融制度是经济社会发展中重要的基础性制度，是金融本质和金融规律的根本体现，是现代金融体系运行的基本准则。虽然学术界对于金融制度的认识和理解还存在分歧，但现代金融制度的基本原则和主要内容还是明确的、清晰的。

一是法治原则。法律是金融市场运行的基础规则，法律制度的健全程度决定着金融的公平性和开放性，建立现代金融制度必须建立公平有效的法律环境。构建有效的法律体系重在明确金融市场运行规则、提高金融市场参与程度、明确市场主体的行为责任、提高信息披露水平、落实风险行为的法律责任，对违反法律规则、造成风险的行为应追究相应的法律责任。二是风险自担原则。在进行风险提示、规范信息披露的基础上，遵循风险自担原则，减少个人、企业、金融机构、地方政府的冒险冲动和成本转嫁行为。三是适度竞争原则。鼓励金融机构在控制自身风险的前提下创新发展，实现金融体系与实体经济融合的多元化、综合化发展。同时，金融具有内生的不稳定性特征，必须借助于政府外力（政策和制度设计），保持金融体系发展速度与其风险控制能力相匹配。现代金融制度主要包括金融监管制度、金融发展制度和金融稳定制度。金融监管制度界定金融准入、经营资格、业务范围、信息披露、市场监督等内容，现代金融监管制度应当是与实体经济发展相匹配的金融经营模式、金融竞争程度、金融市场行为。要针对金融风险建立现代金融监管体系，加快金融市场基础设施建设，做好金融业综合统计。健全及时反映风险波动的信息系统，做到“管住人、看住钱、扎牢制度防火墙”，运用现代科技手段和支付结算机制，监测全部资金流动，完善金融从业人员、金融机构、金融市场、金融运行、金融治理、金融监管、金融调控的制度体系，规范金融运行。金融发展制度约束金融体系发展速度和创新节奏，现代金融发展制度在鼓励金融机构根据实体经济需求积极创新的同时，还必须设计相应的信息披露说明、关键风险提示等内容。金融稳定制度界定了金融风险监测管理途径、金融风险防范及化解规则，现代金融稳定制度必须能够消除救助预期和风险转嫁预期，同时还需具有更强的激发金融市场主体活力、效率和弹性的能力。

（2）优化现代金融结构。习近平总书记强调，深化金融供给侧结构性改革“要以金融体系结构调整优化为重点”。基于经济与金融共生共荣这一出发点，现代金融结构的调整和优化要顺应产业结构调整方向，促进传统金融机构与互联网金融机构以及业务的融合发展，促进中小型金融机构合规发展和业务创新，促进金融科技在各个业务领域的普及，促进普惠金融和绿色金融的发展。要优化金融机构的行业和地区布局，构建和完善现代金融组织体系、现代金融市场体系，提升金融创新能力和服务水平，增强金融业综合实力、国际竞争力和抗风险能力。要完善银行业组织体系，促进证券业机构规范发展，鼓励保险业机构创新发展，继续推进金融业综合经营，鼓励和引导民间资本进入金融服务领域。尤其是要发挥资本市场在金融运行中所具有的牵一发而动全身的作用，促进股票市场创新与规范，丰富债券市场产品和层次，建设一个规范、透明、开放、有活力、有韧性的资本市场。同时，还要进一步加大金融业对内对外开放力度，增加中小型金融机构数量和业务比重，在风险可控的前提下适度降低金融市场相关业务的准入门槛，引入国外成熟专业的金融服务和产品，引入优质外资金融机构，充分发挥其鲶鱼效应，在更好满足实体经济融资需求的同时，不断提高金融行业的竞争力。

（3）充实现代金融产品。一是要构建风险投资、银行信贷、债券市场、股票市场等全方位、多层次金融支持服务体系，形成各类资本中介各司其职，涵盖产业发展全生命周期的金融产品线，覆盖实体经济的不同细分需求，为实现实体经济“血液”的良好循环奠定坚实基础。二是要适应发展更多依靠创新、创造、创意的大趋势，针对当下以间接融资为主的金融产品体系过度依赖于稳定现金流的固有缺陷，结合创新创意产业有形资产价值低、现金流波动差异大的特点，以更有利于创新型企业融资的“轻盈利、重技术、重研发”原则，优化乃至创新金融服务供给，推动我国战略性新兴产业的进一步发展升级。三是要面向实体经济发展和人民生活质量提高所提出的差异化金融服务需求，针对不同细分市场的特点，坚持以市场需求为导向，充分运用新理念、新思维、新技术，积极探索新产品、新渠道、新模式，积极开发个性化、差异化、定制化金融产品。

有必要强调的是，为了满足人民日益增长的金融服务需要，同时也为自身长远发展，金融机构都应该着力提升发现和挖掘符合消费者、投资者要求的金融服务和产品的能力。要借助高科技和大数据分析等技术，了解、分析、掌握人们的消费行为和消费习惯，不断发掘金融服务新需要；对金融消费者做结构性分析，了解不同行业、不同年龄、不同区域、不同收入水平人群的金融服务需求，建立和不断完善多层次、结构化的金融服务体系；尤其要关注民生领域，摸清该领域金融服务供求痛点，发掘民生类金融服务新需要；同时还要发掘服务场景，创新服务模式。

（4）完善现代金融基础设施。要完善金融法律法规，增强金融运行的规范性；规范金融会计统计制度，提高金融业信息化水平；建设金融人才队伍，保障金融体系安全高效运行。具体而言，要完善资本市场基础性制度，把好市场入口和市场出口两道关，加强对交易的全程监管，稳妥推进注册制改革，以更完善的准入和淘汰机制提升资本市场的活力；严格信息披露，完善市场合理估值体系，引导资金参与长期投资，构建明确、专业的问责机制，集体诉讼制度、辩方举证制度以及和解制度等，推动形成法规约束、市场自律、社会监督相得益彰的市场秩序，为实体经济的发展提供融资渠道、价值发现机制、风险分担机制以及有效的外部治理机制；依托大数据、云计算、区块链以及人工智能等现代科技手段推动信用基础设施建设及信用增进机制建设，稳步推进金融业关键信息基础设施国产化，推动形成完备、专业的征信体系，切实减少信息不对称，降低实体经济征信及融资成本。

总之，现代金融体系应是一个普惠的，与实体经济、科技创新、人力资源协同发展的，绿色、开放、数字化的金融体系，它将有助于推动解决新时代我国经济社会面临的主要矛盾。

# 第二章

# 现代金融监管体系概论

金融监管是世界各国面临的共同课题，我国加入 WTO 后，金融业进一步融入国际金融体系中，在更大范围和程度上参与经济全球化进程，现行金融监管体制的内外矛盾日益凸显。我国金融监管的内容、方法手段、模式体制等方面都将面临着巨大的挑战，创造性地革新成为我国金融监管的重要课题。

## 一、关于金融监管的理论基础

### （一）防范金融风险、保障金融安全的需要

2008 年，由美国次贷危机引发的金融危机爆发后，中外学者纷纷解读这一宏大的经济社会事件。有较大影响的是世界银行原首席经济学家沙奈撰写的《突破金融危机缘由与对策》，指出全球化与金融危机是当代帝国主义的表现形式。日本学者神谷秀树在《贪婪的资本主义——华尔街的自我毁灭》中，也认为是美国式的资本主义对贪欲的无限放纵导致了全球金融危机。伴随着 2008 年美国信贷危机而爆发的“一场百年不遇的危机”对于全球经济的长久冲击，不仅使得美国的金融大厦和整个经济受到了有史以来前所未有的重创，而且在严重动摇欧洲金融基础的过程中更进一步地把欧洲经济社会拉进了全面危机的泥潭，同时也给全球经济笼罩上了难以抹去的阴影，使得构筑金融安全法律屏障成为迫在眉睫的一个重要任务。

“金融海啸”的惨痛教训深刻地揭示，无度的贪婪导致了以华尔街为代表的金融腐败，是引发全球经济危机的根源。华尔街在过去一段时间大起大落的强烈反差，既是一场世纪金融大风暴的生动写照，也是一个金融大变革序幕的开端。一场由次贷危机引起的全球金融风暴无情而又充分地暴露了华尔街在过去一段时期累积的冷酷与贪婪、傲慢与偏见、自私与堕落。导致这一恶果的理论根源是其自由化思想中的一个致命的悖论：既然“经济人”假设说明个人追求超额财富是天经地义的，那么地球上所有的人作此追求时，如何可能相安无

事？资本主义理论家们把维护平衡的希冀，寄托于法律的严厉管制，防止个人的追求伤害他人的利益。但是，“自由资本主义”的盛行，又打破了希望平衡的可能。既然要求政府少干预，只能让“自由”的“理性人”在市场上互相打仗。华尔街暴露的情况是，无数的“理性人”屈从于金钱的召唤投奔市场，“自由”地胡乱碰撞，搅成一锅粥，最后理性演变为疯狂。当攫取超额财富成为多数人梦寐以求的方向时，由于羊群效应，最后可达到的疯狂程度是惊人的。在本次金融危机爆发的教训中我们充分领教了“自由资本主义”横行的灾难性后果，痛定思痛的启示有很多，除了体制、文化等原因外，监管缺失或者说是监管不科学则是使得“自由”的“理性人”能够在市场上互相打仗、随意攫取私利的又一个重要原因。

金融机构产品或服务创新其实质是一种信用创造，这一方面可以节省货币，降低机会成本，另一方面也使商业性结构面临更大的支付风险。金融系统是“多米诺”骨牌效应最为典型的经济系统之一。任何对金融机构无力兑现的怀疑都会引起连锁反应，骤然出现的挤兑狂潮会在很短时间内使金融机构陷入支付危机，这又会导致公众金融信心的丧失，最终导致整个金融体系的崩溃。金融的全球化发展将使一国国内金融危机对整个世界金融市场的作用表现得更为直接迅速。

客观地评价，金融创新是华尔街 100 多年来的活力源泉，但是创新过度，就会演变成一场灾难。华尔街曾有一句经典名言：只要有一种资产能够产生现金流，就可以将它证券化。这次证券化的资产是次级债，更准确地说是次级房贷。债券原本是风险极低的投资品种，但是当它和信用极低的低收入者挂钩，而且被对冲基金以高倍杠杆交易，风险便被无限放大；当它利用了人们的逐利心理并且和信用极低的低收入者挂钩，缺少有效监管的无序竞争就会使风险无限放大而造成市场的流动性链条最终崩断。所以，金融危机的发生也就是不可避免的了。惨痛的教训告诉我们，市场经济不应该是自由主义的天堂，而应该是有序竞争的平台，是包括法律法规以及一整套市场规则构成的监管体系形成的安全屏障下的经济活动场所。因此，金融监管问题成为重要的研究课题。

2005 年 4 月 29 日，巴塞尔银行监管委员会发布了《合规与银行内部合规部门》高级文件。该文件指出：“本文件所称‘合规风险’是指，银行因未能遵循法律、监管规定、规则、自律性组织制定的有关准则，以及适用于银行自身业务活动的行为准则而可能遭受法律制裁或监管处罚、重大财务损失或声誉损失的风险。”由此可见，国际金融领域中所谓的“合规”，是指金融企业及其员工遵守法律、监管规定、行业自律准则以及企业自己制定的内部规范的总称。因此，“合规”中的“规”不仅是指来自企业外部的具有法律约束力的文件，还包括更广义的诚实守信和道德行为的准则，它们可能是来自企业外部，也可能是由企业自身制定的。“合”既要求企业内部的管理制度、业务规则必须符合外部的法律法规、监管规定和行业准则，也要求企业内部的管理制度、业务规则都得到实际的执行。全球十大律师事务所之一的路伟国际律师事务所在其《中国企业法律风险管理标准化策略报告》中，将合规管理誉为“企业管理的第三支柱”，认为合规管理对外的重点在于指导“企业如何开展经营活动”，“保护企业免于发生重大风险事件”，创造和保持“企业精神”“公共形象”和“声誉”；对内则能“从整体上增强和改善企业的内部管理控制”。综上所述，合规管理是指企业通过制定合规政策，按照外部法规的要求统一制定并持续修改内部规范，监督内部规范的执行，以实现增强内部控制，对违规行为进行早期预警，防范、化解、控制合规风险的一整套管理活动和机制，也是防范和控制道德风险的有效途径。

金融业是现代经济的核心，一个运行良好的金融体系所具有的融通资金、节约流通费用、积聚资本、配置资源、分散风险等功能对社会经济发展具有重要的促进作用。金融业发展水平及其运行状态直接关系到一个国家经济体系的健康与否，也是一国经济发展水平的一个重要衡量指标。但是，金融业是高风险行业，金融风险突发性强、波及面广、危害性大。现实中金融危机往往成为引发经济危机的导火索，甚至引起社会的动荡，因而金融业需要监管。我们要把防范风险作为金融工作的生命线，提高金融机构风险管理水平，加强金融监管和调控能力建设，有效防范经济风险与金融风险相互作用，外部风险向境内转移。坚持用发展改革的办法解决长期性结构性问题，积极稳妥化解风险隐患，防止局部风险转化为全局性、系统性风险。

当前全球经济已经进入后金融危机时期。后危机时期并不表示金融危机已经过去，相反，危机的阴霾依然存在，全球经济变局更加复杂。从我国外部经济环境看，主要贸易对象国需求依然疲软，贸易保护主义有抬头的趋势，加入世界贸易组织后带来的出口带动经济增长边际效应明显递减。从我国经济增长的内生动力看，居民消费没有显著增长，投资增长率居高不下，产业结构不合理，农业基础仍然薄弱，城乡和区域发展不协调，影响了经济增长的可持续性和质量。从当前我国面临的国际国内经济形势看，转变经济发展方式已经成为刻不容缓的战略目标。转变经济发展方式就需要坚定不移地推动市场化改革，而金融是现代经济的核心，转变经济发展方式离不开金融的支持。金融市场的发展为人类在充满风险的经济合作中提供分散风险的途径和规避风险的工具，促进了专业的分工，从而降低了交易成本，提高了规模效益。但是由于金融系统的高风险性以及金融资本的高度投机性，金融市场掌握不好也可能给实体经济带来重大的冲击。我国的金融市场在促进发展的同时必须得到有效监管，规范化地运作，并且应符合我国经济转型和国家金融发展战略的需要。另外，在进一步推动我国经济市场化改革的大背景下，金融监管的改革与完善也是应然之义。因而，研究金融监管具有重要的理论价值和实践价值。

## （二）关于金融监管的概念

金融监管既是政府监管的组成部分，也是包括我国在内的世界各国政府监管所关注的重要领域。金融监管也是讨论政府与市场关系的一个核心议题，是法经济学、规制经济学研究的重要内容。

金融监管是指政府通过特定的机构（如中央银行）对金融交易行为主体进行的某种限制或规定。金融监管本质上是一种具有特定内涵和特征的政府规制行为。金融监管是金融监督和金融管理的总称。从词义上讲，金融监督是指金融主管当局对金融机构实施的全面性、经常性的检查和督促，并以此促进金融机构依法稳健地经营和发展。金融管理是指金融主管当局依法对金融机构及其经营活动实施的领导、组织、协调和控制等一系列活动。金融监管是监督和管理两个职能的统一，是同一过程的两个方面，国内一般概称为金融监管。从国外的术语运用来看，是有 Financial Supervision，以及 Financial Regulation，还有的干脆合二为一，使用 Financial Supervision and Regulation。但在具体的使用上，不同的表述之间区别不是十分明显。从内涵上看，金融监督（Financial Supervision）和金融管理（Financial Regulation）是相互联系而又有一定区别的两个方面，金融监督面向的是纷繁复杂的日常金融经营行为，而金融管理则更加注重制度安排的规范和引导含义。

监管意味着有一个更高主体实施控制，它具有指导和规范的功能。为了达到预设的目标，私人受制于国家的约束，并被要求按照特定的方式行为，如果违反国家事先制定的规则，则要受到相应的惩罚。政府或法律授权机构从事监管运用的主要工具是法律，具有单方意志性和强制性。

因而，金融监管是指一国政府或者法律授权组织依法对金融业所实施的各种监督和管理，包括对金融机构市场准入、业务范围、经营活动、市场退出、金融消费者保护、金融机构内部组织机构、风险管理和控制等方面的限定性要求及监督检查，以及一系列相关的立法和执法体系及过程。

金融监管制度虽然是通过立法程序确立的，但是其本质、内在精神实质是立足于金融市场的。金融监管犹如一把“双刃剑”，一方面通过金融监管可以预防金融系统的风险，保持金融体系的稳定，提高金融运行效率；另一方面如果监管不当，或者监管过度，将增加金融市场交易成本，降低金融市场效率，阻碍金融业的发展。因而，金融监管要有个度，要确实有实施金融监管的必要性才能设置监管项目和规则。

金融监管有狭义和广义之分。狭义的金融监管是指中央银行或其他金融监管当局依据国家法律规定对整个金融业（包括金融机构和金融业务）实施的监督管理。广义的金融监管在上述含义之外，还包括了金融机构的内部控制和稽核、同业自律性组织的监管、社会中介组织的监管等内容。综观世界各国，凡是实行市场经济体制的国家，无不客观地存在着政府对金融体系的管制。

## （三）金融监管的内涵

金融监管的主要对象。金融监管的传统对象是国内银行业和非银行金融机构，但随着金融工具的不断创新，金融监管的对象逐步扩大到那些业务性质与银行类似的准金融机构，如集体投资机构、贷款协会、银行附属公司或银行持股公司所开展的准银行业务等，甚至包括对与金边债券市场业务有关的出票人、经纪人的监管等。目前，一国的整个金融体系都可视为金融监管的对象。

金融监管的主要内容包括：对金融机构设立的监管；对金融机构资产负债业务的监管；对金融市场的监管，如市场准入、市场融资、市场利率、市场规则等；对会计结算的监管；对外汇外债的监管；对黄金生产、进口、加工、销售活动的监管；对证券业的监管；对保险业的监管；对信托业的监管；对投资黄金、典当、融资租赁等活动的监管。其中，对商业银行的监管是监管的重点，主要内容包括市场准入与机构合并、银行业务范围、风险控制、流动性管理、资本充足率、存款保护以及危机处理等方面。

综合世界各国金融领域广泛存在的金融监管，我们认为，金融监管具有以下深层次的原因和意义：金融市场失灵和缺陷。金融市场失灵主要是指金融市场对资源配置的无效率，主要包括金融市场配置资源所导致的垄断或者寡头垄断，规模不经济及外部性等问题。金融监管试图以一种有效方式来纠正金融市场失灵，但实际上关于金融监管的讨论，更多地集中在监管的效果而不是必要性方面。

严格而科学的金融监管还可以有效地降低道德风险。道德风险是指由于制度性或其他的变化所引发的金融部门行为变化，及由此产生的有害作用。在市场经济体制下，存款人（个人或集体）必然会评价商业性金融机构的安全性，但在受监管的金融体系中，个人和企业通常认为政府会确保金融机构安全，或至少在发生违约时偿还存款，因而在存款时并不考虑银行的道德风险。一般而言，金融监管是为了降低金融市场的成本，维持正常合理的金融秩序，提升公众对金融的信心。因此，监管是一种由政府公共部门提供的公共物品，旨在提高公众对金融的信心，是对金融市场缺陷的有效和必要补充。

实施监管的目的：一是维持金融业健康运行的秩序，最大限度地减少银行业的风险，保障存款人和投资者的利益，促进银行业和经济的健康发展。二是确保公平而有效地发放贷款的需要，由此避免资金的乱拨乱划，防止欺诈活动或者不恰当的风险转嫁。三是金融监管还可以在一定程度上避免贷款发放过度集中于某一行业。四是因为银行倒闭不仅需要付出巨大代价，而且会波及国民经济的其他领域，金融监管可以确保金融服务达到一定水平从而提高社会福利。五是中央银行通过货币储备和资产分配来向国民经济的其他领域传递货币政策，金融监管可以保证实现银行在执行货币政策时的传导机制。六是金融监管可以提供交易账户，向金融市场传递违约风险信息。因此，金融监管具有其必要性和现实意义。

当代西方经济学对于金融监管必要性的理论研究，主要出自政府规制经济学。目前金融监管必要性理论研究中占主流的主要有两大体系：金融脆弱说和公共利益说，也有学者称之为金融社会崩溃论和金融市场失灵论，但其实这两种理论体系都是建立在新古典微观经济学理论基础之上的。新古典微观经济学认为，政府实施金融监管是为了社会公众利益而对市场过程的不合适或低效率的一种反应，是纠正金融市场垄断性、外部性、传染性、脆弱性等所引起的市场失灵的制度安排。

众所周知，货币与金融的活动能对一国的实体经济产生重要的影响。在这一系列影响中，其对实体经济的积极影响主要是通过建立和借助社会对其的普遍信任，成为实物和服务的交换媒介，实现资源的集中和再分配，从而不断消除、减轻市场主体在生产、交换和消费过程中所面临的约束，节约社会交易费用，促进社会资源（风险）的集中，实现资源（风险）在时间、空间以及不同主体之间的优化配置，最终有助于提高整体经济运行的效率和承受风险的能力。[①]但是，金融市场同样存在失灵，从而导致金融资源的配置不能实现“帕累托最优”。金融市场失灵主要表现在自然垄断、外部效应和信息不对称等方面。市场失灵会导致金融和经济体系的混乱，危害国家乃至世界经济的发展，这就要求政府对金融机构和金融市场进行外部监管，以确保金融市场的稳定和社会经济的可持续发展。金融监管作为一种公共产品，是一种降低或消除市场失灵的手段。

金融监管的必要性论据主要有下面五点：

---

① 夏斌，陈道富．中国金融战略 2020 [M]. 北京：人民出版社，2011：19.

1. 维护整体社会利益

从社会实践上来看，经济学家假设的纯粹自由市场经济并不存在，自由竞争的市场机制往往并不能实现资源的最优配置，却容易造成资源的浪费和社会福利的损失，而监管可纠正或消除市场缺陷，对整个社会有利，但成本却只由社会的极小部分承担。以上是社会利益论的观点，社会利益论呼吁政府通过金融监管来改善金融市场并恢复公众对存款机构和货币的信心。金融监管的基本出发点是维护社会公众的利益，社会公众利益的高度分散化，决定了只能由国家授权的机构来履行这一职责。①

实际上，由于金融活动巨大的杠杆效应——个别金融机构的利益与整个社会的利益之间的严重不对称，使得这种负的外部性效应无法通过征税的方式进行矫正。同时，由于交易成本过高，外部性也无法通过市场机制的自由交换得以消除。这种个别金融机构的行为给整体社会利益造成了损害的现象，需要政府监管—— 一种市场以外的力量的介入来减少金融体系的负外部性影响，并维护社会公众利益不受损害。因而，要设置既能降低系统性危机发生的频率而又不过度限制市场功能的制度安排，寻求政府行政力量和市场力量之间的平衡，发挥政府监管下自由市场的力量，从而实现社会整体利益的最大化。

2. 金融系统的脆弱性

金融业是特殊的高风险行业，金融业容易发生支付危机的连锁反应。稳定的金融体系能为资源的高效分配提供良好环境，进而促进经济增长；反之，经验表明，如果任由其自由发展，金融体系极易陷入动荡。

自 Minsky 于 1982 年首次提出“金融不稳定假说”后，金融脆弱性问题便引起了广泛关注和争论。金融脆弱性学说认为，银行及其他金融机构由于以下三方面的原因而存在较大的脆弱性：①短借长贷和部分准备金制度导致了金融机构内在的非流动性；②在资产负债表中，主要是金融资产而不是实物资产，主要是金融负债而不是资产净值，这在金融机构之间存在着相互依赖的网络；③存款合同的等值和流动性形成了在萧条时期提取存款的激励。

Minsky 及其追随者认为，银行的利润最大化目标促使它们在系统内增加风险性业务和活动，这会导致系统具有内在不稳定性，因而需要对银行的经营行为进行监管。② 而且，银行之间的拆解及其支付系统使它们的财务更紧密地缠绕在一起，使得银行的支付困难产生交叉影响，从而使任何一家银行的困难

① 徐孟洲 . 金融监管法研究 [M]. 北京：中国法制出版社，2008：46-47.

② Minsky，Hyman P. The Financial Instability Hypothesis：Capitalist Processes and the Behavior of the Economy [A] // Charles P. Kindle Berger and Jean-Pierre Laffargue. Financial Crises：Theory，History and Policy[M]. Cambridge：Cambridge University Press，1982：13-38.

甚至破产都会很快传播到其他银行。另外，银行经营失败涉及的利益相关者众多，发生较快，所以银行业的确存在较高的脆弱性和传染性；一旦金融恐慌引发挤兑，很容易出现连锁“技术性破产”。

传统上，关于对银行业进行审慎监管以防范系统性风险的观点是基于这样的假设：由于银行扮演着对金融资源进行期限转换并提供流动性的角色，使得银行在金融体系中占有特殊的地位，它们位于支付系统的中心，如果一家银行倒闭，“多米诺骨牌”效应就会使问题扩散到其他银行，有可能导致整个银行系统的崩溃而引发金融危机。因此，在某些情形下，挽救一家濒临破产的银行，并不仅仅是为了减少该银行的存款人及其股东的损失，更是为了减少其他利益相关方的损失。[①]银行业作为一个特殊行业，其破产的社会成本显著地高于银行自身的成本，这种负外部性很难被内部化，从而需要政府监管来消除这些外部性。

除了银行之外，系统性风险也会在非银行类金融机构中出现。大型投资银行或者保险公司出现问题的话，也会对整个金融系统产生广泛的影响。由于金融机构的高负债度和宽负债面，一家金融机构的破产倒闭往往会影响到千百万金融消费者和众多工商企业的利益。金融机构的破产倒闭及其连锁性反应还将通过货币信用紧缩破坏经济增长的基础。

因而，金融系统的脆弱性及其影响后果的严重性决定了政府需要对金融业实施监管。

### 3. 防止自由竞争导致金融垄断

金融机构是经营货币的特殊企业，货币是一种特殊的商品，金融机构所提供的产品和服务的特殊性决定了其不完全适用于一般工商业的自由竞争原则。一方面，金融机构规模经济的特点使金融机构的自由竞争很容易发展成为高度的集中垄断，而金融业的高度垄断将会使处于垄断地位的金融企业失去创新的动力，进而会给消费者福利带来损失。同时，如果形成“寡头垄断”的金融市场竞争格局，还会打破金融市场结构的平衡，使金融资源和风险都向处于垄断地位的金融机构聚集，风险的集中将大大增加金融危机爆发的可能性。另一方面，金融业激烈竞争的结果是优胜劣汰，而金融机构激烈的同业竞争可能导致不公平、不择手段的竞争行为出现，扰乱金融市场秩序，破坏金融市场机制，结果将使整个金融体系陷入不稳定，进而危及整个经济体系的稳定。

总之，自由的金融同业竞争将会导致整个金融体系的风险增大，乃至影响

---

① 霍华德·戴维斯，大卫·格林. 全球金融监管 [M]. 中国银监会国际部译. 北京：中国金融出版社，2009：5-6.

整个经济体系的稳定性。因此，金融监管应运而生，其使命之一就是在维持金融体系的效率的同时，防止金融业竞争过程出现垄断等违反公平竞争的行为，维护金融市场的公平竞技机制，保障整个金融体系的相对自由、透明、稳定和安全。

4. 矫正市场信息不对称

在不确定性研究基础上发展起来的信息经济学表明，信息的不完备和不对称是市场经济不能像古典和新古典经济学所描述的那样完美运转的重要原因之一。金融体系中信息不完备和不对称的现象更加突出。在现实运行中，金融市场是一个信息不对称、不完全的市场，形成了存款人与银行、银行与贷款人之间的信息不对称，由此产生了金融市场中的逆向选择与道德风险问题，导致即使主观上愿意稳健经营的金融机构也有可能随时因信息问题而陷入困境，进而造成金融市场失灵。①

信息不完备和信息不对称对金融机构而言是双重存在的：一方面，金融机构无法精确判断借款人违约概率的高低，容易形成信用风险，从而危及银行自身的安全，并最终有可能影响存款人的利益；另一方面，金融机构的存款人等客户也无法知道金融机构的真实运营情况、风险状态。

金融机构对资金如何运作往往以商业秘密为由而不愿公开，由于信息不对称，储户无法判断自己的开户银行是好银行还是资不抵债的银行，所以客户在选择之前就不可能准确了解金融机构的经营现状、财务状况，他们至多是以金融机构以往的经营状况作为该机构现在和未来经营状况的判断标准。

对于一家金融机构的经营状况，股东了解的程度自然不如管理层所了解得那么深入。但是，管理层没有向市场披露不利信息的动力。在零售金融市场上，个人投资者往往也缺乏对金融机构或金融产品的稳健性进行判断的专业知识，也没有能力支付获得相关信息的高额成本。尤其是在投资长期金融产品时，投资者的收益完全依赖于机构未来的支付能力和经营状况，而投资者在订立合同时对这些信息无从知晓。随着时间的推移，个人投资者对于企业支付能力的依赖性更大了，但其对企业的监控能力却更弱了。

原则上说，通过市场化解决上述问题的一个途径是利用外部评级机构。评级公司可以就某项投资产品的风险状况给出独立的评价。但是，由于评级公司很难从个人投资者那里回收评级服务的成本，所以通常不向个人投资者提供服务。而中介机构则会支付一定的报酬聘请评级公司对其稳健性做出评估。因

① Stiglitz J. E., Andrew Weiss .Credit Rationing in Market with Imperfect Information[J]. American Economic Review , 1981, 73 (3): 393-410.

此，确保市场上存在一个既负责收集又负责监管有关金融稳健性信息的机构，对储蓄和投资市场上的信息披露及透明度进行监管，特别是对将自身负债在市场上转换成资产的机构进行审慎性监管，就能够使集体受益。

当金融业经营中存在比较严重的信息不完备和不对称时，会对整个经济和社会公众的利益产生普遍性的影响，因此解决信息不完备和不对称问题就变得非常必要。然而，收集和处理信息的高昂成本往往会使金融机构难以承受。而且，金融信息具有公共产品的特征，信息的生产者不能消除免费“搭便车”现象，从而使得无人愿意生产信息。同时，金融信息的生产者和消费者之间存在着不对称性，这将导致逆向选择和道德风险问题。正因如此，靠私人部门或信息的使用者自己生产信息来解决信息不完备和不对称问题往往是难以奏效的，政府就有责任采取各种监管措施减少金融体系中的信息不完备和信息不对称问题，促进信息的有效传递。因而，为了矫正金融市场中存在的信息不对称现象，需要政府实施金融监管。

5. 金融监管的历史变迁

监管理论是以微观经济学和产业组织理论为基础，吸收法经济学、新制度经济学理论及其他理论和研究成果发展起来的。随着监管实践活动的不断发展，与其相辅相成的监管理论体系和内容也在不断拓展和完善。

纵观金融监管理论的演进历程，其大致经历了产生、发展和成熟三个阶段。

（1）金融监管的产生阶段——注重金融安全。从经济学理论的发展过程来看，在很长一段时间内，主流的古典经济学崇尚自由，信奉“看不见的手”，反对政府对经济的干预，未对金融体系给予特殊的重视，把金融简单地抽象为货币，强调货币中性，重视实体经济的研究，对金融监管的研究根本不存在。

但是，理论上没有研究，并不代表现实中不存在金融监管。市场的形势及政府监管的实践往往不是按照理论预设的路径发展。政府对金融活动的监管最早可以追溯到1720年6月英国颁布旨在防止过度证券投机的《泡沫法》。《泡沫法》的颁布起因于17世纪英国发生的“南海泡沫”案，18世纪初法国发生的“密西西比泡沫”事件也对这一法案的颁布起了相当大的推动作用。“南海泡沫”案和“密西西比泡沫”事件都是典型的狂热证券投机，泡沫崩溃使英国和法国的经济遭受了沉重打击。《泡沫法》标志着世界金融史上政府实施金融监管的正式开始，它的许多原则一直持续影响至今。不过，《泡沫法》所代表的政府金融监管还不是完全现代意义上的金融监管，它主要是政府针对证券市场不稳定而采取的临时干预措施。①

20世纪30年代的经济危机后，凯恩斯主义占据主导地位，国家干预大行其道，为金融监管提供了直接的经济理论基础。金融市场的发展变化也推动了金融理论的发展。在经历了金融危机之后，主要资本主义国家在凯恩斯主义的指导下，开始从制度安排层面对金融市场实施监管，并构建监管体系。

正是20世纪30年代的经济危机让社会各界都心有余悸，直到20世纪60年代以前的金融监管实践及监管理论一直是强调金融安全和稳定优先。主张政府干预，弥补市场缺陷的宏观政策理论，以及市场失灵理论和信息经济学的发展进一步推动了强化金融监管的理论主张。在凯恩斯主义宏观经济理论的影响下，传统上中央银行的货币管理职能已经转化为制定和执行货币政策并服务于宏观经济政策目标，金融监管更加倾向于政府的直接管制。

金融业由于自身的特性，一方面，它在整个经济中处于举足轻重的地位；另一方面，它又具有很强的脆弱性和不稳定性，金融机构的倒闭所产生的强大的连锁反应会导致整个经济活动的剧烈波动。从法律法规和监管重点来看，对金融机构的具体经营范围和方式进行规制和干预逐渐成为这一时期金融监管的主要着力点。因此，早期的金融监管立足于金融安全目标，以维持金融稳定为己任。

（2）金融监管的发展阶段——金融效率优先。20世纪60年代末，资本主义市场经济发展速度开始减缓，并出现“滞胀”现象，金融市场发展形势也发生了改变。凯恩斯主义无法对20世纪六七十年代弥漫于发达国家的“滞胀”现象给出一个让社会满意的解释，于是以新古典宏观经济学和货币主义、供给学派为代表的自由主义理论和思想开始复兴，在金融监管理论方面形成了金融自由化理论。金融自由化理论认为，政府的严格监管会使得金融机构和金融体系的效率下降，从而压制金融业的发展，最终导致金融监管的效果与促进经济发展的目标不相符。此外，金融监管是一种政府行为，而政府也会同市场一样失灵，而且其失灵的后果很可能比市场失灵更严重。因此，金融自由化理论主张放松对金融机构的过度严格管制，特别是解除对金融机构在利率水平、业务范围和经营的地域选择等方面的种种限制，恢复金融业的竞争，以提高金融业的活力和效率。这种金融监管理论以金融效率优先为目标。

在金融自由化理论的影响下，政府虽然没有放弃对金融进行监管，但是却放松监管，监管的目标也转变为提高金融市场效率。

（3）金融监管的成熟阶段——金融安全与金融效率并重。进入20世纪90

① 白宏宇，张荔.百年来的金融监管：理论演化、实践变迁与前景展望[J].国际金融研究，2000（1）：74.

年代中期后，一系列区域性金融危机的相继爆发，尤其是2008年金融海啸后，迫使各国的金融监管者和社会各界又重新开始关注金融体系的安全性及其系统性风险。

回顾过去的金融监管一直在金融效率和金融安全之间不断徘徊，立法者和监管者需要不断地在金融效率和金融安全之间“相机抉择”：当金融安全受到威胁时强调干预主义，否认自由主义；当金融效率受到抑制时又强调自由主义，否定干预主义。这容易导致矫枉过正和政策摇摆，强化金融安全时为束缚金融机构的创新活力“埋下祸根”，强化金融效率时为下一次金融危机“埋下祸根”。

20世纪90年代中期以后的金融监管理论与以往的金融监管理论有较大的不同，这一阶段的金融监管理论除了继续以市场的不完全性为出发点研究金融监管问题之外，也开始越来越注重金融业自身的独特性对金融监管的要求和影响。①

随着实体经济发展的需要及金融市场自身的发展，金融创新活动广泛开展，金融衍生产品不断推出，带来了金融市场的繁荣。同时，随着经济全球化发展，金融也开始全球化，各个国家之间的金融业竞争非常激烈。为提高本国金融的国际竞争力，各国监管机构认识到必须鼓励金融创新的发展，以促进金融市场效率的提高。但是，又由于金融衍生产品具有风险性，特别是由于次贷危机引发本轮金融海啸后，各国监管机构对监管体系进行了反思，并逐渐达成共识，即必须对金融创新进行监管，保护投资者利益，防范监管失控而出现系统性风险。这些理论的出现和发展，不断推动金融监管理论向鼓励金融创新活动和防范金融体系中的风险方向发展。

（4）金融监管发展变迁的规律总结。实际上，由于金融市场体系的不断演变，关于实施金融监管应该监管什么以及不应该监管什么的争论从未停止过。每爆发一次金融危机，社会各界就倾向于主张加强金融监管。若干年之后，当实施金融监管的成本越来越高，监管的边际效益越来越低时，社会上又会出现放松监管的要求。

从不同社会群体的态度来看，作为监管对象的金融机构往往认为被过度控制而希望放松监管。相反，许多政治家及监管机构又认为正是由于现行监管尚存在诸多空白，金融机构可以逃避监管，从而导致投资者利益受损以及金融从业者不合理的暴富事件大量出现。

从历史沿革来看，金融监管的发展遵循了一条危机导向的路线，危机的不

① 胡琴．金融监管理论研究综述 [J]. 北京政法职业学院学报，2008（3）：89.

断爆发和对危机认识的不断深化，推动了金融监管实践和理论的演化和变迁。金融监管者总是面临金融发展效率与金融安全稳定的两难选择。而这种危机导向的、事后的金融监管表现出缺乏前瞻性及灵活性的缺陷。

金融监管以后的发展方向应该是更加重视从金融体系自身入手，从内部约束着力，从内部激励相容方面着眼，探索能推动金融机构和金融体系建立主动防范及化解系统性金融风险的制度安排，以实现金融体系安全与稳定、效率与消费者保护等多方面目标的平衡与协调。

同时，金融监管机构应正视金融监管国际化趋势，加强金融监管的国际合作。金融业的跨国经营、金融资本的跨国流动，为在全世界范围内进行金融供给提供了便利，同时也给监管当局带来更大的困难。金融全球化向传统的国别金融监管提出了挑战，并开始突破国别金融监管体系，导致各国金融当局由于金融全球化的发展而受到日益增多的国际制约。另外，不同国家金融监管机构设置、监管的手段、监管目标及监管内容逐渐出现趋同，特别是各国有关资本充足性的监管标准和以市场约束为基础的监管标准日趋统一。所以，金融监管以后的发展要适应金融全球化的趋势，着力解决金融业全球化带来的问题，加强监管的国际合作。

## 二、次贷危机后欧美国家金融监管改革及对我国的启示

### （一）美国金融监管应对次贷危机失效的原因分析

2008 年肇始于美国，席卷全球的金融海啸给实体经济造成了重大冲击。美国过度宽松的货币政策、住房抵押贷款标准放松、金融产品过度证券化、金融机构风险管理不到位，以及信用评级机构的渎职都受到批判，同时金融监管体系不健全也被认为是引发危机的主要原因之一。① 美国的金融监管一向以规则细密、监管严苛著称，而这次危机引发各界对美国金融监管体系有效性的质疑和反思。

第一，多年来，“新自由主义”的监管理念使美国陷入了监管失效的困境，而监管失效酝酿着金融危机的产生。

在金融危机之前，美国信奉“最好的监管就是最少的监管”的新自由主义监管理念，对市场自发调节机制的盲目迷信，对自由放任理念的过分崇尚，则

① Baily，Martin Neil，Douglas W. Elmendorf，Robert E. Litan.The Great Credit Squeeze：How It Happened，How to Prevent Another[Z]. Brookings Institution Discussion Paper，2008-05-21.

是监管缺失的主要思想根源。在经济环境较好的时候，过于依赖市场约束和机构自律的宽松监管，虽然能够充分发挥金融主体的积极作用，但也助长了其冒险主义倾向。并非所有金融机构都将股东和客户利益放在第一位，金融欺诈和金融冒险是金融机构利益驱动的自然产物，金融机构作为特殊经济主体，一旦违规产生风险必将对社会带来极大损害。美联储主席伯克南曾说："依靠市场纪律不应该同自由放任政策相混淆，市场纪律通常需要政府监督的支持。"①

经历这次危机后，美国各界才在一定层面上就以下问题达成了共识，即提升美国在全球金融市场的市场份额和竞争地位，只是金融监管的一项目标，它不应当牺牲金融监管的以下基础价值：其一，保护公众投资者，监管应该保护理性的投资者、存款人和保单持有人免受欺诈；其二，消除金融失败所引发的负外部性，应该实施审慎的监管以确保金融机构具有足够的清偿能力；其三，促进国家特定政治和经济目标的实现，为此应该限制金融控股公司从事其他商业活动，避免监管机构被俘获。②

第二，美国现行联邦和州多重监管的体制，导致监管成本高企，效率低下，监管重叠与监管真空、"监管竞争"和"监管套利"等重重弊端并存。在金融危机发生之前，美国完成了从机构监管向功能监管的转变。功能监管的基本理念是，相似的功能应当受到相同的监管，而不论这种功能由何种行业性质的机构从事。2005 年，美国在联邦和各州层级总共拥有 115 家金融监管机构，每家机构都在其监管权限范围内颁布规则并实施监管，从而形成多层多头监管体制。这种监管体制使得一家金融机构需要向多个监管者申报和接受检查，这就带来了高昂的监管成本，也降低了美国金融市场的相对竞争优势。另外，随着金融创新的推进，兼有银行、证券、保险属性的金融创新产品不断涌现，很难简单地把这类产品归入某一功能类别，从而造成了多头功能监管机构监管重叠与监管真空并存。同时，为了能够获得更大的监管权力，得到更多的监管资源，美国金融监管机构之间存在着激烈的竞争，而竞争的后果则是容易形成监管"朝底竞争"，即监管机构为了吸引潜在监管对象或扩展监管范围，竞相降低监管标准，以致降低了整体监管水平，损害了金融消费者的利益和社会公众利益。

第三，为鼓励金融创新而放松对金融衍生产品、信用评级机构的监管。在金融危机之前，为鼓励金融创新，美国一直实施宽松的监管政策，现在看来最

① 李扬，全先银. 危机背景下的全球金融监管改革：分析评价及对中国的启示[J]. 中国金融，2009（17）：14–16.

② 罗培新. 美国金融监管的法律与政策困局之反思——兼及对我国金融监管之启示[J]. 中国法学，2009（3）：91–92.

大的问题在于对房地产按揭及相关资产证券化的监管不到位。金融监管机构甚至允许信贷能力低的人以“零首付”进入房地产市场，再通过资产证券化或债权证券化进入证券市场，经过几次衍生，在资金最终提供方与最终使用方之间形成一系列的委托代理关系，代理链上每一个人都可以不负责任，而只赚取服务费，所有风险都由最终投资者承担，这样最终导致系统性风险日积月累。

在上面所述的三个因素的相互作用、相互影响下，美国金融监管体系的问题日益严重，最终金融监管体系的问题成为美国金融危机爆发和升级的重要推手。金融危机后，经过讨论和博弈，美国各界对金融监管体系存在的问题及改进的思路逐渐达成共识，并推动了美国金融监管改革法案——《多德—弗兰克华尔街改革和消费者保护法案》（以下简称《华尔街改革法》）的出台。探讨美国金融监管在应对次贷危机中失效的原因，可以为我国金融市场的发展及与之相伴的金融监管改革提供经验和借鉴。

## （二）次贷危机后欧美国家的金融监管改革

金融监管体制不适应金融市场发展的需要，没有根据金融市场形势的变化及时调整监管政策，是本次国际金融危机发生和蔓延的一个重要原因。2010年，以美国和欧洲为代表的主要发达国家和地区相继出台金融监管改革法案，对金融监管体制进行重大调整。以美国颁布的《华尔街改革法》为标志，本轮金融监管体制改革集中体现在以防范和化解系统性风险为目标，促进货币政策、金融稳定和金融监管的协调统一。

从总体上来看，欧美的金融监管改革并未因金融危机的爆发而因噎废食回归到严格管制的监管路径上，而是在坚持市场主导原则的基础上，通过防范系统性风险，强化宏观审慎管理，扩大监管范围，提高监管标准，加强监管协调等弥补监管漏洞，这与金融创新快速发展的现实是吻合的。①

### 1. 防范系统性风险，强化宏观审慎管理

防范系统性风险是金融监管改革的核心目标。在金融监管改革的各种法律和方案中，基本都把防范系统性风险、强化宏观审慎管理、维护金融稳定作为核心内容。G20 伦敦峰会提出，作为对微观审慎和市场诚信监管的有益补充，各国应该加强宏观审慎管理，降低系统性风险的过度积累。美国《华尔街改革法》提出，将防范系统性风险作为金融监管改革的主要目标。欧盟《欧洲金融监管》改革计划提出成立欧洲系统性风险委员会，负责检测和预警整个欧盟市

① 鲁篱，熊伟. 后危机时代下国际金融监管法律规制比较研究——兼及对我国之启示 [J]. 现代法学，2010（4）：151.

场上可能出现的系统性风险，并在必要情况下提出应对建议。具体来说，各国采取的监管改革措施如下：

（1）明确防范系统性风险的机构、职责和权力。本次金融危机表明，中央银行与金融监管彻底分离不利于有效监测和防范系统性风险。为此，相关改革建议和方案都在不同程度上强化了中央银行在防范系统性风险中的作用。

美国在 2012 年 7 月实施的《华尔街改革法》中设立金融稳定监督委员会（FSOC），负责防范系统性风险。新设立的金融稳定监督委员会的主要权力包括：第一，负责识别系统重要性金融机构、金融工具以及源于金融体系内外的威胁金融系统稳定的风险，并对风险提出应对措施。第二，确定哪些非银行业金融机构属于系统重要性机构，并指定美联储监管。第三，建议美联储对系统重要性机构提高监管标准。第四，在必要时批准美联储分拆严重威胁金融稳定的金融机构。

2010 年 9 月，欧盟议会通过《泛欧金融监管法》，明确指出欧洲央行应该在宏观审慎管理中发挥领导作用，维护货币与金融稳定。《泛欧金融监管法》还设立欧洲系统性风险委员会（ESRB），负责宏观审慎管理，防范系统性风险。欧洲系统性风险委员会还负责完善欧盟金融体系宏观审慎管理的预警机制、识别系统性风险并对其进行分级、向相关机构提出警告或建议。欧洲系统性风险委员会进行系统性风险研究的宏观数据和信息主要来自欧洲中央银行。

英国金融监管改革法案《金融监管的新方法：判断、关注和稳定》对原来由英格兰银行、财政部和金融服务局构成的三方金融监管体制进行根本性改革，确立了英格兰银行全面负责宏观审慎管理的地位。在英格兰银行理事会下设立金融政策委员会，并赋予其强有力的宏观审慎管理手段，专门负责金融稳定。

法国在 2010 年 1 月颁布法案，对金融监管体制进行重大改革，建立以中央银行为核心的管理框架，以保证更全面地防范金融集团风险，实现宏观审慎管理。

（2）加强监管机构间的协调、配合和信息共享。美国时任总统奥巴马在 2009 年颁布《金融监管改革方案》，该方案明确指出，分业监管存在严重的监管重叠和监管缺位问题，加强金融监管机构之间的协调是解决问题的重要手段。《华尔街改革法》规定设立由金融监管部门负责人组成的、跨部门的金融稳定监督委员会，职责包括向国会提出关于金融监管的建议，确定应予监管的金融公司和业务活动，解决部门争端，对于威胁金融稳定的金融活动和行为施以严格的监管规则和标准。

法国的金融监管改革法合并原来银行监管部门和保险监管部门的职能，将之赋予新设的审慎监管局，并进一步明确审慎监管局、金融市场监管局与央行三方之间的密切联系，三方共同分享金融市场的专业技能和知识，预测与识别系统性风险。

（3）注重对系统重要性机构的监管。G20 伦敦峰会指出，应确保所有具有系统重要性的金融机构、市场和工具受到适当的监管和监督，其程度应与各机构、市场和工具在本地和全球范围内的系统重要性相一致。2009 年 11 月，根据 G20 领导人要求，国际货币基金组织、国际清算银行和金融稳定委员会共同制定了《系统重要性金融机构、市场和工具的评估指引：初步考虑》，提出评估金融机构、市场和工具系统重要性的标准和方法。此外，为防范金融机构“大而不能倒”的风险问题，一些欧美国家对系统重要性金融机构实施更加严格的监管标准，强化其日常监管。

美国的《华尔街改革法》通过提高对系统重要性金融机构的监管标准，以降低金融机构“大而不倒”的风险。美联储负责对系统重要性金融机构制定更加严格的监管标准和要求，包括资本、杠杆率、流动性、风险管理、清算方案等方面。如果系统重要性金融机构严重威胁美国金融稳定，金融稳定监督委员会和美联储可要求该机构采取保持一个特定的股权负债比率或出售部分资产等措施。

此外，《华尔街改革法》还实施了“沃尔克规制”，限制银行业金融机构运用自有资金进行自营交易业务，将银行机构投资对冲基金和私募股权基金的规模限制在基金所有者权益和银行一级资本的 3% 以内，单个金融机构不得通过收购兼并使其负债规模超过金融体系负债总额的 10%。对资产证券化实行风险共担，要求销售抵押贷款支持证券等产品的机构留存至少 5% 的信用风险。

（4）引入逆周期监管措施，减缓顺周期影响。金融体系存在的顺周期性在国际金融危机中起到了推波助澜的作用，主要表现在资本的监管要求、公允价值会计准则以及信用评级等方面。2009 年 4 月，金融稳定委员会发布《关于解决金融体系中顺周期性的报告》，建议建立减缓周期性因素影响的相关机制，具体措施主要涉及资本框架、贷款损失拨备及估值与杠杆间的互动三个方面。

### 2. 突出金融消费者保护的公共政策目标

（1）成立专门金融消费者保护机构，完善消费者保护制度。此次危机中，金融机构、评级机构和监管部门的失误导致公众对金融机构的信心严重受损，因此有关国家通过强化金融消费者保护制度来恢复公众信心。美国的《华尔街改革法》从以下几个方面加强对金融消费者的保护：在美联储内部设立相对独立的金融消费者保护署，统一行使原来分散在 7 家金融监管机构的消费者权益保护职能；要求金融机构采取合理的信息披露方式，并与消费者进行充分的信息沟通，全面揭示消费者的权利以及他们所承担的成本、损失和风险；加强消费者金融知识教育，规范销售和放贷行为；提高投资门槛，确保对冲基金和私募基金只销售给对此类基金的投资风险具有识别和承担能力的投资者。英国也在金融监管改革法中规定成立消费者保护和市场管理局，专门从事金融消费者保护和金融机构商业行为监管的工作。

（2）进一步完善存款保险制度。此次金融危机表明，存款保险制度对防范和化解系统性风险的积极作用尤为明显。2009 年 6 月，国际存款保险协会和巴塞尔委员会（BCBS）在总结各国存款保险制度应对金融危机经验的基础上联合发布了《有效存款保险体系核心原则》，提出建立有效存款保险制度的 18 条原则，明确存款保险制度的政策目标，强调通过合理的制度设计减少道德风险，并提出存款保险机构应参与对有问题银行的早期检测、及时干预和处置。目前，金融稳定委员会（FSB）已将该原则纳入其主导推行的标准大纲。

3. 扩大监管范围，弥补监管漏洞

（1）将对冲基金和私募股权基金纳入监管范围。美国的《华尔街改革法》要求对冲基金和私募股权基金到美国证券交易委员会注册，并加强信息报告和披露，向美国证监会报告交易情况和资产组合等方面的信息。欧盟正在制定的《另类投资基金管理人准则》，要求对包括对冲基金在内的投资基金管理人建立全面有效的管理和监管框架。

（2）加强对信用评级机构监管。2009 年 4 月，G20 伦敦峰会提议加强对信用评级机构的监管。此后，有关国家和地区开始采取措施减少监管规则实施过程中对信用评级机构的依赖性。美国证监会再次修改《证券交易法实施基本规则和规章》，对信用评级机构保持独立性、防止利益冲突、加强信息披露等做了进一步的规定，降低评级机构与被评级公司和承销商之间的利益关联度，评级质量长期较低的机构将被吊销执照。欧盟颁布《信用评级机构监管法规》，确立对信用评级机构的立法监管框架。

（3）强化对场外交易衍生产品监管。为提高 OTC 衍生产品交易市场的透明度，G20 伦敦峰会呼吁推行场外信用衍生产品的中央交易对手制度。美国《华尔街改革法》将场外衍生品纳入监管范围，规定场外衍生品接受商品期货监管委员会和证券交易委员会监管，以提升透明度，降低交易对手风险，推动衍生品交易进行集中清算。

## （三）主要发达国家金融监管改革对我国的启示

金融海啸后，欧美发达国家对自身的金融监管体制进行反思，并纷纷出台了金融监管改革法案。改革法案实施后，金融监管环境将趋于严格，金融机构经营行为会更加审慎，将对全球金融稳定产生积极作用。而且，欧美国家还把加强全球金融监管作为外交博弈的筹码，对新兴国家和发展中国家形成强大的政治压力。为防止变成“监管洼地”，造成国际投机资金的大量涌入，不少国家和地区也被迫采取跟随型的强化监管的措施。

对我国而言，在此次国际金融危机中，我国金融体系虽然受到了一定的冲击，但是总体上经受住了考验。这主要得益于我国经济快速发展的良好环境，得益于国有大型商业银行股份制改革等多项金融改革措施，也得益于金融法律制度逐步完善和监管水平不断提高。从另一角度来说，由于我国金融业的发展尚处于初级阶段，在服务模式和产品创新方面相对滞后，客观上也避免了危机的发生。但是，我国金融业正处在快速发展的过程中，现行的金融管理体制和股份改制后的金融机构并未经历一个完整经济周期的考验，发达经济体已经暴露的金融风险问题未来很可能会在我国出现，因而我们必须未雨绸缪。

总体来说，欧美发达国家的金融监管改革体现了国际社会对金融监管与金融发展关系的反思和对金融危机处置经验的总结，为我国推进金融业改革发展，完善金融监管体系提供了诸多启示。

**1. 金融监管体系必须与一国金融市场的发展阶段和实际情况相符合**

监管不足与监管过度都会给金融市场的发展带来重创，应根据国家经济发展战略和一国金融市场的发展阶段采取灵活的监管策略，正确处理金融创新和维护市场稳定的关系。

随着金融市场迅猛发展和大规模的金融创新活动涌现，美国的金融监管体系暴露出较为严重的监管不足的问题并成为金融危机爆发的一个重要原因。这也证明如果金融监管与金融市场的实际情况不相适应，可能会引发重大的金融危机。

欧美发达国家在反思危机后的金融监管改革中有许多有益的经验值得我们借鉴。其中，加强宏观审慎管理，促进货币政策、金融稳定与金融监管的统一协调，建立有序风险处置和清算安排等措施，已成为国际上普遍接受的做法。但是，美国金融监管改革法案中限制美联储发放紧急贷款、实施“沃克尔”规则等规定，是针对美国金融体系特有问题开出的药方，与美国经济金融体系差别较大的国家不宜直接照搬。

我国任何政策的制定都要立足国情。一方面，我国仍处于工业化的进程之中，与其他发展中国家一样，存在着金融体系发展水平低的客观现实；另一方面，我国仍处于体制转轨的进程之中，金融市场的发展长期以来依靠行政和市场双重力量的推动，容易受传统计划经济中行政权力介入经济的观念所影响，而使金融发展财政化。

上述两方面集中表现为中国的金融市场具有“新兴＋转型”的特色，正是这一特色构建了理解中国当前金融问题的特殊角度。首先，中国的金融机构几乎没有遭到严重的流动性冲击，从而没有发生严格意义上的金融危机。中国语境下的金融危机实际上是指国际金融危机所导致的外需下降，致使中国出口导向型经济难以维持的状况。换言之，如果中国真的发生金融危机也是因出口导向型经济难以维持可能导致的金融机构坏账陡增式危机。为避免这一状况的出现，中国政府采取了以扩大投资为主要内容的总需求扩张政策，从而有别于发达国家单纯为了遏制金融机构恐慌性去杠杆化而向金融机构注资和补充流动性的反危机政策。其次，中国的金融体制仍在转轨的过程中，市场准入尚未放开，利率尚未市场化，资本市场尚不完善，金融机构竞争不充分，金融产品不发达。在这种情况下，坚持市场化取向的金融体制改革依然是第一要务。①

因此，在相当长一段时间内，简化行政审批，加强监管，推动市场化改革，进一步促进金融市场的繁荣，在风险可控的范围内鼓励金融创新仍是大方向和主旋律。目前来说，我国应紧密结合金融市场发展的实际情况，正确处理好金融市场发展、货币政策与金融监管的关系，促进三者的协调发展。

**2. 金融监管体系必须随着市场发展不断完善以促进国家金融战略的实现**

随着金融国际化的不断加深，金融机构及其业务活动越来越多地跨越了国界的局限，金融监管也逐渐走向国际化，围绕金融监管理念、架构和系统建设一直存在理论争论和不同的实践探索。各主要国家的金融监管改革一直在“分业监管”和“统一经营”之间摇摆。在金融市场逐步复杂化、混业经营成为必然趋势但也有漫长演变过程的背景下，简单地希望通过建立“统一监管”来解决所有问题的想法并不现实。比如，英国在20世纪80年代“金融大爆炸”后建立彻底的“大一统”式的监管架构，但在此次金融危机后，对这一模式的有效性又出现质疑。美国在这次金融改革法案中建立了金融稳定监督委员会，是基于过去几十年的实践和此次金融危机的教训，而进行强化金融协调机制的有益尝试。但是金融稳定监督委员会主要是一个议事协调机构，在实际操作中如何磨合和运转还有待观察。

从过去较长一段时间的实践来看，大一统的监管体系在实际中对协调统一监管的效果也不是特别理想，因而在大一统的机构内部势必还要分设针对不同行业或不同功能的监管部门，这些部门之间同样存在监管协调和信息沟通的问题，而监管协调恰恰对于防范系统性风险至关重要。因此，可以说不存在“最优”的监管体系，绝对的分业监管和统一监管模式都不可能解决金融监管难

① 博源基金会. 国际金融监管：问题·改革 [M]. 北京：社会科学文献出版社，2010.

题。有效的协调与合作机制是保持监管体系有效性和金融市场竞争力的重点，同时也是难点。

未来我国的金融监管改革在吸收和借鉴欧美成熟金融市场的监管理念和改革经验的同时，应当充分分析我国金融市场的发展阶段和实现情况。从目前看，我国金融发展仍处于分业经营为主、混业经营崭露头角的阶段，因此，分业监管的模式应该说还是比较适合我国国情的。但是，在综合经营趋势不断发展的情况下，如何完善和优化分业监管下的监管协调机制，是一个急需解决的问题，这个问题将在以后章节中会做进一步的研究。

3. 金融监管要注重对系统性风险和创新业务的监管

金融危机爆发以前，传统的金融监管理论普遍认为系统性风险是难以预测和防范的，转而希望通过加强对单个金融机构的审慎性监管来降低系统性风险。但是在 2008 年的金融危机爆发阶段，单个金融机构的风险经过传递可以迅速转化为系统性风险。因而在危机后，建立有效的系统性风险防控机制成为摆在全球监管部门面前的首要任务。

从监管内容看，欧美金融监管体系的监管重点实现了两个重大转变。

第一，从注重合规性监管向合规性监管和风险监管并重转变。过去监管当局一般都将监管重点放在合规性方面，侧重制定市场经营交易规则，并监督市场参与者遵照规则行动以实现监管目标。但这种方法市场敏感度较低，不能及时对金融市场风险做出反应，相应的监管措施也滞后于市场发展。因此，美国《华尔街改革法》成立了金融稳定监督委员会来专职负责识别系统重要性金融机构，同时，将所有系统重要性金融机构纳入美联储监管范围。

第二，从注重传统银行业务监管向传统业务和创新业务监管并重转变。随着金融市场的不断发展，金融创新产品层出不穷，如金融衍生产品交易、网上银行交易等创新业务，它们在增加收益的同时也增大了风险，且更易扩散风险，对金融市场的冲击也更加直接和猛烈。因此，只注重传统银行业务的监管已经不能全面、客观地反映整个银行业的风险状况，只有“双管齐下”，传统业务和创新业务的监管并重，才能有效地防范和化解银行业的整体风险。

我国金融体系中也隐藏着不容忽视的系统性风险，与金融发达国家的系统性风险表现形式不同，我国金融业系统性风险中最重要和最突出的表现是我国商业银行在金融体系中占有绝对优势地位，使得大量金融风险集中于商业银行，如资产价格泡沫风险、地方融资平台风险、银行不良资产风险等隐患也都有可能在一定条件下快速积累，甚至导致系统性风险爆发。因而，我们应该高度重视系统性风险的预测、防范与监管，加快金融体系的改革步伐。

总之，借鉴欧美金融监管改革经验，思考金融危机及其所伴随的欧美金融监管改革对我国的启示时，我们需要把握两个维度：一方面，世界各国现代金融的发展趋势是一致的，并且由于全球一体化而使得趋同的步伐加快；另一方面，我们也需要认识到，发达国家的金融市场与我国有着巨大的差异，这里既有发展阶段的差别，也有发展模式的差别。在美国金融机构的自营业务和投资范围受到限制的背景下，我国也应该审时度势，制定相应对策，利用当前这个有利时机，拓展国际业务，扩大我国金融机构在国际市场上的市场份额，提高我国金融业的竞争力。同时，我国应积极借鉴国际金融监管改革的有益经验和做法，从我国金融业改革发展的实际出发，进一步深化金融监管体制改革，完善维护金融稳定的制度安排，为金融业长期稳定发展奠定坚实基础。

## 三、金融监管的目标

为促进经济增长，有效分配资源，管理风险及运用长期资产，金融业需在稳定的基础上运行。一个发展良好的金融业，可以通过减少交易成本、提高流动性和促进投资的规模效应来提高整个经济体系的效率。一个有效的监管体系，是维持高效、安全、公平和稳定的金融市场所必需的，也是促进金融业增长与竞争所必需的。构建有效的金融监管体系，须先设定适当的金融监管目标。金融监管目标是实现金融有效监管的前提，也是监管当局采取监管行动的依据。

一般来说，金融监管的目标可分为一般目标和具体目标。一般目标应该是建立和维护一个稳定、健全和高效的金融体系，保证金融机构和金融市场的健康发展，从而保护金融活动各方特别是存款人的利益，推动经济和金融发展。具体监管目标在不同的国家和金融市场发展的不同阶段会有所差异。

研究金融监管目标，不可避免要涉及金融监管目标和货币政策目标的关系。首先，金融监管目标与货币政策目标都是宏观经济目标，但作用的对象不同，层次不同。货币政策着眼于金融体系与整个经济环境之间的关系，作用的对象是经济发展与货币稳定，是央行运用各种货币政策工具调节货币供给，进而影响宏观经济的方针和政策，并借以促进实体经济的发展。货币政策目标是站在宏观的角度，把协调总需求和总供给作为基本出发点。因此，货币政策所要达到的目标一般有四个：稳定货币、经济增长、充分就业及国际收支平衡，虽然这四个目标之间具有内在矛盾性，难以兼得，但是央行根据具体的经济形势可以灵活地在它们中间取舍。而金融监管是处理金融体系的安全和金融发展的关系，更多的是面向金融体系内部，通过现场检查和非现场监管，最终使金融体系的各个部分和环节运行得更加有效，整体上运行得更加稳定和健康发展，并保护金融消费者利益。金融监管目标和货币政策目标在本质上是相辅相成的。从作用的对象来说，货币政策目标的层次更高一些，金融监管目标的实现可以为货币政策的执行提供一个良好的金融市场环境。协调好金融监管目标和货币政策目标的关系，有助于金融监管目标的实施。

金融监管目标的确定与划分，既应当遵循整个金融系统健康发展和监管工作有效进行的一般规律，同时也应充分考虑具体金融机构的职权配置、金融市场发展水平、历史文化环境等实际情况，从既有利于整个金融系统长远发展的战略发展需要，又有利于保证体制改革平稳推进的现实需要出发进行具体设计、安排。

分清责任和功能是一个监管艺术的问题，也是监管的难点所在。只有将监管目标明确界定，并且准确无误地将实现监管目标的责任委托给监管机构，监管才有可能有效进行，才可以围绕这一目标而有针对性地对具体监管内容、对象、方式、技术、方法、手段以及监管组织形式进行选择取舍，才可能确保监管效率甚至整个金融系统运行效率的提高。[①] 比如英国金融服务局，它就有着自己明确的监管哲学，或称工作思路。它明确提出，监管的目标是保持有效、有序、规则的金融市场，帮助个体消费者公平交易。通过强调信息披露，促进产业进步，灵活的、事前的规范发挥监管效果的最大化，从而达到上述目标。其机制核心在于灵活、事前的规范，这项工作的重点在于把精力集中在法定目标最容易产生危险的领域，致力于在危机爆发之前予以防治。[②]

从世界范围看，各国的金融制度已经历了漫长的发展过程，但面对金融业竞争的加剧和金融创新工具的不断涌现，各国都在不断强化金融监管。如何实施金融监管既能促进金融业的发展，又能保护金融消费者的利益，使监管者和被监管者同样受益，已不是简单的政策或手段问题，它涉及如何构建一个完整的金融监管体系。这个体系包括金融监管的目标、机构、原则、手段和方法等。而其中最重要的，也是需首先解决好的就是金融监管的目标。金融监管的目标决定着金融监管的模式，金融监管的模式决定着金融监管的权力配置。

### （一）维护国家金融安全

金融安全指货币资金融通的安全和整个金融体系的稳定。金融安全是金融经济学研究的基本问题，在经济全球化加速发展的今天，金融安全在国家经济安全中的地位和作用日益加强。金融安全是和金融风险、金融危机紧密联系在

---

① 胡怀邦 . 银行监管的目标定位：理论分析与中国选择 [N]. 金融时报，2003-11-24.

② 孙焕民，徐子尧，叶建华 . 金融监管：理论基础方面的思考 [J]. 金融教学与研究，2003(6)：8.

一起的，既可用风险和危机状况来解释和衡量安全程度，也可以用安全来解释和衡量风险与危机状况。安全程度越高，风险就越小；反之，风险越大，安全程度就越低。危机是风险大规模积聚爆发的结果，危机就是严重不安全，是金融安全的一种极端。按金融业务性质来划分，金融安全可划分为银行安全、货币安全、股市安全等，其极端就是银行危机、货币危机、股市危机等。一方面，作为整个经济和社会的血液，金融的安全和稳定，直接影响到我国经济与社会的整体发展。如果失去了金融安全，极有可能引起社会动荡。另一方面，金融安全又必须建立在社会稳定的基础上，因为社会不稳定的某些突发性因素往往是引发金融危机的导火索。

金融安全问题的提出是特定历史发展阶段的产物，是金融全球化的产物，更确切地说，金融安全问题是应对金融全球化负面影响的产物。尽管金融全球化具有促进世界经济发展的积极效应，但不可否认，金融全球化也带来了许多负面影响，金融全球化蕴藏着引发金融危机的风险。在金融全球化的发展过程中，与其相伴的蔓延效应使金融危机迅速扩散，产生巨大的波及效应和放大效应，国际金融动荡已成为一种常态。因此，金融安全问题被作为应对金融全球化的一个重要战略而提出，它已成为国家安全战略的一个重要组成部分。

金融安全是指在金融全球化的趋势下，一国在其金融发展过程中具备抵御国内外各种威胁、侵袭的能力，确保金融体系、金融主权不受侵害，使金融体系保持正常运行与发展的一种态势。① 金融安全的内涵十分丰富，具有不同的层次性和不同的指向。一般来说，金融安全有以下三种含义。第一，就主权国家内部来说，金融安全应该包括三个层次的内容：一是宏观金融安全，即一国金融的整体安全；二是中观金融安全，即某一特定区域内的局部金融安全；三是微观金融安全，即单个金融机构的金融安全以及投资者、存款人、投保人等金融客户权益的安全。第二，一国金融的整体安全通常包含有积极和消极两个方面。积极意义上的金融安全，表现为保障金融制度的稳定、金融体系的健康、可持续发展的协调状态；消极意义上的金融安全，表现为抑制金融系统中的不协调因素与力量，控制和防范金融风险，防止金融动荡、金融危机的消极状态。第三，单个主权国家的金融安全在国际金融经济体系中的内容就是该国的“金融主权”。②

金融安全状态赖以存在的基础是经济主权独立。如果一国的经济发展已经受制于他国或其他经济主体，那么无论其如何快速发展，应当说金融安全隐患

---

① 王元龙．关于金融安全的若干理论问题 [J]. 国际金融研究，2004（5）.

② 张忠军．论金融法的安全观 [J]. 中国法学，2003（4）.

始终存在，金融安全的维护也就无从谈起。金融全球化加大了发达国家和发展中国家之间的差距。金融全球化的发展使国际社会日益重视统一标准的制定与实施。由于发达国家掌握了金融全球化的主导权，按发达国家水平制定的规则必然不利于发展中国家，发展中国家难以获得所需的发展资金，从而进一步扩大发展中国家与发达国家的差距。国际经济金融中存在着不平等的客观现实，促使一些国家开始关注金融安全。

大国的崛起，需要强大的金融市场，也需要强大的资本市场。可是，做大金融市场的需要与金融安全需要之间出现矛盾时，金融安全需要将上升为矛盾的主要方面。

## （二）防范系统性金融风险

防范和化解系统性风险是金融监管永恒的主题。不同国家在不同时期金融监管的目标是存在差异的，但防范和化解系统性金融风险始终是首要的目标，这也是由金融行业的特性所决定的。

第一，金融市场参与主体受到经济利益驱动，会倾向于高风险高收益的投资，而不注重风险控制或减少负外部性。

第二，银行等金融机构是特殊的企业，其资产结构与一般的企业不同，其运营所使用的资金除少数是自有的外，其他的主要是社会公众的存款或客户资金，即客户是金融机构实质上的资产所有者。金融业的高负债经营使其风险大、突发性强、波及面广、危害严重。

第三，金融业在现代经济条件下是整个市场经济体系的“神经中枢”，它的活动具有全局性和公众性，任何一家银行或金融机构的倒闭都容易引发连锁反应，不仅可能影响整个金融体系，甚至会给社会政治和经济活动带来震动。

## （三）维护金融市场秩序

### 1. 维护金融市场秩序是保证金融安全的需要

金融是现代市场经济的核心，经济决定金融，金融反作用于经济，金融的发展影响着经济的发展。在市场经济中，金融机构作为信用中介、支付中介，其根本功能是发挥间接融资、直接融资的作用，调节资金余缺，促进资源的有效配置，而这个功能的正常发挥依赖于高效、透明、竞争性的市场机制。因此，对金融机构进行监督和管理，维护金融机构的安全稳健运行，实际上也就是维护社会中介、支付中介制度和货币体系的良好运行，进而维护好金融市场秩序，使市场机制能够正常发挥作用。

维持金融市场的秩序要确立合理的竞争规则。金融监管机构要按照公平、公正、公开、统一的监管标准和监管方式对金融机构实施监管，保证各金融机构处于同等的竞争初始地位，享有同等的法律资格，同等地不受歧视，为金融机构创造公平竞争的外部环境。

维护金融市场秩序要打击违法金融行为，通过完善法律制度打击规避金融监管的行为，缩小不法行为产生的“灰色地带”。尤其是对于地方政府违反金融监管法律法规设立的融资平台、各类产权交易所，要坚决清理，以控制地方金融风险，维护金融监管的统一性和交易规则的同一性。

2. 金融秩序与金融效率的冲突与协调

维护金融秩序是金融监管制度建立和金融法出台的初衷之一。在金融监管法较为集中出台的20世纪30年代，监管法出台的主要目的也是为了治理金融市场的混乱，维护金融秩序，如《1933年银行法》《1933年证券交易法》《1934年国民住房放款法》和《1935年银行法》。这些立法从不同角度改进了金融监管措施，特别通过建立分业经营制度和存款保险制度，健全了金融监管制度，维护了金融市场的秩序。

金融监管的加强有一个度的问题，太过于强调金融秩序，出现监管过度，就往往会束缚企业的手脚，不利于金融机构效率的提升。因此，金融危机之后，随着经济的不断恢复，往往会出现强调金融效率、放松监管（管制）的趋势。比如，20世纪70年代末，过度严格的金融监管造成金融机构效率下降和发展困难，使金融监管的目标开始重新注重金融效率的问题。主张国家加强干预的凯恩斯主义理论逐渐让位于主张放松管制的自由主义理论。金融自由化理论应运而生，这种理论又以“金融压抑”和“金融深化”理论为代表，主张放松对金融机构过度严格的管制，特别是解除金融机构在利率水平、业务范围和经营的地域选择等方面的限制，恢复金融业的竞争，以提高金融业的效率。该理论最为显著的成果之一就是美国于1999年通过了放松银行管制的《金融服务现代化法》，取消了1933年以来的分隔银行、保险和投资银行业务活动的《1933年银行法》。

金融秩序与金融效率存在冲突是难免的，处理上述目标之间冲突的方法有两种：一是侧重于统筹兼顾，力求协调；二是侧重于权衡或选择，视经济环境的需要而突出重点。[①] 正如1981年美国通货监理署在确定其自身使命时所说的：“国家利益要求有一个安全与稳定的金融体系，该体系在竞争的市场上为公众提供尽可能多样化的金融服务。监理署为此利益而努力是使下列关系保持适当的平衡：促进与保证全国银行体系各成员业务的安全与健全，并

---

① 张忠军．论金融法的安全观 [J]. 中国法学，2003（4）.

要求它们高度遵守法律和各种规章制度；促进金融服务市场的竞争、效率、一体化与稳定。”①

具体来说，维护金融市场秩序应该秉持坚持创新与监管相协调的理念。金融创新是提升金融业服务水平和竞争力的关键。必须鼓励金融创新，为金融创新营造有利的政策环境和监管条件。要适应经济社会发展需要，充分运用现代科技成果，促进科技与金融的结合，支持金融组织创新、产品和服务模式创新，提高金融市场发展的深度和广度。金融创新必须以市场为导向，以提高金融服务能力和效率为根本目的，防止以规避监管为目的和脱离经济发展需要的“创新”。要动态把握金融创新的界限，将防范风险始终贯穿于金融创新全过程，使监管能力建设与金融创新相适应。

## （四）保护金融消费者权益

金融市场是一国经济体系的基石，与国家经济社会密不可分。随着经济社会化进程的加快，现代市场经济国家日益突破传统私法之意思自治思维而以社会为本位，对金融市场中处于弱势地位的特殊消费者即金融消费者权益予以合理保护，从而确保金融消费者合法权益免遭金融市场中不法行为的侵害，维护金融市场的有序运行。②

把保护投资者权益作为金融监管的目标主要是基于以下的理由：

（1）失败的金融消费者保护政策引发金融危机。随着个人消费水平的提高及金融的深入发展，越来越多的民众被卷进了金融消费的浪潮。金融消费者是金融市场存在和发展的根据，也是金融市场的资金源泉。对金融消费者的保护不到位、不得力，放任金融消费者的不理性行为，损害消费者对金融市场的信心，也就破坏了金融市场的根基，金融危机的爆发生动地证明了这一点。从本轮美国金融海啸中暴露的问题来看，金融监管机构在保护金融消费者和鼓励金融创新活动之间存在冲突。由于过去监管体系中缺乏对金融消费者保护的统一制度安排，再加上一般消费者对一些新的、复杂的金融衍生工具缺乏认知，这些缺陷恰好被一些贪婪的金融企业及金融职业经理人所利用，最终形成引爆金融危机的系统性风险。

因此，从美国本次金融危机中我们可以得到一个教训，金融监管必须强调金融消费者保护的目标，以逐渐形成一种真正的金融消费者保护文化。

（2）消费者的不理性行为。法律经济学家以“行为法律经济学”理论为基

① 张亦春等．中央银行与货币政策 [M]. 厦门：厦门大学出版社，1990：344.

② 李明奎．制度变迁视角下金融消费者保护机制刍议 [J]. 法律适用，2011（1）.

础，经过实证研究发现，在交易过程中消费者通常会以一些可以预测到的方式做出不理性的行为，这样一来商业机构就会利用人类理性方面的缺陷。为了应对这种情形，保护消费者利益，立法机构应该设计一些规则减小不理性消费者错误决策所带来的社会成本。① 因为消费者在接收金融产品和服务时容易做出系统性的错误决策，因而国家立法或金融监管机构必须阻止金融消费者做出此类错误的决策，并且要阻断金融机构利用消费者非理性行为向消费者推广那些有违消费者最佳利益的金融产品或服务。②

（3）消费者的相对弱势地位。金融市场广泛地存在着市场缺陷，包括信息不对称，以及由此引发的逆向选择和道德风险。与具有强大经济优势的金融机构相比，银行的存款人和借款人、证券投资者、保单持有人等在经济实力上属于弱势群体，在金融交易活动中容易被迫接受金融企业的强制性条件。而且，金融业具有较强的负外部性以及高负债经营造成的系统脆弱性，容易给金融消费者带来消极影响。

此外，在金融产品信息方面，金融机构相对于金融消费者来说拥有信息上的优势，存在信息不对称现象。金融消费者或者投资人在金融产品购买和使用过程中，可能因缺乏有关知识、信息，导致安全权、知情权、自主权、公平交易权、受偿权、受尊重权、监督权在一定程度上被侵害，而发生损害消费者权益的事件。

由于金融消费者在经济实力和掌握信息上与金融机构相比明显处于弱势地位，依靠自身的条件难以在金融活动中取得与金融机构在实质上平等的交易地位，因而必须借助于外部监管力量，矫正金融企业与社会公众实质上的不平等地位，维护广大金融消费者的利益。

为了保障金融市场的实质公平、公正，就需要拥有强制力的市场监管者，以保护金融消费者为目标，在必要的时候通过相应的措施来矫正因市场交易双方实质性地位不平等所造成的弊端。在现代金融监管中，为了保证存款人、证券投资者、保单持有人获取足够的信息，一般都要求金融机构进行充分的信息披露，使存款人和证券投资者可以全面了解金融机构的资本状况、资产运用、内部控制及管理能力。在金融企业的运行过程中，要求金融企业严格遵守法律的规定，诚实守信地从事金融交易活动，不得进行不正当竞争，防止和避免金融机构的过度投资和投机行为损害客户利益。在金融企业经营失败后，提供相

---

① Richard H. Thaler，Cass R. Sunstein. Nudge：Improving Decisions about Health，Wealth and Happiness[M]. New Haven：Yale University Press，2008.

② 涂永前. 美国2009年《个人消费者金融保护署法案》及其对我国金融监管法制的启示[J]. 法律科学（西北政法大学学报），2010（3）.

应的接管、破产、解散等制度，从而有效维护广大金融消费者的利益，稳定经济和金融秩序。[①]

## （五）促进金融市场的健康发展

### 1. 推动金融市场效率的提高

由于金融市场运作的基本功能是使金融资源配置与使用效率的最大化，因而政府金融监管的直接目标是提高金融市场的效率，具体表现为追求竞争的平等性，即通过对金融活动的监督管理，创造一个平等的竞争环境，鼓励金融机构在合理竞争的基础上提供高效率、多样化的金融服务。提高金融市场的效率首先要确立合理的竞争规则。金融监管机构要按照公平、公正、公开、统一的监管标准和监管方式对金融机构实施监管，保证各金融机构处于同等的竞争初始地位。提高金融市场的效率还必须尊重金融企业的竞争和创新。监管者应在适当限度内进行金融监管，尽可能避免直接侵犯金融机构的经营权。所谓适度监管，就是指金融监管主体的监管行为必须以保证金融市场调节的基本自然生态为前提，通过有效的金融监管实现适度的金融竞争，形成和保持金融业适度竞争的环境和格局，以此促进金融业的发展。[②]

金融监管要提高金融市场的效率，必须鼓励适度的金融创新。金融创新通常表现为三个方面：一是技术、工具的创新，如电话银行、网络支付、信用卡等。二是业务、产品创新，如个人理财服务等。三是制度创新，既包括金融机构自身组织结构和制度的创新，也包括金融监管部门监管理念、监管体制、金融发展战略的调整等。

提高金融市场的效率，我们还应该坚持市场配置金融资源的改革导向，坚定不移地深化金融市场化改革与对外开放，进一步明确政府作用的领域和边界，做到该放的坚决放开、该管的切实管好。完善审批等准入制度，坚决取消各种不必要的金融管制，最大限度地减少政府对微观金融活动的干预，激发各类金融市场主体的活力，优化金融资源配置。同时，加强各项基础制度建设，维护金融市场秩序，为金融健康发展创造良好的环境。

提高金融市场效率，推动金融市场发展，还要求我们把握好监管体系运行的成本与收益之间的平衡。监管成本可以分为三个部分：监管机构的成本、被监管机构的成本以及消费者可能受到的由于产品种类减少的福利

---

① 徐孟洲．金融监管法研究 [M]．北京：中国法制出版社，2008：22．

② 寇俊生．关于金融监管法原则的思考 [J]．金融研究，2003（4）．

损失。美国货币监理署在这方面的做法值得我国借鉴。美国货币监理署在减轻银行的监管负担，尤其是减轻中小型银行的监管负担方面一直在进行一些探索，包括社区银行在低风险领域设计核心检查方法，精简检查步骤，提高检查效率；在合规监管领域，对相关法律法规进行修订，减轻中小银行的合规监管负担。显然，这对于降低中小银行的合规成本是有积极意义的。①

为了激发金融企业的创新能力，金融监管机构应当更加注重自身的服务功能。英国《金融服务与市场法》提出了“好监管”的六条原则，要求在实施监管时必须同时考虑这六条原则并将其作为新监管方式的指南。这六条原则是，使用监管资源的效率和经济原则，被监管机构的管理者应该承担相应的责任，权衡监管的收益和可能带来的成本，促进金融创新，保持本国金融业的国际竞争力，避免不必要的对竞争的扭曲和破坏。②

**2. 维护金融业公平竞争机制，防止市场垄断的出现**

竞争是市场经济的重要特征之一。开展公平竞争是一国金融业保持生机活力并不断取得发展的最重要动力。公平竞争可以使所有金融机构平等地获得市场机会，可以促使金融企业不断创新进取、拓展业务领域和提高服务质量。公平竞争也可以促使一国金融资源的优化配置。但是，金融机构之间的竞争如果不加规制，必然会带来无序竞争或垄断，使金融市场动荡，从而对整个经济活动产生不利影响。因而维护金融机构之间的公平竞争机制应该是金融监管的目标之一。

为促进金融机构之间的公平竞争，首先，需要在立法上保障所有金融机构拥有平等的法律地位，确保金融机构享有公平的经营权。其次，需要通过立法建立一系列监管制度规则，为金融市场竞争提供可资遵循的统一规则，使金融机构在平等的条件下开展竞争，促进金融业降低成本、提高效率，为社会公众提供高质量的金融服务。最后，需要金融监管规范竞争行为，制止不正当竞争，查处垄断行为，营造公平竞争的氛围。

促进金融机构之间的公平竞争，需要依靠金融市场的制衡手段。金融市场的制衡手段主要有两层：第一层是自律，即金融机构的管理层不能有做假的意图，金融机构应建立完善的治理结构和内控机制。第二层制衡来自会计师、律师、财务顾问等中介机构，要确保中介机构能中立、客观地向监管机构和公众提供报告。

---

① 巴曙松．美国货币监理署的监管框架及其发展趋势 [J]. 国际贸易，2006（3）.

② 李文泓．国际金融监管理念与监管方式的转变及对我国的启示 [J]. 国际金融研究，2001（6）.

# 四、关于金融监管模式

## （一）金融监管模式及其类型化研究

所谓模式，从哲学的角度阐述，其实就是解决一类问题的方法论，即把解决某类问题的方法总结归纳到理论高度，就是模式。它是人们从不断重复的现象和事件中发现和抽象出的规律，标志了事务之间隐藏的规律关系，但这种规律可能是表面形式上的，而非内在实质上的。由于金融监管活动具有一定的内在规律，总结出一定的模式后，可以为不同国家之间的学习借鉴提供方便，也便于学界开展研究。

金融监管模式有广义和狭义两种含义。广义的金融监管模式指的是一国金融监管的制度安排，包括金融监管法规体系、金融监管主体组织结构、金融监管主体的行为方式等。狭义的金融监管模式，是指人们从监管金融活动的现象和事件中归纳出的带有显著外在特征的内在规律关系，是一系列监管方式、组织结构和监管权配置的外在表现形式。广义金融监管模式的内涵过于庞大，实际上涉及的是整个金融监管体制，由于范围太广，本书所要研究的金融监管模式指的是狭义的金融监管模式。

金融危机爆发以来，如何构建最有效的金融监管模式这一问题，在世界范围内都广受关注。从监管的权力主体出发，可以把监管模式分为多头监管模式和统一监管模式。从监管对象的角度出发，可以把金融监管模式分为机构监管、功能监管和目标监管模式。从监管方法的角度出发，可以把金融监管模式分为原则监管和规则监管。

### 1. 多头监管与统一监管

（1）多头监管。多头监管是针对不同金融机构、不同金融产品和不同的金融行业分别由不同的监管机构负责监管，各个监管机构之间不存在组织结构上的隶属关系，各自在法律对其授权的范围内行使监管权力、履行监管义务，其他监管者不得越权监管。多头监管最重要的形式就是金融分业监管模式，按照行业划分，分别成立银行监管机构（中央银行或银行专用监管机构）、证券监管机构和保险监管机构分别对银行机构、证券机构和保险机构实施监管。在目标监管模式理论出现后，也有学者将目标监管模式中的多个监管者称为多头监管。①

---

① Howell E. Jackson.The Trilateral Dilemma in Financial Regulation[J/OL]. Harvard Public Law Working Paper，2008（4）：8-58，2009-12-07，http：//ssrn.com/abstract=1300419.

在各国对金融混业经营的具体监管中，多边监管模式的具体形式呈现多元化的特征，机构监管体系、功能监管体系、伞形监管体系、双峰监管体系都是多头监管的具体表现。在这里需要强调的是，双峰监管实质上是多头监管模式和统一监管模式之间的一种“中间道路”。

（2）统一监管。随着金融市场的发展和金融集团的日益增多，在监管理论和监管实践中产生了统一监管的力量，一些国家按照统一监管的思路，或者集中全部监管机构于一家监管机构内，或者将几个监管机构进行合并或重组，精简监管机构。

统一监管，是指金融系统中所有金融机构、金融产品和金融市场的活动，都由同一个监管机构负责监管。监管者既要负责监管宏观层面金融系统的安全和稳定，防范和化解金融系统性风险，又要负责监管微观层面各个金融机构的审慎经营和业务经营活动。统一监管以2000年英国《金融服务与市场法》设立金融管理局负责对所有金融机构进行监管而确立的统一监管模式为最典型。

单一的金融监管机构可以获得“监管规模经济”，节约监管和机构运行成本，而且权力相对较大，可以吸引一些专业技术人员的加盟，更为有效地发挥金融监管人才的作用。单一监管较多头监管的优点还在于，单一监管可以避免多个监管机构之间产生监管冲突与监管缺失。在多头监管情况下，监管机构之间因为监管对象或者监管目标的不同，有时发生监管冲突在所难免。监管冲突就意味着可能会发生监管重叠现象，因为多个监管机构可能对某一监管对象都声称拥有法定管辖权；监管冲突还意味着会发生监管效率降低的现象，当一家金融机构或者某一金融业务面对多个监管者时，由于每一监管者各执一套监管规则和监管方法，监管对象只能疲于应付源源不断的检查，而且最后监管的结果还可能出现偏差较大甚至截然相反的结论。例如，对上市银行的会计准则审查，银行监管者和证券监管者都有管辖权，这些准则要求不一使得上市银行不得不制定多套会计报表，以应付不同的监管机构的监管准则。但是两家监管机构监管利益不同，一个关注银行审慎运营，另一个关注信息披露保护投资者，在银行经营不善有挤兑风险的情况下，信息披露可能维护银行生存，所以两个监管者的利益冲突尤为明显。

### 2. 机构监管、功能监管与目标型监管

（1）机构监管。机构监管是指按照金融机构的性质来确定监管对象，从而明确法定监管权的划分，并建立监管主体监管该类型机构的金融活动。各监管主体各司其职，其监管高度专业化，其业务的划分只根据金融机构的性质，而不论其从事某一种业务进行监管。传统上，各国金融分业监管体制就是基于机构监管的原则设立的。譬如德国实行的是机构性监管模式，即由德意志联邦银

行和联邦银行监管局对银行业联合履行监管职能；保险业和证券业则分别由保险监督委员会和证券监督委员会予以监管。我国当前的金融业监管模式也是如此。

机构监管有利于监管当局全面评价一家金融机构的系统风险，但是鉴于金融机构混业经营的发展而导致机构性质的复杂化，往往会使相关各方对监管权的权属产生争议，在分业监管的模式下也可能使拥有法定监管权的监管机构不断面临新的挑战，必须建立与其他监管机构的合作机制，以避免监管真空。

（2）功能监管。功能监管的概念是由 1997 年诺贝尔经济学奖得主、哈佛大学商学院教授罗伯特·默顿（Merton）最先提出来的。功能监管是指按照金融机构的业务活动性质及其所发挥的功能，而不是金融机构的名称来确定监管对象，划定法定监管权。功能监管是基于金融体系基本功能而设计监管体系的，即一个给定的金融功能活动由同一个监管者进行监管，而不再考虑该活动由何种性质的机构进行。

功能监管下的各个功能监管者（包括证券交易委员会、商品交易委员会、证券交易商协会、保险委员会）等相互配合，共同识别单个金融实体的风险以及整个金融控股公司的整体风险，能够确保拥有法定监管权的监管主体始终明确自己的监管目标，能够适应金融创新下混业和兼业经营的不断发展，避免监管空白和交叉的发生。

功能监管从作为一个学术概念的提出到实践中功能监管模式的建立，主要都是围绕着克服机构监管的缺陷而进行的。功能监管模式假定金融功能比金融机构更稳定，作为监管体制的基础，金融功能优于组织结构。功能监管的理论基础如下：

第一，功能观点着重于预测未来的组织结构，有了这些预测，政府就能够针对机构的必然变化设计政策和监管方案，而不是试图保护现有的机构形式。

第二，交易技术的发展和交易成本的降低推动了金融市场的发展，模糊了不同金融机构提供的产品和服务的界限，也降低了进入该行业的门槛。尽管金融产品品种繁多，但从功能的角度看，金融产品却是同质的，并且在长时间内是相对稳定的。因此，从功能角度制定与执行监督法规会更有效。

第三，功能性金融监管体制更适应混业经营对监管体制的要求。混业经营条件下，跨行业的金融创新产品将会层出不穷。功能性金融监管以金融产品所实现的基本功能为依据，确定相应的监管机构和监管规则，从而能有效地解决混业经营条件下金融创新产品的监管归属问题，避免监管“真空”和减少金融机构进行“监管套利”的可能性。

第四，功能性金融监管体制更有利于促进金融创新。实行功能性金融监管体制以后，由于该体制能够很好地解决各种金融创新产品的监管问题，管理层不必再通过限制金融创新产品的发展来维护金融业的安全，可将精力放在如何完善功能监管体制以实现对金融创新产品的有效监管上，将为金融创新产品的发展创造一个宽松的环境。

功能监管模式又可作如下划分：第一，牵头监管型。该模式指定一个监管机构为牵头机构，负责不同监管主体之间的协调工作，这个机构具有统筹协调委员会的性质，典型代表是法国。该模式的优势在于，通过统筹合作可以大大提高监管效率，而缺点是牵头机构在权力分配上并没有比其他监管机构大，因此不能从整体上承担整个金融行业的风险。第二，伞型功能监管。该种模式是指美国以《金融服务现代化法案》为基础，对原有的分业监管模式加以改进而形成的对混业经营的金融控股公司实行的监管。美联储为金融持股公司的指定监管机构，负责对金融控股公司母公司的整体性监管。同时，金融持股公司又按其所经营业务的种类接受不同行业主要监管机构的监管。具体来说，由货币监理署等银行监管机构、证券交易委员会和州保险厅分别对银行、证券公司、保险公司分业监管；美联储在必要时对银行、证券、保险等公司的限制裁决行使裁决权。伞形监管机构与各个具体功能监管机构必须互相协调、共同配合。为避免重复监管与过度监管，伞形监管机构必须尊重金融控股公司内部不同附属公司监管机构的权限，但在金融持股公司或其附属公司因管理不善引起风险或其他行为威胁其下属公司的稳定性时，伞形监管机构有权加以干预。该种模式的优点是金融持股公司的稳健性与效率都可以得到一定的保障。

（3）目标型监管：以双峰监管为代表。目标型监管强调基于金融监管目标来设计监管体制。这种监管思想是由 Taylor 和 Goodhart 提出的。目标型监管的立足点是监管目标，它要求首先明确监管目标，然后再将监管目标准确无误地传递给监管机构。因为只有明确监管目标，才能明确监管责任；而只有明确监管责任，才可能实现监管责任的有效性和透明性。这种基于监管目标设置监管机构的目标型监管模式越来越受到人们的重视。

目标型监管的典型是“双峰监管模式”。对该模式的探讨主要源于 1995 年迈克·泰勒（Taylor）撰写的文章《双峰式监管：新世纪的监管结构》，他认为，虽然金融监管有很多目标，但主要的目标只有两个：一是针对系统性风险进行审慎性监管，以维护金融机构的稳健经营和金融体系的稳定，防止发生系统性金融危机或金融市场崩溃；二是针对金融机构的机会主义行为进行合规（行为）监管，防止发生欺诈行为，保护知情较少者（中小消费者和投资者）的合法利益。审慎性监管和保护消费者利益这两个目标应该分开，并且由不同的监管者来执行，这也是双峰监管的理论依据。[①]

澳大利亚的金融监管体制改革在很大程度上就是沿着“双峰式”的思路进行的，即成立一个独立的负责对所有金融机构进行审慎监管的“审慎监管局”和一个负责对所有银行、证券和保险业的业务经营秩序和消费者保护进行监管的“证券投资委员会”。

这种“双峰式”监管体制可以避免监管职能在不同监管部门之间的重叠，并解决金融监管目标等方面的矛盾和冲突。但是，这种模式可能存在着监管灰色地带。因为在这种模式安排下，没有把金融机构之间事实存在的差异当作监管的前提，也就自然产生了对不同金融监管机构实行统一监管标准时，其监管效果是否能完全替代机构监管模式这样的质疑。

以双峰监管为代表的目标监管模式下监管机构少，降低了多重监管机构之间相互协调的成本和难度。同时，由两个监管机构分别负责审慎监管和业务监管，各监管机构在其监管领域内可以保持监管规则的一致性，可以发挥各个机构的优势，能较大限度地避免监管真空和重复监管。

### 3. 规则监管与原则监管

法理学中，将法的要素分为法理概念、法理规则、法律原则三要素。法理规则，是法律上规定的权利、义务、责任的准则、标准，或是授予某种实施状态以法律意义的指示、规定。法律原则，是法律的基础性真理、原理，或是为其他法律要素提供基础或本源的综合性原理和出发点。具体到金融监管的部门法层面上，原则是指金融市场上较为稳定的基本行为准则，不事先规定某一具体金融行为的事实状态，也不设定具体的权利和义务，而是通过“公平”“合理”“适当”等原则的标准来约束金融机构的经营活动，保证其在提供金融服务的过程中做到“诚实守信”“勤勉尽责”和“合理注意”；规则是指针对特定监管事项，直接设定以具体权利义务为内容的监管规范。[②]

（1）规则监管模式。全称是以规则为基础的监管模式（Rules-based Regulation），顾名思义，在这种模式之下，监管规范体系中的规则处于基础和主导地位，是监管机构实施监管的主要依据。金融监管者针对各种类型的金融行为，通过制定不同行为所适用的不同具体规则，明确各行为的权利义务，依照这些规则对各种金融业务的运营进行监管。

因为规则简单明了易于执行，是否违反监管要求一目了然，并且可以很快

① Michael Taylor. Twin Peaks：A Regulatory Structure for the New Century[J]. Center for the Study of Financial Innovation，1995.

② 刘轶 . 金融监管模式的新发展及其启示——从规则到原则 [J]. 法商研究，2009（2）：153.

做出相应措施或处罚，所以迄今为止，规则监管模式是世界各国采用最多的监管方法，以美国为代表。在规则监管模式下，监管机构对监管对象的权利义务作出了明确规定，并制定有约束力的监管规则，要求监管对象必须遵守，并运用国家赋予的监管权力保障这些规则的实施。当前，很多人批评规则监管模式，并希望以原则监管模式取而代之。例如，约翰·泰纳就曾指出，依赖监管规则去规范市场违规行为无疑会使监管规范手册变得极其庞杂，充斥着详尽的监管规则，其目的是防范未来可能出现的违规行为，而事实上，采用这种监管模式会使监管机构疲于应付市场失灵所产生的表面现象，而忽视了问题的根源，监管规则无法有效实施，治标不治本。此外，规则监管要求监管对象重点遵守一些技术性标准，而使监管对象注重在形式上合规，却忽视了对监管规范基本精神的把握，会误导监管对象。规则监管模式最致命的缺陷在于金融监管的基本目标并不在于要求监管对象机械地遵从一系列繁杂的监管规则。①

规则监管模式发端于初级金融市场及金融产品较为简单的时代，“对号入座”的监管特征能够有效地实施监管，防范金融风险。但随着金融混业经营情况的出现和加深，规则监管体系的弊端开始显现。②

第一，规则监管模式阻碍金融创新，抑制被监管者的创造力，不利于金融市场的竞争。虽然监管者与被监管者之间永远存在着监管和规避的博弈，但是不断扩张的规则使创新的成本加大，被监管者可能最终会离开一个规则看不到尽头的市场。

第二，在规则监管模式下，规则难以做到监管对象的全覆盖。规则监管针对某一具体监管对象制定监管规则，忽略相同或者类似的监管事项，“重法律形式，轻经济实质”，与功能监管的理念相悖，每次遇到某一新生问题，因为缺少原则指导，只能重新制定规制，导致延误解决问题的时机。

第三，规则监管模式在时效上缺乏前瞻性和稳定性。金融机构趋利避害的天性使得监管机构总是落后于金融市场的发展，无论监管规则的周密程度有多高，都会因为市场环境的变化和金融创新的发展而滞后。监管规则对于未来可能出现的金融问题缺乏前瞻性，而在针对新问题制定规制之后，可能以往规则全部或部分会失去效力，导致规则的稳定性较差。

（2）原则监管模式。即以原则为基础的监管模式（Principal-based Regulation），在这种模式之下，原则处于整个监管规范体系的主导地位，是监管者和被监管者应当首先遵守的行为规范；规则处于整个监管规范体系的次要

① FSA. Principles - Based Regulation：Focusing on the Outcomes that Matter [R]. 2007.

② 于永宁．后危机时代的金融监管变革之道 [D]．中国政法大学博士学位论文，2010.

地位，其作用是进一步明确原则的具体要求。

英国金融服务局是推行原则监管模式的先驱。随后，其他国家的金融监管机构纷纷效仿。2007 年 11 月，美国纽约州保险监管局公布了一项规章草案，使其成为美国首个采用原则监管模式的监管机构。与金融服务局的做法非常相似，纽约州保险监管局也确立了一系列原则，其中有十项原则是针对监管对象的，另外十项原则是针对监管机构自身的。纽约州保险监管局强调，上述原则作为“行为准则”能够“融入监管对象企业文化和业务活动的各个方面”。

但是，原则监管模式也并非未受到任何评判。伦敦金融城法律协会监管委员会表示，在原则监管模式下，“模棱两可的监管规范令人难以接受，监管对象将无所适从”。同时，由于原则可以灵活地进行解释，而监管机构却比较难依据原则作出处罚决定，这可能导致监管对象在确保合规方面变得有恃无恐，而且以原则为基础的指引可能会被那些职业道德低劣的人利用，比如职业道德低劣的审计师会滥用监管规范，纵容公众公司作出虚假陈述，其后果将是相当严重的。

但是，规则监管也是有其优点的。监管规则越是详尽，监管机构自由裁量的空间就越小，监管对象灵活决策的空间就越大。规则监管可以提高透明度，减少市场准入的藩篱，有助于促进市场竞争。原则监管模式会使监管机构轻而易举地“找到政策依据来保护某些行业不受竞争威胁”。①

与规则监管模式相比，原则监管模式在以下方面具有显著优越性：

第一，原则监管是对监管目标要求的确切表述。

原则无须列举一系列具体金融行为的事实状态或者行为方式，而是使用精练的语言对某些特定的监管结果进行描述和概括。这就避免发生因事先列举的适用条件和行为方式不充分合理，导致遗漏而影响监管效果，杜绝金融机构利用规则的不完善来规避法律的可能，有利于实现监管目标。②

第二，原则监管模式下，被监管者创新积极性得到保护。

与监管者相比，被监管者更了解自身的经营情况，清楚自身的风险状况，通过制定和实施内部风险控制程序，以实现自身利益的最大化。监管者尊重被监管者的商事智慧，只提出监管的基本要求，被监管者遵照适用监管原则，而不是机械地对照各种监管规则。因而被监管者创新能力和配合监管积极性都可以得到保护，能更有效地提高金融市场的创新能力。

---

① 约翰·沃什. 以制度为基础的金融监管方法：第三种金融监管模式 [J]. 经济法论丛，2009（2）：283.

② Julia Black. Making a Success of Principles-based Regulation[J]. Law and Financial Markets Review，2007，3（4）：192.

第三，原则监管模式与规制监管具有成本优势。

原则监管可以优化监管规则体系，简化监管程序，改善监管规范体系的结构，降低适用监管标准的复杂程度。监管规范体系简化后，被监管者能够更方便地了解和掌握监管标准，降低被监管者合规经营的成本。不仅如此，由于原则在时效上相对稳定，不必像规则一样为应对市场变化不断修正与反复，使得监管标准保持一贯性，能够提高监管制度应对金融创新及市场变化的能力。

但是也有学者指出，确定的规则的确没有考虑到监管的灵活性或实质评定，但是灵活性并不是十全十美的，不管是试图守法的人还是执法的人都没法确定法律的内容，如果监管者和被监管者按照各自的理解使用监管原则，可能造成认识上的偏差，反而增加了出现风险的概率，也增加了执法和守法的成本。[①]

本书认为，直接、明确的规则往往更易于理解和执行，在执行上主要是执法机构负责执行，有利于事前禁止，这种优势是原则监管所不能替代的。而原则监管更为立法节约成本，对于各种金融创新的金融衍生产品更具有适用性，在执行上由私人诉讼和法庭来具体解释某种行为的合法性，侧重事后规则。两种监管模式之间的关系不是取代与被取代的关系，正如其名称一样，看究竟以哪种方式为基础。从现实的情况来看，对于金融业的监管，需要两者模式的混合。综上所述，可以看出原则监管模式和规则监管模式各有其优越性和不足，并且，任何监管体系都不可能完全采用其中任何一种监管模式。或许，最理想的监管模式是既采用原则监管，也采用规则监管，并根据监管事项的实际采用适当类型的监管规范。

## （二）主要发达国家金融监管模式演变比较研究

发达国家往往较其他国家有着更成熟的政治和法律环境、更发达的金融、更有效的监管手段。这其中，美国、英国、澳大利亚、日本和德国代表了不同特色的金融监管法治。尽管这种差异是由各国历史文化、民族特征与政治选择等方面的不同造成的，但是由于金融本身带有的固定的经济属性，又使得各种金融监管法治存有共通性。考察各国监管法治与改革历程，对于甄别与学习“最优”经验具有积极意义。

### 1. 美国的监管模式

一般认为，1999 年《金融服务现代化法案》之前的美国金融监管体制被称为“机构监管”，它与金融分业经营模式相对应，而在这之后，美国为适应

---

① 吴敬琏 . 比较 [M]. 北京：中信出版社，2009：51–52.

金融混业经营模式而试图向“功能监管”转型，并被认为已成功转变。①

（1）《金融服务现代化法案》之前的“机构监管”模式。从机构监管向功能监管转变的背后有深刻的政治和经济原因。1929 年经济危机之前，美国的银行和证券两种金融业务并没有严格区分，两个行业是融合的。经济危机之后，美国实施罗斯福新政，一系列旨在维护金融体系稳健安全、恢复公众投资者信心的法律出台，其中的代表就是 1933 年《证券法》和《格拉斯—斯蒂格尔法》（即 1933 年《银行法》），这两个法律对于金融服务和市场进行分割，将投资银行业务和商业银行业务严格地划分开，银行业、证券业和保险业相互隔离，保证商业银行避免证券业的风险，禁止银行包销和经营公司证券，只能购买由美联储批准的债券。

与市场分业经营相对应，其监管体制也相应地进行分业监管。在纵向结构上，联邦政府与州政府实行分权监管，即所谓双层监管体系。在横向结构上，各监管机构实行分业监管，但是这种分业监管既不是纯粹的“机构性监管”，也不是纯粹的“功能性监管”，而是两者的结合。

第一，商业银行监管。以商业银行、证券公司和保险公司不同身份为标准，划分监管权力，形成银行监管者、证券监管者和保险监管者三足鼎立的架构，形成机构监管模式。由于美国在宪政上是联邦与各州分权，因而在金融监管权上也是联邦与各州分权配置，在同一个行业内形成多个监管者。因此，美国的监管模式既是机构监管又是多头监管。

在联邦层面，美联储（FRS）、货币监理署（OCC）、联邦存款保险公司（FDIC）三家机构共同负责对商业银行的监管。具体来说，在三家商业银行监管机构的分权上，除银行进入审批权由货币监理署独享以外，在信息报送、兼并收购、破产银行的接管和行政救济方面，三家机构行使大体一致的监管权。但是，三家机构在其他方面的监管有较大的差别。例如，在银行资本充足率标准方面，美联储与货币监理署的标准与巴塞尔协议一致，联邦保险公司的标准则是对资本杠杆率的规定，即一级资本与资本总额的比率。在现场检查方面，美联储仅在银行存在可能诱发系统风险因素时，才可行使现场检查权，而货币监理署和存款保险公司仅根据“审慎经营”原则就可以对银行实行频繁的现场检查。在银行内部控制制度和高管人员胜任能力方面，货币监理署拥有直接的否决权，美联储一般不进行直接干预，除非美联储有足够的理由认为银行的内部风险控制存在严重隐患。

---

① 罗培新. 美国金融监管的法律与政策困局之反思——兼及对我国金融监管之启示[J]. 中国法学，2009（3）：94.

州政府对商业银行、储贷会与信用合作社 3 个行业也享有较大的权力，其权属划分以“谁审批、谁监管”为原则，即联邦机构颁发牌照的由联邦进行监管，州政府颁发牌照的由州政府进行监管。但是，联邦监管机构对州银行的监管权在逐渐扩大。例如，自 20 世纪 80 年代开始，州银行的法定存款准备金制度收归到联储。与此同时，在金融安全和投资者保护（特别是投资者隐私权保护）方面，联储也对所有州银行拥有监管权。另外，如果州银行加入联邦存款保险公司，则该州银行还需接受存款保险公司的监管。如果该州银行再选择成为联储的会员银行，该银行还要接受联储的监管。

第二，证券及期货监管。证监会（SEC）、商品期货交易委员会（CFTC）与美国投资者保护公司（SIPC）三家机构共同负责对证券期货机构及证券期货市场的监管。美国证监会与期货交易委员会的分权相对比较明晰，前者对证券机构和全国性证券市场拥有排他性的监管权，后者对商品期货的交易机构和产品拥有排他性监管权。但是，在金融衍生产品特别是金融期货和金融期权方面，两者存在交叉和冲突。州政府的证券监管权相比其他行业要小，美国证监会、美国期货交易委员会以及行业自律组织对证券机构实行垂直监管。①

第三，保险监管。在保险监管方面，美国联邦层面没有保险监管机构，各州政府包办了保险机构的全部监管权。特别需要指出的是，保险业的反垄断权由州政府享有，美国司法部不能对保险业提起反垄断诉讼，保险机构是否涉嫌垄断由各州政府决定。这一点与银行业和证券业具有极大的不同，银行业和证券业的兼并收购，除了需要得到各自的联邦监管机构的批准外，还必须通过美国司法部的反垄断审查。

（2）《金融服务现代化法案》之后的“功能监管”模式。1999 年，美国制定了《金融服务现代化法案》（即《格莱姆法》），允许设立金融控股公司，进行混业经营，部分地废除了 1933 年《银行法》的分业经营限制，美国的金融监管开始转向“功能监管”，并辅之以伞型监管架构。这种变化的实质，是在不改变金融监管机构的条件下，通过修改授权法案，改革监管运行机制，而不是“另起炉灶”式的改革。比如，金融控股公司作为监管的对象，因其包含银行子公司，而受到美联储的综合监管，而证券子公司、保险子公司则按照功能监管的原则，分别受其他监管机构规制。功能监管的逻辑是，依据金融体系的基本功能设计监管体制，相似的业务应得到相同的监管，而不管履行这种功能的是何种性质的金融机构。虽然《金融服务现代化法案》明确提出了功能监管的理念，并引入功能监管的做法，但是，金融丑闻告诉世人，实际情况远未实

① 赵静梅 . 美国金融监管结构的转型及对我国的启示 [J]. 国际金融研究，2007（12）.

现功能监管的目标。它并没有建立起一个严格意义上的功能监管体制，没有从本质上改变美国现有的银行、证券和保险“三足鼎立”的机构监管模式，充其量也就是对于现有监管体制下权力分配的一个微调。①

（3）美国金融监管模式存在的不足。目前的美国金融监管模式更像是一个“功能监管”与传统机构监管的混合体，监管重叠与监管真空并存，徒增监管成本，更严重的问题还在于隐藏在复杂表象背后的缺陷与不足。

第一，监管权重叠。监管权的重叠使得同时接受多家监管机构的监管是美国金融机构的常态。美国审计总署模拟了一种极端情况—— 一家经营所有金融业务的“全能金融控股公司”，结果发现，有权对这家控股公司进行直接监管的机构就有 9 家。实际上，根据该署对花旗、摩根大通的调查，对这两家集团有监管权的机构远远超过这一数字。②

由于监管目标和监管文化的不同，各监管机构在金融机构新设标准、信息报送格式和程序、内部风险控制制度、资本充足率标准、高级管理人员资格审查、金融机构兼并收购等方面几乎都存在不同的规定。例如，仅在资本充足率上，金融机构就得面对美联储、货币监理署、联邦存款保险公司、证监会以及 50 个州的不同规定，在这些不同的资本充足率指标背后是更为复杂的不同的资本构成标准和计算方法。

第二，监管权冲突。与监管权重叠对应，美国金融监管机关之间的监管权冲突也是非常明显的。被最广泛引用，也最受人指责的是美国证监会与美国期货交易委员会之间绵绵不休的争斗。特别是随着资产证券化和金融创新的不断拓展，证券监管与银行监管、保险监管之间的类似冲突也屡屡出现。

第三，监管疏漏。在监管权重叠的同时，美国多边监管结构还存在着监管疏漏。典型的例子就是主要的商业银行和证券公司都成立了衍生产品部，大力拓展结构化产品业务。这些结构化产品已经不是传统意义上的期权、期货或掉期产品，而是多种基础产品与多种基本的衍生产品的复杂混合体。尽管结构化产品已经成为金融机构的重要收入来源，但却没有一个监管机构宣称对这些产品的运行、风险揭示、投资者保护和海外运作负有监管责任，这也为后来的金融危机埋下了伏笔。

第四，监管权的恶性竞争。为了能够获取更大的监管权力，得到更多的监管资源，美国金融监管机构之间存在着或明或暗的竞争。监管竞争本身是中性

① 黄辉 . 金融监管现代化：英美法系的经验与教训 [J]. 广东社会科学，2009（1）：182.

② Gao. Financial Regulation : Industry Changes Prompt Need to Reconsider U.S. Regulatory Structure[EB/OL]. http: // www.gao.gov/cgi-bin/getrpt/gao–/05–61.

的，“择优竞争”可以鼓励更多的创新和更加守法的金融机构的出现。但是，监管竞争也可能是“择劣竞争”。在后一种情况下，竞争的结果可能是具有严重负面效应的。“择劣竞争”的另一个例子是监管容忍。监管者不是严格依照程序实施严厉的处罚、立刻关闭金融机构，而是默许或者纵容违法行为的继续，滥用行政救济，帮助金融机构渡过难关。

第五，监管信息交流不畅，监管合作困难。从州一级的层面看，各州政府往往以保护辖区内金融机构商业秘密为由，拒绝向其他州开放监管信息。各州在金融机构的新设标准、最低资本要求、现场检查程序、破产处置程序等方面各有一套标准。

同样的问题也出现在联邦监管机构之间。美国国会与联邦政府做了很多工作试图改变这一状况，但同样没有取得多大的实际效果。例如，美国国会在1979年建立了联邦金融机构检查委员会，该机构在统一银行信息报送的格式、监管检查的标准与程序等方面做了大量的工作。但是，该机构仍然是一个协调机构，其工作内容局限在监管检查的协调方面，其他合作的难题并没有涉及。“9·11”事件以后，美国成立了“金融与银行信息基础建设委员会”，以强化整个金融体系的信息安全建设和信息交流。但是，该委员会的工作重点主要是信息安全网的重建，信息交流也主要限于反恐怖与反洗钱，其他方面的监管信息交流仍然存在严重障碍。①

（4）危机后美国金融监管模式的改革。金融危机后，面对外界对美国金融监管体系的质疑，美国政府于2009年6月公布了《金融监管改革——新基础：重建金融监管》。2010年7月21日，奥巴马总统签署了被认为是20世纪30年代“大萧条”以来最严厉金融改革法案的《多德·佛兰克华尔街改革与个人消费者保护法》（以下简称《华尔街改革法》），对金融监管体制进行改革，并于2012年7月21日开始实施。第一，成立由财政部主导的金融服务监督委员会，加强监管协作、信息共享并强化风险识别。在辨别系统性风险方面，该委员会将向美联储提供指导意见，制定系统重要性金融机构的认定标准，并为解决各监管机构之间的争端提供平台。第二，由美联储履行对一级银行控股公司的监管职权，其审慎监管标准比其他金融公司更加严格。同时，美联储将对所有参加存款保险的银行控股公司实施并表监管，其非银行业经营行为也将受到银行控股公司法的约束，并限制银行控股公司投资私募股权基金和对冲基金。第三，设立相对独立的金融消费者保护署，统一实行对金融消费者的保护。可以看出，虽然《华尔街改革法》在一定程度上加强了对银行控股公司从事非自营业务的监管，但是在华尔街强大的游说力量的作用下，该法在对美国金融监

① 赵静梅.美国金融监管结构的转型及对我国的启示[J].国际金融研究，2007（12）：23.

管以市场为主导的原则并没有实质影响，也没有改变美国基本金融监管模式。此外，该法在华尔街的抵制下设置了很多监管豁免和例外条款，而且刚开始实施，最终实施效果怎么样，还是未知数。

### 2. 英国的监管模式

与美国相似的是，英国也是金融危机多发国家，但最近 20 年的发展，使英国与美国走上了不同的金融改革路径，并在 21 世纪形成世界首屈一指的统一监管模式，伦敦金融城成为世界最重要的金融中心之一。

1933 年的世界经济危机之后，英国开始采用金融分业经营和分业监管模式。20 世纪 70 年代以后，随着金融市场竞争的日益激烈，为了获得规模效益和应对外国大型金融机构的竞争压力，英国金融业混业经营的程度不断加深。英国政府基于传统的市场自由主义立场，开始放松对金融业的管制。但随着巴林银行的倒闭反映出监管系统性金融风险的重要性，1997 年金融服务局（FSA）得以成立。2000 年，英国议会颁布《金融服务和市场法》，赋予金融服务局统一负责监管全部金融活动的权力，金融服务局成为英国唯一行使金融监管权力的机构。

为了提升监管的适应性和灵活性，英国金融服务监管局于 2005 年 12 月公布了题为《改善监管行动计划》的文件，提出改善监管规范体系结构，在原有的业务原则上，进一步发挥原则监管在金融监管中的作用，广泛采用原则监管模式。①

英国财政大臣于 2010 年 6 月 16 日公布了新的金融监管改革计划，分化了金融服务管理局（FSA）的权力，将金融监管主导权赋予英国央行行使，使宏观审慎监管与微观审慎监管职能集中于英格兰银行。FSA 的实践证明，将消费者保护与审慎监管集于一身必然导致监管目标冲突，必须分设专门的金融消费者保护机构。

在 2010 年的英格兰金融监管改革法案通过后，英格兰银行将货币政策、宏观审慎监管、微观审慎监管职权集于一身，地位空前提高，职权空前扩大。

第一，宏观审慎。传统上，各国央行在维护金融稳定中扮演了重要角色。然而，过去 20 年来，许多央行开始关注货币政策和价格稳定，维护金融稳定的职能逐渐失去了重要性。在央行与审慎监管分家的国家如英国，央行的金融稳定职责更是完全被淡忘。这次金融危机的首要教训即为系统性风险管理的严重缺失。而传统金融监管只注重机构层面的微观审慎监管，有很大局限性。金融危机以来，主要国家就宏观审慎管理取得了两点共识：一是

① 刘秩．金融监管模式的新发展及其启示——从规则到原则 [J]. 法商研究，2009（2）：154.

必须从宏观审慎和系统风险防范的角度加强金融监管；二是宏观审慎监管要求对金融体系和宏观经济整体有深刻认识。由于其对宏观经济和金融市场的专长，以及货币政策与系统风险监管的紧密联系，中央银行最适合从事宏观审慎监管。

第二，微观审慎。除了 FSA 本身监管不力外，这次金融危机还凸显了央行在金融监管中的关键作用。首先，宏观审慎监管、微观审慎监管以及央行最后贷款人的角色都紧密相连，互为补充。其次，英格兰银行对金融市场和金融机构的运作有了深刻了解，在金融监管方面具有天然优势。最后，通过金融监管获得的信息也有助于英格兰银行更好地行使包括货币政策和最后贷款人在内的其他央行职责。因此，最优的制度安排是将宏观审慎监管和微观监管职能由央行统一行使。①

### 3. 日本的监管模式

“二战”后日本被美国占领，日本的金融体系是在美国的掌控下建立的，其金融监管模式效仿美国也是应然之义。在金融改革前，日本的金融监管主体是大藏省和日本银行，但日本银行在行政体制上是隶属于大藏省因而缺乏独立性，加之大藏省负责制定金融政策，集决策权和执行权于一身，权力非常大，完全控制了日本金融市场及金融监管。

20 世纪 90 年代后日本陷入经济滞胀阶段，政府下决心改变原有监管体制，实施金融改革，并接受“广场协定”的教训，积极借鉴英国等欧盟国家的经验。1997 年，日本通过《金融监督厅设置法》及后续法案，削弱大藏省的监管权，将大藏省内的金融检查部、证券交易监督委员会以及银行、证券、保险各机构的监管职能分离出来，统一由金融监督厅负责执行，增强监管机构的独立性，加强风险管理和风险防范能力。2001 年，金融监督厅正式更名为金融厅，接收了金融监督厅和负责政府向银行注资的金融重整委员会的全部职能。金融厅现在全面负责日本金融监管职能，同时负责应对金融危机，而大藏省则主要承担制定金融政策和拟定金融立法的职能。

改革后的日本金融监管体系强调了金融厅监管的独立性和统一性，并改变了以前按照机构类型划分监管权限的机构监管模式，吸收了功能监管的理念，按照监管业务的性质对其内部监管机构进行结构重组。金融监管中遵照《巴塞尔协议》的要求，减少行政干预，增强市场约束机制。金融厅缩小了行政监管范围，更关注宏观方面如金融制度的确立、经营的合规性与稳健性、金融系统风险监管的内容，而不干预金融机构的正常经营业务。

---

① 中国人民银行条法司．英国金融监管改革及立法最新动态 [J]. 金融发展评论，2011（1）：99.

4. 澳大利亚的监管模式

澳大利亚在金融监管历史上经历了长期的分业经营、分业监管阶段，以金融机构和金融市场作为监管对象，而不十分关注金融服务和金融商品，属于机构监管模式。澳大利亚储备银行（即中央银行）监管银行，保险与养老金管理委员会监管保险与养老金，金融机构管理委员会监管非银行存款类金融机构，证券委员会监管证券公司、基金公司和企业财务公司。

为了应对全球化趋势，澳大利亚需要整合本国的金融资源参与全球竞争，金融机构的合并倒逼着监管机构合并。澳大利亚在 1998 年进行金融监管改革，按照保持系统稳定目标和消费者保护目标，成立两家监管机构，采用“双峰监管模式”，目的在于促进不同金融领域的公平竞争，促进监管机构集中精力在审慎监管和市场秩序监管方面履行专业化职责。一家监管机构为新成立的澳大利亚审慎监管局（APRA），以金融系统稳健运行为目标，负责金融体系的系统安全与风险防范，职责范围包括资本充足率的制定、内部风险控制指标的设立、金融机构的行政救济、破产清算或者行政托管等。另一家澳大利亚证券与投资委员会，其前身即证券委员会，以消费者保护为目标，负责监管银行业、证券和保险业的业务经营秩序与消费者保护，职责范围包括金融机构合规性检查、信息披露、投资者保护、反不正当竞争、高管人员胜任能力审查、反洗钱等。

而澳大利亚联邦储备银行的角色是作为央行专司货币政策，维护金融系统稳定，促进支付清算体系高效运行及充当最后贷款人，基本上没有对个体银行的审慎经营监管权。

总的来说，澳大利亚金融监管改革的驱动力源自国内金融自由与国际金融全球化的双重推动，改革打破了传统机构监管模式，产生了比较好的制度价值，是“双峰监管”理论的唯一运用。

## （三）金融监管模式的比较分析

每种模式都有自己的利弊，通常情况下，一种模式的优点就是另一种模式的缺点。

1. 基本监管模式的选择：统一监管或多头监管

统一监管或多头监管模式的选择决定了将要分析的具体监管模式的选择。

对于传统的多头监管模式而言，其主要问题在于：第一，它很难适应金融自由化浪潮下的金融发展，比如混业经营、金融创新和大型金融集团的出现等，多头监管就像“铁路警察，各管一段”，对于横跨多个行业的金融产品和机构缺乏整体认知，从而无法进行有效监管。第二，现实中，各个监管机构之间的权责分工难免存在模糊之处，导致有时监管过度，而有时监管不足。出于种种原因，特别是部门利益的考虑，各方可能在监管事务上进行“寻租”，从而降低监管效率。一方面，对于某些棘手问题，各方可能相互推诿，导致监管空白；被监管者也游刃于各监管者之间“打擦边球”；另一方面，对于监管领域的肥差美缺，各方监管机构又争夺监管权。这种权力争夺和倾轧导致政出多门，监管重叠，徒增监管成本。同时，由于监管方众多，各方的监管风格不一样，使得监管结构非常复杂，从而增加被监管者的守法成本。在多头监管特征最为明显的美国，上述问题也最为严重，极大地影响了美国金融市场的国际竞争力。

统一监管以 2000 年英国《金融服务与市场法》设立金融管理局负责对所有金融机构进行监管，确立了统一监管模式最为典型。

由于具有守法成本的比较优势，近年来英国伦敦市场已经明显地超越了美国，成为国际融资的首选之地。比如，2005 年，英国伦敦股票交易所的融资额超过了纽约股票交易所和纳斯达克市场的总和。

统一监管机构解决目标冲突的成本较低，可以监管规模经济和范围经济，而且因为监管机构数量少，制度成本低，会更有效率。统一监管模式下，由于监管政策由一个机构制定，可以保持监管政策的全面性、连续性和稳定性，并且能避免监管重复、监管冲突和监管漏洞。

但统一监管机构在遇到监管冲突，特别是不同的监管目标出现冲突的时候，容易造成监管冲突的内部化问题，从而代替公共政策，做出不合理的决策。①

### 2. 机构监管、功能监管和目标监管的利弊分析

机构监管模式中，不同的金融行业由不同的监管机构负责监管，彼此之间“井水不犯河水”，其实质是不同的监管机构对不同的金融机构的监管。机构监管能避免对金融机构不必要的重复监管劳动。单一监管者能采用统一的监管规范，而功能监管模式下，针对混业经营的金融机构多个监管者都会发布雷同或者冲突的监管规范。机构监管模式特别适用于对金融机构的审慎监管，尤其对系统重要性金融机构的监管尤为适合。但是，机构监管容易导致各个监管机构之间的竞争、职权冲突、重复监管或监管缺位，最终造成社会资源的重复性浪费或监管体系的漏洞。

功能监管是指监管机构依据金融体系的基本功能和金融产品的性质而进行

① Michael Taylor. Peak Practice : How to Reform the UK’s Regulatory System[J].London , Centre for the Study of Financial Innovation，1995.

的监管，一种特定的金融功能由同一个监管者进行监管，无论这种金融业务活动是由哪一类金融机构从事的。功能监管根据金融机构所提供的金融服务的功能将其经营行为划分为不同的类型，不同的监管机构分别监管不同的类型。比如，无论是银行还是证券公司所从事的证券承销获得，都作为同一种获得受到相同的监管。功能监管的优势是有利于发挥监管机构在某种金融功能上的专业监管优势，提高监管效率，并可以使针对某种金融功能的监管理念保持一致。同时，功能监管还可以最大限度减少监管冲突、重复监管和监管漏洞。而且，更为重要的是，功能监管可以解决机构监管模式难以对跨行业的金融创新产品实施有效监管的难题，使监管层不必通过限制金融创新产品的发展来防范金融风险，有利于金融创新。但是功能监管的劣势也是很明显的，即它重视的是功能而不是机构，不对机构可能产生的系统性风险负责，没有一个机构对金融机构整体的审慎性监管负责。而且，复杂的金融创新产品往往难以被划入法律划分的金融功能类型中，容易造成监管权的冲突、重复或缺位。

“分业经营”向“混业经营”过渡不可避免地会动摇机构监管作为金融市场基本监管模式的地位。由于功能监管能够解决混业经营体制下的监管冲突和单一监管机构难以跨行业、跨市场监管难题，监管效率更高。而且，功能监管按金融行为来确定监管机构之间的界限，针对某种市场行为，有关监管规则、检查方法等会趋向一致，能够为全球金融市场的供需双方带来监管规范的一致性，提升金融全球化的程度，因而在新一轮的金融监管改革中功能监管模式更受青睐。

目标监管是把监管模式建立在监管所追求的目标上，依据既定的监管目标设计监管模式。而不是依据金融机构的类型或金融的功能确立监管模式，监管权的划分是不同监管目标执行的结果。目标监管最大的优势在于可以清晰、明确地界定监管机构的职责，从而使履行职责更有效，提高监管效率。而且目标监管根据目标的不同来划分监管权，可以有效解决监管目标的冲突。

可以看出，目标监管也是针对机构监管的弊端而提出的，所以它与功能监管理论在逻辑起点上具有一定的相似之处，即都是基于金融业务之间差异正在缩小的现实。但是目标监管兼顾了对金融机构整体性风险的把握，能够从更广泛的视角看待金融风险。前已述及，功能监管在监管大型金融集团、跨国金融控股公司时存在缺陷。“双峰”监管模式中的“金融稳定委员会”能够准确把握金融系统性风险程度，在某些金融机构可能危及金融系统安全时，能够及时向这些金融机构提出审慎性监管要求。而整个金融监管体系中只有两家监管机构，机构的精简可以避免机构监管模式中监管重叠的问题，而明确的两大监管目标也可以避免监管目标众多造成的矛盾冲突。

但是，目标监管也存在缺点，相同监管目标下存在不同的金融功能，单一目标的监管机构在实践中会根据不同的金融功能进行内部部门划分，这种划分也同样会遇到功能监管模式所面临的难题。目标监管模式目前使用的国家不多，对金融市场不太复杂的国家比较适用。

实际上，当金融机构业务范围有限时，机构监管与功能监管的区分意义不大，因为功能和机构是同时并存的。只有当金融机构的业务范围比较复杂时，功能和机构之间的区分意义才比较大。

## 五、金融监管的国际合作

在金融全球化的过程中，一个国家的金融监管面临的金融市场环境越来越复杂，面对的外来金融风险压力也越来越大。金融活动的国际化同时也带动了金融监管的国际化。此次金融危机的快速蔓延充分说明，金融创新活动的国际化与金融监管本地化之间的矛盾日益加剧，面对全球系统性金融风险，任何一个国家都无力单独防范和处置，扩大国际监管合作是应对全球金融危机的必然选择。金融监管的国际化对各国金融监管的理念、制度和规则都产生了重大的影响，这使得一国的金融监管机构不得不同国际金融组织和他国金融监管机构相互协调，相互合作。

所谓金融监管国际合作，是指各国国内金融监管主体以及有关的金融监管国际组织基于保持国际金融体系的稳定、维持金融机构的国际公平竞争为目的，就金融监管标准、监督检查活动、信息的交流反馈等内容所进行的协调和联系等协力行为。①

国际金融监管合作中必须坚持三条基本原则，即维护国家金融主权、保证中外资银行市场公平竞争、确保金融风险在可管理和可承受范围内。同时，要认真学习借鉴全世界银行业创造的一切先进的经营管理成果，趋利避害，推动我国银行业参与经济全球化条件下的合作与竞争，提高比较竞争优势。

金融监管合作的内容是金融监管合作中最核心的部分，金融监管合作的内容主要包括以下几个方面：

第一，解决监管权冲突。在金融全球化背景下，跨国大型金融机构的分支机构和业务辐射已经遍及多个国家。由于各国法律采用的确定属地管辖权的原则和方法不一样，各国监管机构之间的监管规则和方法也不一样，致使金融机构注册国和业务开展国之间的监管可能会发生冲突，因而双方需要就管辖权进

① 王宝杰．论金融监管的国际合作及我国的法律应对 [J]. 政治与法律，2009（6）：112.

行协调。由于金融全球化和跨国金融活动已经在很深入发展，所以监管管辖权的协调是金融监管国际合作的前提与基础，也是国际金融监管规则所规定的一项重要内容。由于现在某个金融机构或某项金融活动常常涉及多个国家，因而在管辖权协调方面，已经由最初的两个国家之间就金融监管管辖权通过双边协议协商，发展到通过多国参加的国际金融监管合作平台，以及通过制定统一的国际金融监管原则来协调监管权冲突。

第二，制定金融监管的国际标准。政治、经济、文化和法律上的差异导致各国在金融监管的标准上存在差异，这与金融全球化的发展是不相融的。各国在监管标准上的差异还会导致国家间金融监管的"择底竞争"，即有些国家为了吸引外来金融机构的注册而提供非常宽松的监管环境，这损害了金融机构母国及主要经营地国的利益，因而统一金融监管的国际标准意义重大。参与制定金融监管的国际标准也是我国参与金融监管国际合作的一项重要内容，以前我国对这方面不重视，这固然与我国金融市场的国际化程度较低直接相关，也和我国这方面的人才比较缺乏、对国际金融监管规则不熟悉有关。参与金融监管国际标准制定，目前来说最主要的是《巴塞尔协议》的制定。巴塞尔委员会通过系列协议在银行监管领域建立的监管标准，已经被世界主要国家的银行监管立法或实践所接受，影响巨大，成为行业监管的常规标准。巴塞尔委员会2004年修订的《巴塞尔新资本协议》以三个相互补充的要素为标准，或者称为"支柱"。即支柱一：最低资本要求，以银行的风险加权资产为基础，并覆盖信用风险、市场风险和操作风险。支柱二：监管评估，包括对银行的系统、内控和风险管理的治理进行评估，评估结果有可能导致对第一支柱下的资本要求进行向上或向下的调整。支柱三：市场约束，包括针对信息披露和透明度制定了更加严格和具体的规定。此外，国际证监会组织发布的《外国发行人跨境募集和初次上市信息披露的国际标准》、国际保险监督官协会的《监管国际保险机构和保险集团及其跨境业务的适用原则》及《集团监管协作标准》在国际金融监管中也很重要，影响非常大。我国金融监管机构要对以上的金融监管国际标准好好研究，积极参与修订工作，争取发挥更重要的作用，反映我国的金融利益。

第三，加强监管机构间的信息交流与共享。由于现在金融风险的传染具有全球性，但是各国的金融监管机构由于管辖权限制，掌握的信息始终是有限的，难以根据本国掌握的监管信息应对全球性的金融风险传递。获得和拥有充分的信息是有效实施监管的重要条件，因而必须和其他国家的金融监管机构实现信息交流和信息共享。在金融监管国际合作中，信息交流和共享也成为一项重要内容，甚至主要金融监管国家合作组织也建立了金融监管信息交流与共享机制。如巴塞尔委员会专门就监管信息的交流与共享制定了《银行监管当局之间的信息交流》，并在《对国外银行的监管原则》《跨境银行监管》等监管协议中对信息交流和共享等做出了制度安排。国际保险监管组织在1995年专门发布《关于双边援助、合作与信息共享的建议》，提倡签署国要在互惠的基础上提供协助，帮助获得市场监管方面的信息，以保护市场不受欺诈性交易的破坏。我国应积极参与国际金融监管信息交流和共享机制，克服信息不对称的不足，提高我国抵抗国际金融风险的能力。

第四，确定跨国金融机构并表监管的原则。并表监管原则要求母行和母国监管当局除了根据银行或银行集团全球业务规模控制资本充足率外，还应当在合并资产负债表的基础上，按照审慎原则对银行或银行集团在全球范围内的所有业务进行风险和资本充足性管理。[①] 通过实施并表监管可以使一家银行无论在何处经营都能得到有效监管。目前并表监管已经成为国际社会所普遍承认的一项国际金融监管合作内容。[②]

---

① 李成 . 金融监管学 [M]. 北京：高等教育出版社，2007：180–181.

② 王宝杰 . 论金融监管的国际合作及我国的法律应对 [J]. 政治与法律，2009（6）：113–114.

# 第三章

# 伦理文化与金融现代化

殷海光在《中国文化的展望》一书中曾言："人类的社会文化生活非设准道德不可。如果人类的社会文化生活没有道德，那么势必归于萎废，甚至归于崩解。人类的社会文化生活，小无道德则小乱，大无道德则大乱，全无道德则全乱。"在全球化、信息化、城市化和知识经济大时代，现代化促进了现代性的发展，不管是人还是社会生活都更具有现代性的特征，我们处在一个"一切被允许"而可以享受"自由"的时代，但人的精神却日益走向异化，伦理失序、道德失范，道德生活在现代性的困境中挣扎。大力推进伦理文化建设，实施道德文化的重建工程，扶正道德正气的旗帜，发挥道德影响力的综合作用，是推进金融现代化，提升国家治理能力，完善国家治理体系，实现伟大复兴中国梦的重要基础。

## 一、伦理文化的作用

### （一）文化含义的相关分析

文化是一个含义非常广泛的范畴，可以从不同的角度进行审视和诠释，因此要给定一个统一而完善的概念是很困难的，在众多的研究论述中，关于文化的定义，据不完全统计就有超过200种。文化既是一种社会现象又是一种历史现象，是人类在历史进程中精神和智慧的长期积累和凝聚，是一个国家或民族具有一定历史延续性和群体特征的行为习惯的心理文化形态与行为规范的总和，包括历史、地理、传统习俗、生活方式、风土人情、行为规范、思维方式、文学艺术、道德伦理、价值观念等与之适应的表现形式。

中国早在西汉时期，刘向（约公元前77年至公元前6年）就在其《说苑·指武》中第一个提出了文化一词，认为治理天下需要以文治武功："文化不改，然后加诛。"西晋束皙的《补亡诗》曰：文化内辑，武功外悠。这里的文化概念是源于中国传统哲学"人文化成"理念，是指与武力相对的"教化”。直到20世纪末这一定义大体未变。世界上许多国家关于文化的概念都是从拉丁文cultura演化而来，“文化”在拉丁文中的原意为居住、耕种、练习、注意或敬神等。因此，西方关于文化的理解，至今还保留了拉丁文的某些含义，甚至在拼写上都有相似之处。比如，在英文与法文中，“文化”一词都是Culture，在德文中为Kultur。英国文化学家泰勒在1871年出版的《原始文化》一书中提出了关于文化的早期代表性概念，认为文化是任何社会成员在社会生活中获得的能力和习惯的复杂整体，主要包括宗教、艺术、知识、法律、道德、信仰、礼仪和习俗等。

对文化概念的界定，因学科范围或者视野不同而有所差别，而且，在不同的社会背景、不同历史条件以及不同的国家制度下，对文化定义的解释也会有所不同。《大英百科全书》中罗列了文化的166条定义，这些不同的定义涉及生活模式、社会遗产、信仰方式、社会遗产、社会组织、经济关系、政治制度、思想感情、价值观念、行为方式、伦理道德以及历史的沉淀等。国内学者也有许多对于文化的理解。余秋雨先生在《中国文化史》一书中就提出了182种关于文化的概念，他认为荣格的定义最值得推崇—— 一切文化，最后都沉淀为人格。而与人格相比，其他的都只能算是表层的文化。《辞海》中对文化的解释是：人类在社会实践过程中获得的物质、精神的生产力和创造的物质、精神财富的总和。不同民族、不同地域的文化形成了人类文化的多样性，但是作为社会意识形态的文化，则是一定社会的政治和经济的反映，反过来又会对一定社会的政治和经济产生巨大的影响，这说明文化不仅有传承性、地域性和民族性等差别性特征，而且也具有一定的阶级性。

总结以上分析，文化的一般定义可以表述为：文化的本质是人类创造的优秀成果，其核心是价值观念；文化一方面可以表现为非正式制度安排，可以借助舆论的力量成为人们行动的准则，另一方面还可以通过历史的沉淀、融合而物化为正式制度；文化作为一种意识形态时具有明显的阶级性，也同时具有正反两个方面的作用。人是文化能动的创造者和操作者，因此，先进的文化对经济社会的发展具有促进作用，落后的文化会阻碍经济社会的发展。

### （二）思维理念与价值观的历史分析

思维理念与价值观是文化的核心内容。人类社会是在不断进步的，市场经济的追求及其价值观也在不断变化。在社会朝着知识经济时代发展的时候，现代西方管理学也逐步开始反省以金钱为中心的价值理念，倡导以人为本，重视人在管理活动中的地位，认为人是管理过程的关键因素，正如管理大师彼得·德鲁克所言：人力资本管理是21世纪管理的重点。建立在知识之上的经济将是未来的经济形式，企业的真正价值在于员工的思维能力，如果人们对工作无主动感，他们绝不会进行创造性思维。①

20 世纪中后期，商业伦理开始在西方社会中兴起，利润不再是唯一的追求，思想和社会责任的考量开始发展；到 20 世纪 90 年代，商业伦理已经深深地融入管理决策之中，并逐渐地走向了制度化；进入 21 世纪以后，以社会责任为主要内容的价值观准则成为越来越多的企业实现持续成长的必然选择。美国通用汽车公司的信条（我们最重要的产品是进步。通用汽车公司的根本目标就是要提高产品和服务的质量，使我们的客户获得更大的价值。我们的雇员和企业伙伴分享我们的成功，我们的股东在他们的投资上可以得到持久的更多的收益）、松下公司的信条（体认我们身为实业家的责任，促成社会的进步和福祉，致力于世界文化进一步发展——造就了松下公司上百年经久不衰的繁荣发展），都体现了这一历史过程，这历史性地说明了，企业发展战略的不同取向，归根结底是由不同的价值观准则决定的。

资本主义市场经济从开始到现在，一直是与竞争两个字联系在一起的。竞争思维与竞争方式对于市场经济的发展有着巨大的推动作用，但是我们还要看到，在这一过程中，随着竞争的白热化而造成的无度、无序发展又同时滋生了私欲、贪婪等负面的产品，而这些负面产品的产生则是与其生长环境以及主导理论分不开的。竞争性思维的产生，不仅有着“羊吃人”的资本原始积累的实践基础，而且，西方古典经济学理论的“经济人”假设以及由此形成的利益最大化价值原则和利己主义指导更提供了理论支撑；西方中世纪基督教提倡的“忍让”“顺从”以及“适者生存”的生物界规律的不恰当运用，则是其更深层次的文化根源。在“经济人”假设的极端利己主义驱动下，波特的《竞争优势》《竞争战略》把竞争推上了前所未有的高峰，似乎只有竞争才是发展之道，一切都建立于竞争之上，竞争成为企业发展战略的唯一指导思想。历史地来看，竞争确实造就了资本主义的发展和繁荣，但是充满了血腥味的弱肉强食的竞争也造成了许多负面效应，使得企业为了盈利而可以无所不用其极，甚至出卖情操和良心、暴力相向，这些正是经济危机和金融危机的根源。但是，竞争并非是市场经济的唯一。世界上的任何事物都是对立统一的矛盾复合体，竞争与合作就是市场经济中相伴相生的对立统一，从有竞争开始就有了合作，即使是竞争被神化般地抬到了极致位置的时候，也不可能否认合作的存在。随着市场竞争的日趋白热化、竞争规则更加完善和透明、企业规模发展到势均力敌，传统的弱肉强食的竞争方式和方法越来越行不通，人们在总结和探索中逐渐认

① 赵曙明 . 全球化背景下的人力资源管理 [C]. 2005 首届中国人力资源管理大奖文集，2005.

识到了合作在新形势下的获利能力以及持续发展的意义。在今天的西方管理研究中，学者相继提出了“战略联盟”“学习型组织”与“双赢”“共赢”以及“竞争合作”“合作竞争”理念，提出了利益相关者战略以及“蓝海战略”等，这深刻地反映了市场经济新时期经济发展方式转型的实践需要，也折射出了不同伦理文化的历史扬弃。

作为文化中心思想的思维理念与价值观，是企业经营理念的生成基础和根本导向。经营理念是一个企业经营态度和管理思维方式的凝结，是企业生产、经营活动的指导思想和价值准则，它表明企业将通过什么样的方式去获得利润。经营理念是企业发展战略制定和实施的导向，在不同的经营理念指导下，会有不同的企业发展战略选择和战略实施。松下幸之助认为，经营观念是一个企业生存和发展的根本。①美国学者米尔顿·罗肯奇把理念定义为内心的信念。按照美国学者詹姆斯·库泽斯和巴里·波斯纳的说法：理念好比是指路航标，是指导人们日常工作的一套准则。理念的现实意义在于它是一种“底线”，是我们的道德判断，可以为决策设定坐标。②

伴随着市场经济的新发展，以“双赢”“共赢”思想为代表的合作性战略考量，特别是西方的“蓝海战略”和中国的“和合管理”，实际上都与当代经济伦理学关于利益相关者方法的战略管理思想相通相融。建立在利益相关者方法基础之上的战略管理，就是否定竞争性经营理念及其弱肉强食的损人利己手段，提倡“整合”、统筹利益相关者的需要，通过某种“联盟”或者“合作”方式，使得利益相关者都能够相得益彰，实现“双赢”“共赢”和共同发展。美国著名的经济伦理学家R.爱德华·弗里曼在《战略管理——利益相关者方法》中指出：在经济全球一体化的今天，公司的外部要求不断地增多，内部的压力也在不断地增加，协调好内部各利益团体之间的利益关系，以及公司与外部各相关利益团体之间利益关系的问题成为重要的管理任务，因此，利益相关者考虑应该成为一种战略选择。公司要健康而持续发展，就必须正确地处理好与所有的利益相关者之间的关系，包括顾客、供应商、雇员、股东、银行和政府，以及能够帮助或损害公司的其他所有相关团体或个人。所以，管理者只有不再仅仅关注企业利润最大化，而是通过协调好所有利益相关者的经济利益关系，趋利避害，才能实现双赢或共赢的目标。③也如理查德·T. 德·乔治所指出的那样：一个有道德的企业，是能够达到人们对它的期望并且能够履行其

① 松下幸之助.经营人生的智慧[M].延吉：延边大学出版社，1996.

② 詹姆斯·库泽斯，巴里·波斯纳.领导力[M].北京：电子工业出版社，2004：45-46.

③ R.爱德华·弗里曼.战略管理——利益相关者方法[M].上海：上海译文出版社，2006.

责任义务的企业。它会帮助其员工负责地做事，鼓励员工承担自己应该承担的责任。因为，只有企业中全体成员都承担了相应的道德责任，企业的道德责任才能得到实现。而且最终，道德责任和道德本身必定都会被企业自愿接受。[①]

## （三）中西方伦理文化的历史意义

随着市场经济新发展以及构建和谐社会的需要，在中国兴起的弘扬国粹与“国学”热，有力地推动了对于经济伦理学和伦理管理的研究，乃至在全世界范围内引起了人们对于中国传统伦理文化及其道德观念的高度重视以及研究的兴趣。美国著名的经济伦理学教授罗伯特·C. 所罗门（Robert C. Solomon）在其名著《伦理与卓越——商业中的合作与诚信》中指出：通常的论证说，中国的儒家思想对资本主义的发展造成了障碍。传统纽带——儒家（孔子）的道德教义被认为是与近代商业所鼓励的理性和利己心不相容的。但是，理查德·约翰·卢弗拉诺的《可敬的商人：中华帝国末期的商业与自我修养》（*Honorable Merchants*：*Commerceand Self-Cultivation in Late Imperial China*）一书继卡洛·金兹伯格和斯图尔特·霍尔的研究而提出了，有关中国的这幅图景可能同西方对商业 2000 年的偏见一样都是错误的。到帝国末期（1550 年至辛亥革命开始），中国已经有了一种多样的商业化了的经济，中产商人出于自己的目的而采用了儒家的价值体系。大中型市镇的地方零售商和未通过科举考试的小型家庭企业的经营者也接受儒家文化的所有教诲。受儒家文化影响，对商人的忠告就是，勤勉、变通、慷慨、克己、真诚、可信、认真、互惠和开明的利己心。采用这些受儒家文化影响的理想，中产商人谋划自己成为地方社会的正直的成员，因而积累的不仅是财富还有可敬性。因此今天西方许多人期望中国成为传统道德与资本主义不断创新整合的典范。[②]不管这位学者的观点和期望如何，但他所表达的对于中国传统文化的认识，对我们今天的研究有着重要的启发意义。

德国哲学家费尔巴哈（Ludwig Andreas Feuerbach）早在 19 世纪末就论述了中国儒教文明的精髓，他认为中国的圣人孔夫子所说的“己所不欲，勿施于人”是最为朴素和通俗的伦理原理，是所有道德原则和训诫中最好的和最真实的，同时也是最有说服力的。因为这个原理是发自内心的，告诉人们对于幸福的追求要服从于良心的指示，不要把自己的幸福建立在别人的痛苦之上，也希

---

① 理查德·T. 德·乔治. 经济伦理学 [M]. 李布译. 北京：北京大学出版社，2002：244.

② 罗伯特·C. 所罗门. 伦理与卓越——商业中的合作与诚信[M]. 罗汉等译. 上海：上海译文出版社，2006.

望别人不要把你不愿意的事施于你，不要对别人做坏事和恶事，要做善事，希望别人不要施恶于你，也要能够对你做善事。这就是“健全的、纯朴的、正直的、诚实的道德，是渗透到血和肉中的人的道德”，[①] 是成己成人、成人成物之德。当代管理大师彼得斯也认为：“有效的共同价值观是一个源泉，它能够带来领导艺术，也能带来同行和客户对你的公司、产品以及服务的褒奖”；“如果我们能够谨记‘己所不欲勿施于人’这条准则，我们就一定能够更加有效地与所有的人，包括我们的客户，处理好一切事情！”[②]

人本管理是现代管理的共识和时代精华，人本管理的实质是以人为本，一切以人为中心，人本管理的最高境界则是人的全面发展。因为人的素质是决定组织竞争力和管理效率的最根本因素，人的素质不断提高，人的进步是组织发展和管理效率提高的根本保证，只有人的全面发展才能实现组织最优化和管理效率最佳。从中国古代思想家管子第一个明确提出“以人为本”，以及“仁者爱人”和“仁政”的思想和实践，到今天的人本管理理论和世界性地普遍实行，反映了人本管理的发生、发展和成熟的历史过程。在这一发展过程中，个人奋斗、个人主义和集体主义都是必然的和必要的，都有其存在的历史原因和对于经济社会发展的促进作用。到了和平、合作和发展成为时代主旋律的今天，西方的利益相关者战略、“蓝海战略”以及中国的和合管理创新及其所包含的人本管理，更具有了时代的鲜明性，集体主义对于人本管理所追求的组织进步和人的全面发展则更具有重大的现实意义。因此，在团队建设过程中，提倡集体主义，运用学习型组织、发展型组织的理论，成为推动组织进步和人的全面发展必须认真研究的课题。

亚里士多德指出，人类的一切行为都是有二重性的，要从实际成果和伦理效果两个方面进行观察，尤其是人类的经济行为。在同时代的中国儒家文化中，相比之下，关于正义的伦理诉求比古希腊更多、更健康。儒家文化认为，通过不正义的方式去获取富贵是不可取的。儒家文化还运用耻感的特殊心理机制来保护人性正义元素，这是古希腊文化中所没有的。孔子说：国家即使有了富贵，如果治理无道，没有伦理道德，也应该感到一种耻辱；如果治理上运用了伦理道德，但是又贫又贱，那也是一种耻辱。如果培养了国民的“有耻且格”的文化精神，就可以有刑罚而不用，而可以使老百姓自愿地、乐意地按照“礼”规定的德性去生活。这种耻感由孟子明确地表述为“羞恶之心”。

---

① 费尔巴哈.幸福论[A]//费尔巴哈.费尔巴哈哲学著作选集（上卷）[M].北京：生活·读书·新知三联书店，1959：557-578.

② 汤姆·彼得斯，南希·奥斯汀.追求卓越的激情[M].北京：中信出版社，2003：404-405.

欧洲基督教时期的文化，“信、望、爱”是其主要内容，也是基督教影响地区人民的精神与希望。《圣经·哥林多前书》中说：在有信、有望、有爱这三种价值取向中，最大的是爱。奥古斯丁则把这一思想发展成一种来自于上帝“神律”的“爱的秩序”，在当时的现实中落实为一种“道德规则”。阿奎认为“放款取息有罪”，教会颁布“利息禁令”，是因为基督说四海之内皆兄弟，要彼此相爱，所以如果把货币借给兄弟，就像把它从左手转到右手一样，就不应该收取利息。可见，在今天的市场经济中借贷取息的规则，在另一种文化下就行不通了。所以说是文化塑造了伦理规范。罗马天主教和天主教的奢华与伪善在 9 世纪后使得文化发生了逆转，原来的正义性不复存在。基督教新教派，包括路德教、加尔文教和巴克莱教友派等为了抗拒这种逆转，反对教会用特权垄断上帝，提倡复归“勤劳、俭约、爱邻人、尽天职”的朴素伦理，成为近代世界具有巨大文化价值的内容。当文化与组织有机结合起来，就导致了资本主义的产生。在后来，由于新教徒大批移居美国，文化、组织与探险、拓荒的结合，最终造就了美国的资本主义精神。时至今日，新教伦理仍然富有意义，它虽然以反奢侈、反欺诈、反伪善而兴起，但其中所倡导的勤劳、俭约、爱人的伦理精神，成为后来形成诚信、互助、节制、责任的现代伦理精神的前提和基础，它仍然可以作为阻击当代那种贪婪、奢侈、极端利己主义和不负责任的道德伦理观念的精神武器。不过，“美国很快就将这些道德资本挥霍一空，华尔街金融危机让人们不再相信市场可以自律”。

近代文化以理性主义为特征，把理性的能力复归到人本身，原有的伦理体系，随着上帝曾经垄断的理性能力被剥夺而解体了。18 世纪启蒙主义运动大大地解放了人的创造力，但是它以为靠人的理性可以重建一种规范个人主义的伦理理性理想过于脱离现实，当物质主义盛行起来以后，这种伦理精神就衰落了。当然，伦理的进步才是本质的进步，而物质的进步则具有双重性。[①] 阿尔贝特·施韦泽指出，伦理是文化的核心，丧失了伦理精神，是一种文化衰落的根本征象。这些对于近代理性文化的批评，至今仍然具有时代意义，其重要启示是，无论是道德主义的丧失，还是自私、贪欲和欺诈，都是理性的沦丧，因此也是一切经济危机和社会危机的根源。

## （四）对于文化力现实意义的思考

一定的文化对于意识形态等上层建筑的作用，折射到经济社会发展中，可以表现为不同的能动作用，含有正能量的文化对于发展有着正向的推动作用，

---

① 阿尔贝特·施韦泽．文化哲学 [M]. 上海：上海人民出版社，2008 ：62.

而含有负能量的文化对于发展则会产生阻碍，这种影响作用的能动性力量，被称为文化力。文化力的影响作用，在现实生活中已逐步地表现出多层面、多功能的特点，它通过渗透于思想观念、消费结构、产业结构等各个方面的变革，促进或者阻碍经济社会的发展。随着人们物质资料的日益丰富，人们的生活水平不断提高，人们在精神生活方面的消费需求必然也越来越高，而且有许多表现在吃、穿、用等商品的文化内涵上，因此要求商品由文化价值形成的价格比重越来越高于使用价值所形成的价格比重。因此，文化力越来越表现为现代商品中的文化含量和文化附加值的高低，在商品生产过程中，降低人、财、物等有形投入，提高科技、文化等无形投入，是文化力作用所导致的市场经济发展的一个趋势，同时也说明了文化在现代经济发展中越来越重要的事实。

色诺芬在《经济论》中最早提出了欧洲文化中成熟形态的金融思想。他指出，人对于金钱（白银）具有不厌其多的心态，对于财富的占有欲和人性中的贪婪一旦结合起来，就必然造成人类一种无度的行为。无度的、没有节制的行为会淹没正义。由此，色诺芬提出了“节制”这样一个金融学上的价值准则。如何让钱于人有利，和让钱生出更多的钱。色诺芬有一个卓越的见解，即一种财富对于不需要或不会使用它的人，还不是财富，只有变卖成钱，用钱去买对自己有用的财富或让钱自己去孵化更多的钱，这种行为才是经济行为。他不忘提醒要以钱生钱，但又认为以钱生钱的行为应当受到节制伦理的制约，否则，即使是有益的经济行为也是有害的。可以看到的是，色诺芬的金融思想具有二重性，一方面认为金融行为中既包含有工具理性，另一方面又认为金融行为中含有价值理性。古典经济学中，对于上述二重性的研究得到了平衡，既有李嘉图的侧重于技术的研究，又有亚当·斯密的侧重于价值伦理的研究。马克思关于金融问题的研究，对于这种二重性的研究有了更高层次上的综合，从而构成了《资本论》最精彩的篇章之一。

凯恩斯的学说是西方经济理论研究的一个高峰。在金融研究方面凯恩斯有两个杰出的理论：一是货币资产论，认为货币不仅是交换的媒介，还是一种资产，是经济内生的一个变量；二是金融干预论，认为货币作为经济内生变量，可以被用来有意图地调整若干金融因素。尽管凯恩斯的这些杰出思想直到阿尔文·汉森那里，才表达为清晰的财政政策，不过，从凯恩斯的原创思想到汉森的财政政策的发展过程中，令人遗憾的是留下的往往只是技巧，而其中最重要的东西——文化却常常被遗漏掉了。到了后来，技术与价值判断越来越相互疏离，以致在主流经济学的“无价值判断”“价值中立”的方法论影响下，金融学一步步地成为了一种技术科学，金融学上也因此出现了一个新概念——“金融工程”，金融学研究变成了金融技术或技巧的研究，现实中要求的对于金融行为的价值分析被忽略掉了。罗伯特·默顿和迈伦·斯科尔斯两位经济学家，1997 年由于在金融工程技术方面的卓著成绩而获得了诺贝尔经济学奖，使得对于金融技术的研究关注达到了一个高峰。我们并不否定金融技术的研究价值，因为一切可以促进实际财富有效增长的技术都可以被利用，但是那只不过是一种被利用的工具，而不能取代金融科学研究本身。历史无数次地证明，一旦用来设计货币自性繁殖的金融技术超脱出了伦理文化的范畴，金融危机也就不远了。追根溯源，金融危机和经济危机的发生就在于伦理文化的缺失。2008 年由美国的次贷危机引发的“金融海啸”就是最有力的佐证。亚当·斯密的《国富论》塑造的“财富之轮”疯狂自转，在“金融海啸”中突然被制动，关于道德伦理沦丧的讨论又一次被提上了重要的历史议程。经济学家保罗·克鲁格曼严肃地批判格林斯潘时期的金融制度和政策，认为把金融当作社会财富的再分配机制是邪恶的。它的现实意义还在于深刻地折射出坏的伦理文化的逆向影响作用。

美国著名经济伦理学家罗伯特·C. 所罗门在其名著《伦理与卓越——商业中的合作与诚信》中以“‘牛仔资本主义’的终结”为标题所做的分析中有一段令人深思的话：“有人认为，竞争是商业的支柱，是商业发展的引擎，是使巨大的资本主义机器得以运行的机制，是市场魔力的源泉。当然，这种说法里面有很多内容可以看作完全煽动性的语言，或是用来反对政府计划的借口，甚至是大公司的发言人因为自己公司通过竞争来消灭竞争从而建立起一个垄断市场后的自我庆祝。当然，这也只是一种更加血性的比喻，一种狂野西部冠军式的自我喜悦的男性形象，海纳百川，来者不拒，无所畏惧。”这就是最近爱德华·弗里曼在《道德文摘》中所指出的：美国不需要更多的竞争，而需要更多的合作。因为竞争并不是商业活动的全部，也不是商业活动的唯一目的，现在的问题是要将竞争摆在适当的位置，理解它的工作原理并清楚其优势所在。将竞争比喻成一种机制或是一种魔力也许是有教训意味或令人激动的，但缺少启发性……其实，竞争也有健康与病态、颓废与道德败坏之分。有些竞争是建设性的、正面的，甚至是鼓舞人心的，但也有些竞争是破坏性的负面的，甚至是抑制性的……竞争不是商业的首要目的。竞争是基础，但它不是商业活动的终结（是为了盛行，或者说得更达尔文主义一点，为了幸存）。竞争也不是能确保商业成功的保证。商业竞争只有在互惠合作的框架下才会有可能和意义，只有在能区分健康与不健康、正面与负面的系统中才会成为可能。①在《文

---

① 罗伯特·C. 所罗门. 伦理与卓越——商业中的合作与诚信[M]. 罗汉等译. 上海：上海译文出版社，2006：65–78.

化至关重要——价值观怎样影响了拉美的欠发达》(2001)中，劳伦斯·哈里森(Lawrence E. Harrison)总结了拉美欠发达的深刻原因。委内瑞拉作家卡洛斯·兰赫尔(Carlos Rangel)在其《从善良的野蛮人到善良的革命者》一书以及后来出版的《拉美人——他们跟美国的爱恨关系》一书中也深刻地描述了同样的问题。相同的结论是：价值观和态度及其强化的制度是拉美“失败”的主要原因。发展经济学家F.佩鲁的研究(1987)认为，文化因素在经济发展中起着关键的作用，他指出，企图把文化和经济目标分开的做法，最终必将会以失败告终。阿根廷的玛丽亚诺·格龙多纳教授认为，经济发展实质上是一个文化过程。经济逻辑只可以解释短期的经济行为，而不能解释长期的经济行为。要解释长期的经济行为，必须引入文化逻辑。

文化力的影响作用，首先体现在企业的发展过程。哈默尔(G. Hamel)与普拉哈德(C. Prahalad)1990年在《哈佛商业评论》上提出的企业核心能力概念认为，企业的竞争优势和获利能力主要来源于企业的核心竞争能力。企业文化已经成为企业核心竞争力的一个特殊的、不可替代的重要组成部分。企业伦理文化作为传统伦理文化在企业管理中的特定表现和凝结，对企业核心竞争力的培育和提升的影响作用主要表现在企业价值观的形成、企业经营哲学的选择、企业精神和企业形象的塑造以及企业行为规范的确立等过程中。而且，随着经济社会的进步和企业经营环境与条件的改变，在这些过程中，对企业伦理文化的应用也会有不同的要求。因此，这是一个不断破旧立新的过程——破除旧的传统观念，树立新的伦理道德观念；一个不断选择与扬弃的过程——通过实践的检验，不断选择那些好的伦理道德，对原有的选择进行历史的扬弃；一个不断创新发展的过程——根据实践经验的积累，不断发现和发展新的伦理道德；一个与时俱进的过程——随着实践的深入发展，企业伦理文化也必然是一个服从于客观要求而不断调整和发展的过程。

对传统企业核心竞争力的诠释，是建立在西方管理学所倡导的竞争性理念之上的，而竞争性理念则是建立在对西方传统伦理道德发展过程中的一些好的内容诸如“爱”与“善”的以及中世纪基督教教义所推崇的“谦卑”“忍让”“顺从”等消极观点的不适当的人为取舍之上的。这种不适当的人为取舍，认为人们是否能够得救，是否已经被上帝选定，其他任何人为的努力都是无济于事的，一切造物只有一个生存意义，那就是服务于上帝的荣耀与最高的权威，“别人打了你的左脸，你应该再送上你的右脸”，人们在日常生活的职业劳动就包含了“谦卑”“忍让”“顺从”这个特性；认为人类具有动物似的心理动机与欲望，由于人类天性中的竞争、猜忌和追求荣誉的本性，必然争夺利益。这种竞争性理念，造就了市场经济中几乎迄今以来的类似于生物界“弱肉强食，适者生存”的“大鱼吃小鱼”式的竞争现象和竞争规律，所以也成为企业核心竞争力的根本要求。但是，当波特的《竞争优势》和《竞争战略》把竞争性理念推到颠峰之后不久，市场经济中的一个悖论出现了：那就是依靠竞争战略却越来越难以为继了，人们发现在企业规模相当和市场规则透明、完善的情况下，打败对手越来越不容易；而且，打败对手也并不再是令人快乐的事情，打败对手所花费的机会成本和交易成本与所能够取得的实际利益之间的利润空间越来越小了，有时甚至还得不偿失；更重要的一个现象是，企业不再是一个纯粹的赚钱工具，企业在赚钱的同时还不可避免地要承担一定的社会责任，否则就要承受社会舆论的压力，甚至内部各方面的谴责甚至唾弃，从而可能会使企业面临灭顶之灾。因此，适应这种变化了的实际需要，一些新的基于合作选择的理念相继问世，使得企业在培育和提升核心竞争力的过程中，在注重传统的竞争性考虑和技术因素的同时，注重社会责任的担当，必须融入合作行为的选择和一些相应的伦理道德的考量。

## 二、伦理文化的意义

20 世纪中后期兴起的经济伦理学，基于伦理道德潜移默化的力量及其对社会生活过程产生的影响作用，研究了道德伦理与经济社会的发展关系问题，认为由于市场活动日趋国际化，就必然会伴随有一种普遍的市场道德伦理要求，才能保证市场经济的健康发展，因此在市场经济中，某些传统伦理道德是必须尊重的。肯尼斯・J. 阿罗 1973 年在其《公共政策》中指出，纯粹的自私行为与现实经济生活是不相容的；经济生活的健康运行或者经济活动的是否有效，在很大程度上要依赖于一定的伦理行为。只不过，道德伦理因素发生的基础条件会因为社会制度的不同而有所差异，不同的经济社会条件会产生不同的道德伦理要求。美国著名的经济伦理学家诺曼・E. 鲍伊（2006）指出，某些道德律令是任何市场制度都应尊重的。而且，在某些情况下，某些道德律令是必须尊重的；如果市场要成为可能，那么市场就要求有某种类型的道德。假如这种市场是国际性的，就会有一种最基本，但又是普遍的市场道德。由于每个国家所处的历史环境不同且具有独特的制度，在不同的国家市场经济会有许多不同的形式，不可能存在一种适合所有国家的市场经济。他认为，中国现在正在进行的市场经济，被称为社会主义市场经济，作为一种市场经济形式，一方面它可以在经济发展上吸取西方发达国家的经验，另一方面在道德基础方面它也应该分享西方的某些成就，诸如康德主义。当然，中国将根据自己的国情，发展一种最适合中国历史环境和社会制度的市场经济形式。总之，在市场经济发展过程中，有某些道德律令是必须遵循的，否则市场经济就会失灵。[①]

企业作为经济社会的细胞，在其经济行为过程中也必然会有道德伦理发生。企业伦理问题主要表现在其经营管理过程，而它最初是围绕企业的社会责任问题被提出和逐步被广泛研究的。管理学研究告诉我们，企业不仅是一个经济组织，也是一个社会性学习组织，并且社会性特性正日益增强和突出。这就要求企业不但要追求自身的经济效益，而且应当追求社会效益，要通过学习不断地增强企业的市场应变能力，才能使企业更好地适应环境的变化，以便为社会创造更好的效益。任何企业的发展都会受到其所处的政治、经济、环境和所拥有的资源禀赋的制约，为了实现可持续发展，企业必须考虑和处理好资源、环境与企业发展之间的相互关系，所以企业必须承担更广泛的经济责任和社会责任。因此，现代企业是以可持续发展为目标，以社会责任为最高宗旨和最高追求，以实现企业的盈利性和道德性有机统一为保证的新型经济组织。

无论是宏观层面上的经济伦理问题，还是企业微观层面上的经济伦理问题，都关系到制度安排，因为经济制度和经济活动是道德伦理得以发生的基础。而制度安排作为一种主观见之于客观的行为过程，不可避免地要与设计者以及领导者的素质直接联系。经济伦理学的研究认为，伦理文化对于制度安排以及领导者素质提升有着重要的意义。英国学者西里尔·利维奇在其所著的被评价为“毕生领导生涯的遗传密码”的《领导基因》一书中指出：“所有行为都与道德相关。如果良好的行为在道德上可以接受，而不良的行为与道德相抵触，我们也就进而证明了：无论我们选择采用何种行为，我们都自觉地接受了道德的基本价值观（即使我们不去理会或仍不知道业已存在的价值观）。它们都适合商务活动和私生活”；“杰出的领导和危险的能人之间的本质差别，就在于道德品质重要构造上的不同……领导在个人或商业生活中，道德的要求是十分重要的……我相信，如果一位领导没有道德品质，他既毫无价值又很危险。他们可能为股东赚很多钱，这都无关紧要，如果是不道德地赚钱的话。他们可以建立巨型财富帝国，如果他们的道德丧失殆尽的话，这也是不相干的。道德品质可以使人从自身的邪恶中摆脱出来，也可以保护那些道德真空的公司。如果首次检查时你找不到你遗传的道德品质的话，不停地找吧——发现它就等于救了你自己”。[②]

制度建设及其实践过程是管理行为的体现，而其中管理水平既是管理者领导能力的体现，也是决定制度建设效果的重要环节，而在决定管理水平和实

① 诺曼·E. 鲍伊．经济伦理学——康德的观点 [M]. 夏镇平译．上海：上海译文出版社，2006.

② 西里尔·利维奇．领导基因 [M]. 王秋石等译．北京：经济管理出版社，2001：87-204.

现管理效率的过程中，作为道德伦理文化范畴的理念和价值观起到了关键性作用。管理学研究认为，管理实际上首先是一种理念，因为任何一种管理都是在一定的思想理念支配下进行的。但是，理念作为一种导向性思维，其形成和应用过程都不仅要受到经济的、政治的和社会条件的限制，而且还无可避免地会受到伦理道德观念的影响。《领导力》一书指出："理念是指路航标，是指导人们日常工作的一套准则"；"有了共同的理念，人们就有了共同的语言。当个人、群体和组织的理念统一的时候，能产生巨大的能量"。在西方被誉为"领导力领域第一权威著作"的《领导力》一书的最后，作者詹姆斯·库泽斯和巴里·波斯纳还强调指出，领导行为有一个伦理道德的界限范围，一般存在四类道德目标：平衡个人与社会之间的需求；释放人类潜能；向个人灌输主动和责任意识；维护社会的基本理念。[①] 可见，道德伦理文化无论是在宏观管理还是在微观管理中都具有重要的作用。

经济伦理学的重要意义，不仅在于揭示了道德伦理对于经济行为的重要意义，还在于改变了一般的经济分析模式，它把人的因素纳入其中，让经济学作为一门科学研究因重新贴近了现实而充满了活力。诺贝尔经济学奖得主阿马蒂亚·森的最突出贡献，就是在研究中把伦理学与经济学这两门科学有机地结合起来，既遵循经济学的规律研究经济发展问题，又按照伦理原则规范和指导发展问题的研究，从而取得了更具现实意义的结论。正如弗勒拜伊（Mare Fleurbaey）所评价的那样，阿马蒂亚·森的理论之所以能够为世人接受，并且获得了重要的荣誉，其根本原因在于其理论分析具有明确的价值基础，通过理性的描述为社会和个体生活进行方案设计。[②] 经济生活中客观上存在某些信任和相信的因素，依赖于某种程度的伦理行为，才能建立信用关系和开展交换活动。在现实生活中，往往有很多生意都是在口头保证的基础上做成的，这充分说明这种信任和相信因素所反映的道德伦理的意义。美国经济伦理学罗伯特·C. 所罗门（2006）指出，21 世纪来到的时候，我们正面临着一个非常重要的问题，那就是，所有的企业在追求自身经济利益的时候，是否还能够记得和兼顾到客户的利益。无论是亚当·斯密所描述的商业，还是中华帝国的商界，都是由大小不同的家族企业构成的，尽管大型跨国公司已经控制和支配着今天的商业世界，但这种新的环境和新的形势仍然需要在这种全新的复杂因素中导入道德理念，需要在善和商业行为的张力中推动经济社会的发展。

---

① 詹姆斯·库泽斯，巴里·波斯纳. 领导力 [M]. 李丽林，杨振东译. 北京：电子工业出版社，2004：317.

② Fleurbaey M. Development，Capabilities and Freedom[J]. Studies in Comparative International Development，2002，37（2）：71-77.

## 三、伦理文化与金融现代化

当前，全国各族人民正在为实现中华民族伟大复兴的中国梦而奋斗。我们要按照党的十八大提出的培育和践行社会主义核心价值观的要求，高度重视和切实加强道德建设，推进社会公德、职业道德、家庭美德、个人品德教育，倡导爱国、敬业、诚信、友善等基本道德规范，培育知荣辱、讲正气、做奉献、促和谐的良好风尚。精神的力量是无穷的，道德的力量也是无穷的。中华文明源远流长，孕育了中华民族的宝贵精神品格，培育了中国人民的崇高价值追求。自强不息、厚德载物的思想，支撑着中华民族生生不息、薪火相传，今天它依然是我们推进改革开放和社会主义现代化建设的强大精神力量。

伟大时代呼唤伟大精神，崇高事业需要榜样引领。现代市场经济是以高度金融化、信息化、契约化和信用化为主要特征的商品经济，金融在各国经济和社会发展中的地位和作用空前高涨。金融发展问题对于一个国家来说，从来都是一个重要的国家战略问题。因为，金融是国家财政的重要基础性支撑，在现代市场经济中，金融作为国家经济命脉以及经济发展晴雨表的特殊作用进一步放大，金融市场逐渐成为各国经济运行的核心。维护金融市场的稳定，防范金融风险、维护金融安全既是保障国家财政基本稳定和经济社会持续健康发展的必须，而且对于保障国家经济安全具有十分重要的意义。一个好的金融体系具有引导和优化资源配置、降低交易成本以及风险分散的功能，可以对国家经济发展起到支撑和导向的作用。在后危机时期和经济全球化进一步深化的大趋势下，在危机时期错综复杂的国际经济金融环境下，面对建立国际金融新秩序的新的实践要求，随着中国改革开放和市场化建设的发展和深化，中国现有的金融体系存在着诸多的风险和不足，已不能适应未来经济发展的需求，中国的经济金融安全面临着巨大的挑战。

金融作为现代市场经济的核心，其安全与否直接影响政府的财政收支与经济社会的和谐、稳定与可持续发展。首先，金融风险将直接对财政收支平衡产生直接影响。当前我国正处于经济和社会的转型阶段，人口老龄化趋势越来越严重，财政支出压力也越来越大，而一旦作为经济核心的金融体系出现安全问题，将对我国的财政收入产生巨大影响，给我国财政收支平衡的长期可持续带来巨大压力。此外，政府是金融风险的最后承担者，具有防范和化解金融风险、维护经济和社会稳定的相应职责。而这种职责是一直存在的，不管是出于何种原因，一旦金融风险发生并逐步演化形成公共风险，就需要由政府出面来承担和化解，以政府作为公共主体身份为基础的财政，需要为政府这一职责承担必要的成本。政府对金融体系提供隐性担保，而金融危机的爆发将会使政府承担更大的成本。金融危机后的金融部门是公共部门或有负债的重要来源，对财政的影响也很大。所以，通过事前的制度安排，履行财政防范金融风险的职责，加大财政对于金融安全体系建设的投入和支持，建立起完善的金融安全网络，建设科学完备的现代金融安全体系，有助于防范和化解金融风险。

当前中国金融战略的主要任务就是要改革和完善我国现有的金融体系，构建与我国实体经济发展相适应的安全、高效的金融服务体系，实现与我国第二大经济体相适应的国际金融强国地位，为建立国际金融新秩序做出应有的贡献。防范金融风险，保证金融安全，是国家金融战略实施的前提、基础和必要保障。金融安全是指整个金融生态系统的健康、稳定、可持续发展，它既包括金融体系内部各要素本身，如金融市场、金融机构、金融产业、金融产品等的安全、稳定，也包括这些要素之间通过资金链条形成的相互作用、相互影响的有机系统的和谐、稳定、可持续发展，还包括一国在其金融发展过程中具备抵御境外各种金融威胁、侵袭的能力，以确保金融体系、金融主权不受侵害，使金融体系保持正常运行与健康发展。在后危机时期和经济全球化进一步深化的大趋势下，要确保我国金融战略目标的实现，首要任务就是要建立与我国国情相吻合的安全、稳健的现代金融服务体系。

一个国家金融体系的安全，首先体现在金融企业的健康和可持续发展上。现代企业理论研究说明，企业文化对于一个企业的健康、可持续发展具有举足轻重的作用，而融合于企业文化之中的优秀传统伦理文化，对于企业健康发展越来越有着核心的正能量意义，特别是对于一个有着悠久历史文明的大国来说，传统伦理文化的影响更为显著和重要。因此研究中国的金融安全问题，探讨金融风险防范和抵御金融危机的冲击，不仅要立足于世界形势的发展变化及其面临的新情况、新特点和新任务，结合国情进行实际的经济学和管理学的分析，同时还要深入探讨中国传统优秀伦理文化的影响作用，才能提出能够保证国家金融安全的战略应对之策，以便更有效地防范金融风险和抵御金融危机的伤害，促进社会主义市场经济的健康稳定发展。

在国际国内经济社会发展的新时期，我国宏观经济及金融运行出现了一些新特征、新趋势。当前中国已经基本实现小康目标，按照世界银行的标准，2012 年我国人均国内生产总值将达到 6100 美元，已经进入中等收入偏上国家的行列，经济社会发展开始步入一个改革转型的历史新阶段。这一转型阶段是经济失调、社会失调、心理失调易发和伦理重建的关键时期。在这样一个社会与经济的危机多发期，在众多危机中，金融危机首当其冲。尤其是后危机时期在全球经济危机阴霾的笼罩下，金融风险可能时时发生，金融安全形势更加复杂严峻。

金融危机和经济危机正在改变着世界，也改变着中国，世界和中国都正在迎来一个崭新的后危机时代。后危机时代的反思和诸多研究认为，金融危机就其表象来看是经济问题，但隐藏在背后的深层次原因一定与其内在的伦理原则和价值观念有着千丝万缕的联系。批判性的扬弃是理论创新发展的必由之路。我们无意于否定某一种经济社会形式，但是批判性的扬弃仍然是必要的。由此，正如批判社会主义发展中的计划经济模式阻碍了市场经济的有序进行一样，批判资本主义的自由放任使得市场经济疏于管理而频繁发生市场失灵也是必需的，无论是作为一种学术探讨，还是作为推陈出新的需要，从不同的视角分析和总结历史的经验教训，对于发展中的事物进行批判性的扬弃，都是合乎历史的必然。正是在这个意义上，本书赞同并且引用著名经济学家韩秀云的研究意见：导致美国金融海啸的真正祸根，并不是华尔街的金融创新或者次贷危机，而是美国的毫无节制的消费文化和私利至上的资本主义文化，归根结底则是美国至上的思想理念。事实上，也正是美国文化的驱动力，才导致了竞争趋利行为的严重躁动和失控，从而产生了今天层出不穷的赚钱、圈钱、借钱甚至送钱等所有无所不用其极的手段。次贷问题只不过是金融海啸的导火索而已，深层次的根源在于伦理缺失、道德沦丧。也正如温家宝总理在剑桥大学演讲时所指出的那样：有效应对这场危机，还必须高度重视道德的作用。道德缺失是导致这次金融危机的一个深层次原因。

伦理道德作为一种具有普遍约束力的行为规范的总和，是在实际生活中根据人们的行为需求而逐步形成的。人类普遍追求的目标是真、善、美，好的道德是属于真、善、美的范畴，坏的道德则是其反面——假、恶、丑。伦理文化一般是指一系列指导行为的观念，是从概念角度对道德现象的哲学思考，它不仅包含着对人与人、人与社会和人与自然之间关系处理中的行为规范，而且也深刻地蕴含着依照一定原则来规范行为的深刻道理。伦理文化从实质上来说，表现的是人们心灵间的契约关系，体现为一种内在的、软性约束机制，往往需要通过舆论来实现其力量。Adam Smith 的研究指出，伦理文化对于经济生活具有较大的影响作用，伦理道德与经济学和实际生活是相互交叉和影响的。人类社会的进步一方面是经济发展的结果，另一方面又是伴随着道德的进步而实现的。尽管市场经济对于经济社会的发展有着重要的推动作用，但是，市场经济的传统竞争之道，产生了太多的损人利己、贪婪和自私行为，表现为对于人类所追求的真、善、美之普遍道德的背离和亵渎。道德与责任是紧密联系在一起的。有道德就有责任，讲道德就要讲责任。金融危机的发生在伴随有太多的道德沦丧的同时，还伴随有太多的责任缺失，这折射出来的是文化力的削弱。这也从另一方面说明，文化对于当代金融安全具有重要意义，尤其是构成文化力诸多要素中的优秀传统伦理文化的意义尤为重大。

在中国这样一个具有悠久历史文明的东方大国，伦理思想是传统文化的一个重要组成部分，可以说整个社会文化都呈现出伦理型的特点。正如彼得·圣吉在中文版《第五项修炼——学习型组织的艺术和实务》的序言中特别指出的那样："你们（中国）的传统文化中，仍然保留了那些以生命一体的观念来了解万事万物运行的法则，以及对于宇宙的奥秘、万物本原所体悟出极高明、精微和深广的古老智慧结晶。"由于种种原因，中国在近现代历史上经历了长时期的低谷，20 世纪 70 年代末开始的改革开放又为中国的发展带来了新的活力，中国开启了社会主义市场经济的进程，开始迅速在世界东方崛起。改革开放和社会主义市场经济宣告了中国的崛起是和平的崛起，不仅表现为经济发展水平的巨大提升和社会繁荣进步，更重要的是表现为中国传统优秀伦理文化的全面复兴，相伴随的是中国人的道德人格的提升以及道德实践能力的增强。

"一场百年不遇的危机"必将对中国经济的结构性调整、传统道德复兴和现代道德建设产生更加深刻的影响。近代以来，在资本主义强势的物质和文化及其传统竞争思维影响下，包括中国在内的发展中国家，在现代化进程中目光一度西向，甚至西化，以致出现了许多"移植性灾难"而走了许多弯路。也同样是"一场百年不遇的危机"给予世人以警醒：范式不能照搬！一个国家走什么样的道路，应该由这个国家的人民自主选择，应该是基于国情的历史性考量；伦理不能缺失！经济社会的健康发展必须建立在伦理道德和文明进步的基础之上。所以，我们在重新认识文化力对于经济社会的重要意义的时候，更应该把这次金融危机和经济危机看作是一种警戒，是重塑价值观念、伦理原则的信号，在重新确立、回归优秀传统伦理文化和弘扬社会主义文化的努力中，构建并发挥中华民族文化力的正能量，才能有效地防范和抵御金融风险，更好地保障国家金融安全。

| 第四章 |

# 金融与伦理文化的关系

金融与伦理文化之间客观上存在着千丝万缕的联系，亘古流传的伦理文化是人类社会的重要精神支柱，伦理道德因素以其潜移默化的能力和凝聚于人们内心深处的原动力，时时刻刻地影响着人们的经济和社会行为，特别是在金融发展过程中，金钱对于人们内心私欲的撩拨与伦理道德因素对于人们行为的规范，时刻都处于激烈的博弈和争斗之中，因此金融与伦理文化的关系成为研究财政金融问题不可回避和越来越被重视的内容。

## 一、金融内涵的历史考量

货币既随着商品交换而产生，又随着商品经济的发展而发展。最初的货币一般表现为实物形态，如中国早期的贝壳币、布币，后来随着交换活动的扩大又出现了刀币、金银锭等各种金属铸币，以及流行了两千多年的铜钱，晚清的时候银元逐渐成为流通的主币。所有这些，无论是实物形式的贝壳币、布币等，还是刀币、金银锭、铜钱、银元等金属铸币，都是信用关系的一种创造。

信用最初产生于民间物品的借用和借贷，是以个人信用为基础的一种个人财富的非所有权转移。生产力的发展产生了社会分工和产品剩余，生产力进一步发展的需要导致了交换行为和借贷行为的发生。但是，以货易货的形式常常给交换双方带来许多不便，于是，逐渐地在熟人社会中产生了可以按照约定的方式，在未来某一时间付款，这一方式被叫作“赊账”。而“赊账”则意味着卖方给予了买方可以不用立即付款，而是在未来再付款的一种承诺，这种承诺就是一种信任。随着交换范围的进一步扩展和深入，简单的卖方对于买方未来付款承诺的信任，逐渐地被双方乃至一定社会范围共同认可的一种信用物取代而作为支付手段，由此，货币就应运而生了，建立于这种信用物或者货币之上的借贷活动出现了。“借贷”实质上是一种债务人给予债权人未来还款付息的承诺信任。据史料记载，在历史上实物借贷和货币借贷两种信用形式曾长期共存。在中国，长期以来都是实物借贷和货币借贷两种形式并存，货币借贷的迅速发展也没有能够排斥实物形态的借贷。比如，在旧中国的农村，“春借一斗秋还三斗”的借贷形式普遍存在。可见，一方面，货币是一种信用媒介，如美国著名经济学家熊彼特所言“信用是货币的创造者”；另一方面，货币也需要信用来维系，现代金融历史告诉我们，金融业正是建立在信用基础之上的货币借贷关系发展的产物。

伴随着金融业的发展，信用也经历了纯道德化、商业化和证券化的阶段。韦伯在《新教伦理与资本主义精神》中指出，信用就是金钱。一直记着欠别人的东西，并一定要归还，你在众人心目中就增加了信用。①市场经济的基本法则是平等互利，是一种以契约为保证的信用文明。市场经济的深入发展使得交易范围进一步扩大，交易频率不断增加，由此必然会产生交易费用和交易风险等问题，信用的存在则可以大大地降低交易费用和有效地化解交易风险。因此，现代经济活动的所有过程，无不体现着信用。没有信用就不可能有交换，没有信用就会没有秩序，没有信用市场经济就不可能正常运行。

欧洲资本主义市场经济的迅猛发展，促进了现代银行的产生。由于银行家签发银行券可以随时兑付金银铸币，所以随着银行券越来越多地代替了铸币在流通中执行流通手段和支付手段的职能，逐渐产生了今天的纸币，所有在世界各国流通的纸币都属于银行券范畴。在第一次世界大战后，西方发达国家的贵金属铸币全部退出流通，20 世纪 30 年代，这些国家先后实施了不能够兑现的纸币流通制度，而且在银行存款业务的基础上，又形成了转账结算体系，大额交易主要用这种方式来结算。20 世纪末期，伴随着电子信息技术的迅猛发展，又出现了“电子货币”和“电子证券”等。由此，货币的流通及信用活动，则变成了同一过程。如果说铸币未退出流通之前，货币的价值、货币的购买力还多少要受到铸币的贵金属含量的支配，那么在铸币退出流通后，即使规定了货币单位的含金量，铸币的贵金属含量却再也无法支配货币的价值和货币的购买力了，起支配作用的是货币的供需对比。当货币流通和信用的活动密不可分地结合在一起时，就产生了金融这个新范畴。

可见，货币的发展由实物货币到金属货币乃至纸币、记账货币、电子货币，表现为从实物实体货币到虚拟货币的历史发展过程。而无论采取何种货币形式，都体现的是人们对于货币作为支付手段的一致认同和普遍接受，因为认同和接受就有了信任，有了信任也就有了信用。与货币发展史相同的是，这种认同、接受到信任和信用，也是一个从低层次向高层次发展的过程，反映的是从信任实物到信任道德的过程，相伴随的信用则是从实物信用到虚拟信用、从

① 马克斯·韦伯.新教伦理与资本主义精神 [M]. 于晓等译.西安：陕西师范大学出版社，2006.

个体信用到社会信用的历史过程，而在这些变化过程中，都蕴含了诚实、守信、履约等道德内容，因此可以说，货币和信用都内含着道德，货币、信用的本质就是建立在诚实、守信、履约的道德基础之上的一种公共信任。由此可以认为，金融不仅是经营货币和信用，其本质上也是一种经营道德的行业。正如美国学者博特赖特在《金融伦理学》一书中所指出的那样，金融界处置金融资产的活动，在很大程度上关系着每个人的福利，每天数以百万计的金融市场活动之所以能够顺利运行，就是因为金融是与相当高的诚信水准连在一起的。[①]也就是说，金融"在接受所谓效率产生的结果时，暗含着价值判断"。[②]金融发展的历史说明，金融和道德在发展进程中相互作用、相互依赖，而且是一个不断由低级向高级上升的过程，金融发展水平越高，对道德水准要求越高，无可置疑地验证了金融和伦理之间存在的某种内在的结合性。

首先，金融活动的主体是人，而人具有复杂的社会关系，表现的是一切社会关系的总和，必然包含有物质关系、经济关系、政治关系、道德关系以及宗教关系等。由此可以说，作为金融活动主体的人，既是"经济人"，又是"道德人"，因而既有"经济人"谋求经济利益的冲动，也有"道德人"追求道德价值的需求。人的本质或本性是一个复杂的结构，其中的各个构成因素处于一种相互作用、相互依赖的动态平衡状态，这些不同的因素共同作用于人的思想行为，所以，一定时期的人的活动只不过是他在这一特定时期社会生活中形成的人性结构的外在表现。由此可见，在金融活动以及各种交易活动中，不仅包含有金融因素，同时还包含有其他因素，如道德、伦理、政治、宗教等。正如俄罗斯著名伦理学家科斯洛夫斯基所指出的那样，经济是不能"脱离道德"的。在现实经济生活中，经济不仅要受经济规律的控制，而且最终是由人来决定的，而人的意愿和选择过程则是受期望、观点、标准和道德想象的交织影响的。[③]经济和道德是密不可分的，比如，在现代社会的金融活动中，人们选择银行业务时不仅要考虑银行所提供的金融服务的内容，考虑价格和风险，还要考虑银行的信誉度、服务质量和品牌，尤其是在购买证券产品时，还要考虑社会的认同度等。所以，伦敦交易所为了防范金融风险，专门推出了"上市企业道德指数"，对企业的社会责任等方面进行综合评估，以提供给投资者参考。这就明确地告诉世人，不考虑道德因素而只考虑金融因素的交易行为，不仅存在很大的风险，而且也是很难获得成功的。

---

① 博特赖特．金融伦理学 [M]．静也译．北京：北京大学出版社，2002.

② 安德里斯·R．普林多．金融领域中的伦理冲突[M]．韦正翔译．北京：中国社会科学出版社，2002.

③ 科斯洛夫斯基．资本主义伦理学 [M]．王彤译．北京：中国社会科学出版社，1996.

其次，伦理道德作为一种潜藏于人们心底的思想意识，没有自己独立的活动领域，它伴随着人们的社会经济生活渗透于社会的各个领域。金融领域无疑也是道德活动的领域，而且是最重要的一个活动领域，因为金融是现代市场经济的活动中枢，必然会受到伦理道德更多的影响和制约。即便是以自由主义标榜的所谓主流经济学家所称的“经济人”，甚至是高德认为的完全竞争市场是一个“道德虚无特区”（Moral-free Zone），在这一“特区”中，“道德约束将不会有任何地位”[①]，或者是相对立的“道德人”设定，都不可能把金融和道德完全分割开来。“经济人”假设论证的是私有产权的合理性，可是，私有产权制度的建立正是以肯定个人自由和个人价值为基础的；高德在其进行的“特区”演绎上也不得不考虑要把对于经济利益的追求作为实现道德价值的手段。说到底，市场中的绝大多数人，既不是霍布斯描绘的“豺狼人”，也不是主流经济学所言的个人利益“直接最大化”的“计算机超人”，而是活生生的具有道德自律的“实践理性人”。主流经济学的“无价值判断”和“道德虚无特区”的论述不正是酿成“金融海啸”的根源吗？阿马蒂亚·森在《经济学与伦理学》中指出：“随着现代经济学与伦理学之间隔阂的不断加深，现代经济学已经出现了严重贫困化的现象。”[②] 所以，必须正视伦理道德与金融活动的内在结合性，重视伦理道德对于金融交易活动的重要作用。

最后，人类经济活动和金融发展的历史充分说明，伦理道德对于金融活动的影响是一个客观存在的事实。以上对金融发展历程的分析已经清晰可见，金融发展的过程就是与社会伦理道德交互作用发展的历史过程。历史已经雄辩地证明，伦理道德对金融活动的影响根源于伦理与金融的内在结合性中，隐蔽地表现在金融活动的全部过程和所有领域。著名经济学家厉以宁指出，道德和经济活动是“相伴相生”，“一荣俱荣，一损俱损”的关系。在市场调节和政府调节产生之前，人类的经济活动一直是依靠习惯和道德来进行调节的；而在市场调节和政府调节产生以后，道德调节仍然在起作用。金融危机中暴露出来的诸多金融丑闻、金融案件以及频频发生的金融危机本身，无不是人性扭曲、道德沦丧的恶果。而在全球合作应对金融危机和经济危机的过程中，对于竞争无度和金融腐败的谴责，加强合作应对与政府干预，重建国际金融秩序的创新性努力，都进一步证明为了市场经济的健康发展，市场调节和政府调节以及伦理文化，应该共同发挥相辅相成的作用。

---

① 韦森. 经济学与伦理学 [M]. 上海：上海人民出版社，2002.

② 阿马蒂亚·森. 经济学与伦理学 [M]. 王宇等译. 北京：商务印书馆，2000.

## 二、金融及其构成要素的伦理文化考量

金融发展历史告诉我们，货币、信用和交换以及作为金融交换活动主体的人，是金融范畴的基本组成单元，正是这些基本单元的有机组合产生了金融交换活动。历史的分析还告诉我们，经济交易行为同时反映着道德交换行为，因为，任何一种交易行为的背后，都包含着有形的物质价值和无形的精神价值两个方面的内容，决定交换价值的不仅有凝结在商品中的劳动，而且还取决于内含于其中的道德伦理因素。因此讨论金融与道德伦理的关系问题，必须首先要考察金融范畴的基本构成要素中的道德伦理因素。

### （一）金融本身的伦理属性分析

金融范畴的伦理性首先体现在金融实际上是一种信用交换价值与道德伦理价值的有机统一体，金融交换的全部活动都包含有道德伦理因素的影响作用。像其他任何一种经济活动一样，金融伦理关系的存在，并不是一种道德伦理文化的植入生成，或者是道德伦理原则应用的结果，而是因为任何经济行为主体都要受到道德伦理因素的影响，任何交换活动过程都要受到历史和文化因素的制约，因此道德伦理因素是内生的、伴随着的社会性结果。经济学和伦理学是两门相互独立的学科，又是由实践的需要而发展的相互依存、相互作用的学科，随着现代市场经济的深入发展，许多问题已经不是经济学本身所能解决的了，必须有伦理学的参与才行。如阿马蒂亚·森所言，市场经济不需要一种无价值的先天性范畴，然后通过伦理学的外部修正，再把所谓的经济理性纳入经济生活，现实中是从市场经济的自身结构和内涵直接衍生或推导出经济伦理学的[①]。经济活动是一种以人为主体的社会活动，不可避免地会受到道德伦理因素的影响，因此，所有经济范畴都不可避免地具有内在的伦理性质。金融与伦理是一种现实的、有机的统一，金融不可避免地具有内在的伦理性质，道德伦理也无可避免地要渗透于作为金融主体的人的内心世界。就像伦理与其他经济范畴一样，金融与伦理的结合，不在于伦理能够为金融提供什么，或者是相反，而是在于金融和伦理二者相互之间具有可通约性。所以，金融活动也可以作为一种伦理演化现象来研究。金融过程所体现出来的伦理性质或者伦理特性，一般地表现为外在的道德和内在的道德两个方面的内容，金融伦理关系就是金融的外在道德和内在道德两个方面相互关系的有机统一。

---

① 格贝尔．经济伦理学 [J]．现代外国哲学社会科学文摘，1993（6）．

1．金融的内在伦理

通过对经济与伦理关系的分析，可以间接地观察金融与伦理之间的关系。在经济思想发展的历史上，关于经济与伦理的关系基本上有四种观点：第一，标榜自由主义的所谓主流经济学倡导“无价值判断”，鼓吹“价值中立观”。甚至像奥地利学派的旗手米塞斯也公开声称，作为一门科学经济学，它主张中性的价值判断。第二，一些对主流经济学持批判态度的西方学者持“经济道德观”。他们认为，经济研究过程不能脱离道德理念，甚至连主流经济学的开山鼻祖斯密都认为，既要利己也要考虑到还有利他。1974 年的诺贝尔经济学奖得主缪尔达尔，在其《社会研究中的客观性》一书中指出，没有任何社会科学或社会研究是道德中性的、政治中性的。所有研究者都必须明确表明自己的价值观，所以任何研究都必然是建立在道德评价的逻辑基础之上的。第三，并列观。罗宾斯在其《论经济科学的性质和意义》一书中指出，除了把经济学与伦理学研究并列之外，其他任何形式企图把二者结合起来的做法，似乎在逻辑上都是不可能的。第四，“结合观”。马歇尔在《经济学原理》中指出，经济学除了是研究社会财富的学科外，更重要的一方面它还是研究人的科学，它要研究个人及社会活动中如何获取物质福利必需品的问题。所以，经济学不仅要研究财富是怎样被创造和如何实现增值的问题，同时还要研究人的经济行为，探讨人类社会如何最好地创造和使用财富，这一过程就必然要涉及人的价值观和行为方式，要讨论行为过程的合道德性等伦理问题。正如 1938 年 7 月 4 日凯恩斯在致哈罗德（Roy Harrod）的信中所指出的那样，经济学从本质上来说是一门道德科学，而不是自然科学，因为它必须运用内省和价值判断。经济学发展到今天，存在“无价值判断”的所谓“价值中立观”，还有“经济道德观”与“结合观”融合生成的一种新的“结合观”，由此形成两个基本对立的派系。新的“结合观”更强调道德伦理对于经济关系和金融范畴的内在性，而非植入性生成，现代经济伦理学正是建立于这一基础之上的。主流经济学虽然强调所谓的“无价值判断”，但又认为帕累托最优是最理想的。但是，任何帕累托增进又是一个道德上的改善，可见，这些声称价值中立的所谓主流经济学家们并非没有价值判断，而是希望用“无价值判断”去掩盖其功利主义的价值判断。所以，乔治·恩德勒的研究认为，任何经济行为都是有价值定向的。经济活动始终离不开社会文化中的价值观念。尽管现代社会存在着价值多元化、价值多神教，但现实中还是客观地存在着经济、政治和文化之间的相互联系。历史上从来没有一种完全价值中立的经济活动。当然，价值理念也不可能直接应用于经济行为。当今在经济社会发展过程中，有直接约束力的不是价值理念，而是行政规范和法律规范，或者是关于人权的判断标准。因此，经济伦理问题通常是通过社会伦理判断的词汇提出的。

通过对经济伦理关系的考察，可以知道金融也具有伦理特征。所以，金融学所研究的问题在现实中有很多是涉及伦理的。金融的基本原则之一，就是不能强迫金融行为。在金融过程中，对于使用、分配和配置金融资源而产生的矛盾冲突，只能通过协商进行协调解决，因为这些冲突不仅有业务上的，也有道德伦理上的，强迫金融行为是不可取的。在协调上的努力也是多方面的，同时协调工具的选择通常也是金融政策而非行政命令。金融政策都是由人来制定的，政策的制定过程不可避免地会带有价值判断和伦理主张。现实中有许多金融政策的制定，都是在人们面对不好的金融状况特别是反思金融危机时才发生的。在现实金融过程中，只有首先判断“是否应该改进”之后，才能在统筹考虑的基础上提出“如何改进”——这就是一种价值判断过程，而这样的价值判断则是金融发展的推动力。这种价值判断过程，需要有效率判断和伦理判断，比如其中对于公平的价值判断、对于之前金融政策效率的判断。效率与公平是金融学研究中的两难问题，因为金融学研究不能逃避对这两种判断的权衡，通过金融学研究所提出的任何一项金融政策，都必须要求不能严重损害效率与公平的任何一方，否则就会使得金融政策偏离健康的方向。

2. 金融的外在伦理

著名经济伦理学家乔治·恩德勒指出，在考虑伦理与经济的关系时有三个层面的问题应该关注：一是个人责任权限的社会表现方式。因为每个公民都要承担政治责任。在作为消费者与生产者的时候，他也同样要考虑行动的后果。二是制度以及政策与外部因素的相容性，即考查制度、经济政策的作用与人性标准、与社会、与民主、与生态是否相容。评价政策时不仅要考察其效率，而且要应用伦理学标准与和谐性尺度。特别是在评价社会福利、竞争秩序、劳动力市场、卫生政策等时，都同时需要有一种社会伦理学的观察，而在援助和公益的评价中社会伦理学的观察则起着根本作用。三是伦理学思想有助于文化态度的形成。因为个人的目标和价值观归根结底是由社会促成的，是在道德伦理文化的影响作用下形成的。一方面，道德伦理对经济活动过程存在显著的影响作用；另一方面，经济目标与经济利益反过来也会影响文化的发展。金融作为经济的核心范畴，其伦理意蕴同样使得金融道德具有外制性和制外性。外制性是指金融道德必然要受许多外在社会因素的影响和制约，制外性则是指金融道德影响和制约社会规范和文化。

金融活动是一种以人为主要金融主体的活动，因此要求遵循一般的社会伦理原则和道德要求运作，因而，金融活动必须以符合道德性为基础。马克思指出，市场经济过程同时蕴含着“自由”“平等”“所有权”以及“边沁（利己主义)”等伦理特征。诺斯在《经济史的结构与变迁》中指出，一定的伦理道德应该成为制定规则的规则。富勒的研究认为，一个正确的制度安排必然包含着自己的道德性。如果国家所进行的制度安排没有能够蕴含道德性质，那么就会导致这种制度安排的失误。在金融活动中，表面上看，金融过程似乎更多的是从客体的利益角度来考虑资源的优化配置，但事实上金融活动是从行为主体出发的，是以人为价值尺度“去设计、调配、决定和开展”的，由于金融主体受制于人性的认识和普遍的价值观念，因此行为主体总是按照自己认同的伦理原则、道德信念、文化传统进行资源配置，以便使资源配置能够朝着自我认同的利益最大化方向发生变化。尽管金融活动对利益的追求同其他一切人类活动一样，归根结底都是为了人的完善和全面发展，人的全面发展也构成了金融活动的终极价值目标。不过，金融在现实中总是表现为一定的发展过程，人类在一定时期对于人性的认识程度以及对于社会价值观念认识也不尽相同，体现了不同的道德伦理认同，由此会对金融活动的过程和效益产生不同的影响。所以，金融行为主体对人性的认识程度以及对于社会价值观念的认识，构成了制约金融活动的主要外在因素。

金融对道德的促进。从西方发展的历程来看，早在古希腊、古罗马时期就出现了民主、自由、法治思想与实践，同时，人寿年金以及其他保险和借贷品种也随之出现并发展[①]。这些社会制度和金融安排，使得崇尚经济独立和个人自由的西方人逐步地真正实现了个人自由，不用担心自己会不会活得太久，父母也不必依赖后代的经济支持度过晚年，经济与金融的发展把西方人逐渐从对家庭和教会的依赖中解放出来。长期以来，在中国个人经济风险的防范功能主要由家庭来承担的，养儿防老，千古不变，因此对道德伦理文化也有相应的要求。随着改革开放的不断深化，社会养老保障体系正在逐步完善，伴随着人们思想观念的变化，大中城市的家庭保障功能逐步弱化，一个以社会养老保障和家庭养老相互配合的有中国特色的制度安排正在形成。“家”成为情感交流和心灵沟通的港湾，家庭成员之间的交往日益平等，社会的民主、自由才会有更好的基础，这是有中国特色道德文化发展的大趋势。不过，在看到金融活动对道德建设的促进作用的同时，我们还应注意到，道德对金融的制约性影响依然存在。中国传统文化是一种以血缘关系为纽带，以家族、家庭、村庄和国家为主要构成元素的人伦文化体系，由此决定了人们对于风险规避和对安全保障的追求，主要是在家庭和家族，所以“非正式的保险制度”仍有着广阔的市场，因此在弘扬优秀传统伦理文化的同时，应借鉴世界上相关的制度安排，以便更

① 陈志武．对儒家文化的金融学反思[N]．中国新闻周刊，2006-11-13．

好地促进中国特色社会主义的和谐与健康发展。

金融发展的道德性。道德伦理文化生长于并伴随着经济和金融的发展过程。在人类社会生产力低下的部落经济时期，人类抗风险能力弱，只能是以部落为单元进行抗争，随着农业的发展促进了社会生产力的提高，人类抗风险的方式渐渐从部落转变为宗族、家族，又走向以家庭为主防范风险，逐步形成了以“家庭互信互保”为特征的风险防范体系，伴随这一过程并且影响这一过程的是以“忠诚、互信”为核心的农耕文化。最初的金融形式产生于交换风险的防范，在个人和家庭自我保障和防范风险的基础上，又逐渐地产生了相互之间通过经济交换来达到相互保障、相互帮助以及资源共享的效果，由此实现了社会性的规避风险的能力，使得个人和家庭能够更好地度过风险期。与此同时，以“忠诚、互信”为核心的农耕文化随着社会生产力的不断提高和商品经济萌芽的产生与成长，也不断地融入了“承诺、守信、平等、互利”等更具商品经济文化特色的内容。成熟的金融形式出现在工业社会，机械化大生产创造了雄厚的经济基础，促进了交换范围的扩大和深入，也促进了金融的发展，逐渐形成了以银行、保险乃至社会保障为基本内容的现代风险防范体系。金融产品的主要功能之一，就是可以让不同的人在不同时间和不同状态下都能够实现物质交换。比如，借贷契约能够使一笔钱在今天借给另一方使用，但到了约定期时借方则要按照约定还给贷方的本钱并且同时要加上付息，其实质就是能够使贷方能够将当前的收入留到未来去消费，借方则能够把未来的收入提前到现在来消费。其他的一些金融产品，诸如年金、债券、股票、人寿保险、医疗保险、养老基金等，尽管其合约的安排不同，但道理都是同样的。

伴随现代金融产生发展过程的商业文化内容更加丰富，尽管过度竞争以及无序竞争，一再使“公平、自由、平等、互利”的商业文化以及传统的“承诺、守信”等好的伦理道德受到以自由主义市场经济为标榜的所谓主流经济学所宣扬的自利最大化的侵蚀。所以，主流经济学的金融理论固执地追求自利最大化，完全遗忘和丢失了公平、自由、平等、互利、同情和道德。在其外在形式上，主流经济学的金融学理论一味地依赖于实证研究手段，在极大地完善或者实现了数学化的同时，它又拒绝了基于财富之上的更基本的社会目标和道德伦理的评价，呈现出一种不自然的“无伦理特征”。在现代金融的发展中，金融危机此起彼伏、金融腐败大案要案群发、不良资产的迅速累积都是这种理论的代价。但是频繁发生的经济危机和金融危机给人类带来各种各样伤害的同时，也不断地教育和告诫人们必须反对自私和贪婪，反对过度竞争和无序竞争，提倡合作共赢，以及坚持“公平、自由、平等、互利”的商业文化的重要性，及加强和弘扬优秀传统伦理道德文化的重要意义。正如凯恩斯的研究所指出的那样，当经济发展处于一定历史阶段的时候，就有与之相适应的伦理观念相伴随。有许多伪道德已使我们受累了200年，在这些原则下，人类性格中某些最讨厌的成分被抬举为最高品质。当经济社会进入一个新的发展阶段时，伦理观念也会发生相应的变化。当经济富裕，财富的累积已经失去了高度的社会重要性时，社会的风尚也将发生重大变化。到那个时候，就可以把那些伪道德推翻。那时我们就可以有胆量对金钱的动机按照它的真价来评价。

全球合作抗击“金融海啸”的历史经验告诫世人，不适应现代金融发展的损人利己的伦理观念必须被与时代发展相适应的以合作共赢为核心的新伦理观念所取代。后危机时代，重建国际金融秩序被提上了重要的历史日程，人们越来越重视金融与社会制度、伦理规则与人的行为的关系；金融学研究也在对历史的反思中重新认识经济伦理学、行为金融学的研究成果和内容，更加重视道德规则、价值判断对于金融分析以及规范分析的制约。萨缪尔森认为，经济学只是确定一个经济的“效用可能性边界”，但究竟在“边界”的哪一点上为佳，则有赖于社会做出价值判断。阿罗的“不可能性定理”也指出，任何社会福利函数都包含有一定的社会价值判断。可见，金融发展过程，就是一个人们对金融道德性的认识逐步深化和认同的过程。

### （二）货币的伦理属性分析

关于货币的属性，马克思较清晰地指出，货币不过是一种特殊的商品，实质上是一种市场交换中的社会关系。西美尔在《货币哲学》中认为，货币是“价值的现金化”，是“一切价值的公分母”,“货币是人与人之间交换活动的物，是一种纯粹功能的具体化”。这些看起来简短而抽象的定义，实质上却包含着十分丰富的内涵。

第一，货币具有“集体意向性”。当代美国经济学家塞尔指出，许多的社会存在，从婚姻到美国总统职位，从货币、产权到契约，都是取决于人们的一种态度，即“集体意向性”。也就是说，当“某种东西”被所有人都认作为、相信为、接受为就是“某种东西”的时候，那么，这个“某种东西”就成为一种“制度实在”。货币范畴的出现，就是由“某种东西”变成一种“制度实在”的过程，当人们都把这片纸认作货币时，它就成为了货币，即有了“集体意向性”。当然这片纸被选择成为货币，首先因为它有一定的价值标准，同时还能满足进行交换和财富贮藏的需要，这样才能使得人们的“集体意向性”具有物质基础；其次还因为它体现了一定社会的“集体认同”。

哲学家洛克早在18世纪就曾经指出，货币的流行是基于“相互同意”而用作交换真正有用但又易于败坏的生活必需品。[①]“相互同意”表明了人们的一种普遍的共同承认，相信这种东西是可以信赖的交换媒介，这种信任则是因为内含着一种道德上的约束。正如韦森所指出的那样，货币是人类经济活动中的一种制度实在，它凝聚着人们的集体意向性。因此，货币还体现的是一定社会的集体信任，在这个由交易双方形成的信用—信任链的背后，就是诚信的道德力量。“认”就是“信”，“信”而有用，“信用”就生于其中。可见，市场交换的“信用”关系，从货币产生那天起就自然在其中萌生了。信用的产生还内涵有尊重他人权利的道德，因此其“集体意向性”包含有价值、信任、诚信等道德要素。

货币的“集体意向性”体现的是一种“集体规则”。这种“集体规则”，一般是由某种社会契约来承载的。塞尔认为，货币实质上就是一种信用制度。可以说，货币是市场当事人之间某种契约和信用关系的制度载体。这一分析揭示了市场、产权、货币、信用以及经济交换中的道德原则是在同一个过程中同步产生和演变的。更为值得关注的是，在现代博弈论的语言中，信任可以被理解为合作，实际上，货币作为一种“信物”，从它产生、存在到使用过程都体现了人与人之间的某些合作关系。货币范畴天生就带有对于合作的亲和感，需要集体规则和游戏秩序，需要其内涵的“平等、互利、承诺、守信”等道德伦理的支持。总而言之，货币应该是集体信任、集体合作以及市场和社会运行规则的载体，是人类相互尊重、相互信任等道德发展的结晶和见证。然而，货币作为具有许多根本的优秀伦理道德内涵的市场范畴，长期以来被利己主义横加扭曲，尤其是货币成为资本而被主流经济学的自由主义肆意妄为，把对于金钱的追求当作唯一，极端利己主义的贪欲形成了疯狂的金钱拜物教，货币一步步地由美丽的天鹅变为丑陋的魔鬼。重新认识货币的本性，就必须重新认识货币所蕴含的以“平等、互利、承诺、守信”为核心内容的道德伦理，就必须重新认识公平合理、合作共赢的重要意义。

第二，货币作为一种“信物”还具有“万能性”的特征。无论是作为一种“集体规则”还是作为一种制度安排，货币都是交换过程的价值标准和社会约同，因为它是那种普遍承认的客观存在，所以像道德一样可以成为普遍承认的万能之物。马克思在《1844 年经济学哲学手稿》中曾明确指出，货币因为具有购买一切东西的功能，所以货币特性从本质上来说就是万能。因此，它被当成万能之物。货币所具有的同人类一样的外化能力，使其克服了自身的有限性而上升到神的位置，具有了在万物中肆行无碍的神力。中国俗语中所谓的“有

① 洛克．政府论（下篇）[M]. 北京：商务印书馆，1997.

钱能使鬼推磨”就是最深刻的写照。马克思对货币的分析是一种拟人化的描绘，不过也揭示了把货币作为一个客观存在，一个由人创造的“信物”同时存在着反过来控制了人的危险。“有钱能使鬼推磨”的许多现象就是有力的例证。现实社会中，人们常说“绝对的权力必然产生风险”“完美意味着风险”，其间的道理是相通的。

马克思在批判商品拜物教的时候，还有一个更为深刻的分析，他认为人们的劳动交换同时也是精神的交换。“货币代表一种社会关系，不过采取了一种具有奇特的社会属性的自然物的形式。”拜物教的神秘性质不是来源于商品的使用价值，也不是来源于价值规定的内容，而是来源于人们自己的一定的社会关系，“在人们面前采取了物与物的关系的虚幻形式”，问题并不在于这种“虚幻形式”所呈现的表象，而是在于这种“虚幻形式”使一切事物都可以在其中找到对应的确切价值，因此，货币才能几乎拥有了超越一切事物的能量，使得一切事物趋于外在化和无差异化，它“越来越成为所有价值的绝对充分的表现形式”。这种无特性货币的“魔力”，使“金钱的权力产生了任何其他文化因素都无法比拟的扩张，这种扩张给生活中最针锋相对的趋势以同等的权利”[①]，给货币经济生活造成了生命感觉的扭曲和个体灵魂的错位，也导致了现代生活常见的骚动不安和狂热不休、私欲膨胀、贪婪无度。

第三，货币作为一种“信物”还必然蕴含有丰富的人性理念和伦理道德。由于交换的需要而产生了货币这种“信物”，不过，这种交换过程又首先是基于交易主体之间的不信任。因为，如果交易双方是相互信任的，就根本不需要什么“信物”了，双方之间一句简单的承诺、一个任何可交流的信息就能充当一种“看不见的货币”而让交换顺利进行，那样，货币充当交换媒介的功能自然就中止了，历史上也就不会有这种“集体意向性”的客观存在出现了。所以也可以说，基于交易主体之间不信任的交换才是货币产生的根源。归根结底，这又是因为货币只能是一种依附于人类的存在而存在的东西，这种存在不仅仅是一种“集体意向性”，包含有“平等、互利、承诺、守信”等道德伦理因素，而且也不可避免地会掺杂着人性的恶的一面，由此导致在交换过程中出现讹诈和欺骗的可能，所以才需要通过“集体意向性”的制度性安排来制造货币这种“信物”，以此当作大家的一种可见信任物来避免恶的发生。

由此又可以说，货币同时又是人们在交换过程中防范人性恶而可能产生的道德风险的“信物”，用这种普遍承认的万能之物的神的力量，去克服和战胜讹诈和欺骗，以保证经济社会生活的稳定健康发展，与此同时，“平等、互利、

① 西美尔. 金钱、性别、现代生活风格 [M]. 上海：学林出版社，2000.

承诺、守信”等优秀道德伦理也不断地得到弘扬和提升。为了让这种人性恶可能产生的讹诈和欺骗无法四处扩散，通过国家行政手段和法律程序来发行货币，这样任何扰乱国家法定货币和欺骗他人的交易行为都要受到法律的惩罚。这意味着货币不仅是一种制度安排，而且是一种法律安排，具有道德和法律的双重功能，并且通过这种道德和法律的双重功能对货币的恶进行有力的、可靠的双重抑制，才能在抑恶扬善的实践中，更好地运用货币为人类创造更多的善以及财富，让人们的生活过得更加有意义和有价值。认识到货币是一种内涵有人性恶的制度安排，其意义在于把货币之恶制度化、法律化，让大家正确地认识并利用货币的善及恶，才能更加有效地运用它来为人类创造更好的价值和更多的财富。因此，把货币之恶制度化、法律化，可以在抑恶扬善中为我们提供健康有序的金融秩序，同时还可以减少因无可识别的“信物”而增加无谓的交易成本，因而又可以更有效地改善金融资源和经济资源的配置。

## （三）信用的伦理属性分析

### 1. 关于信用含义的讨论

“信用”概念蕴含着复杂而丰富的内涵，因此从不同的角度有许多不同的解释。《辞海》认为：信用是由于遵守诺言、实践成约而取得的别人的信任。《新帕格雷夫经济大辞典》言，信贷是通过财产权的让渡以交换在将来的某一特定时刻另外的所有权。《牛津法律大辞典》的解释是，信用是指在得到或提供货物或服务后允诺在将来付给报酬的做法。《货币银行学》则认为，信用是指借贷行为，以收回为条件或以归还为义务，同时有权取得利息或者有义务在归还时附加利息。一般来说，可以从四个角度来理解“信用”：

从伦理视角的分析。信用概念在广义上是一个伦理学范畴，表现为一种处理人际关系的道德准则，它是指当事人之间诚实守信的践约行为。诚实守信是中国几千年伦理文化的重要内容，它体现的是一种道德品质。中国俗语所言之“讲信义”“一诺千金”“君子一言，驷马难追”等均可说明。据统计，《论语》中的“信”字出现有 38 次之多，频次仅低于仁、礼，但也比善、义、敬、勇、耻等都要多。其中，“言必行，行必果”“人无信不立”“与国人交，止于信”等都是家喻户晓的名言。诚实守信也同样是西方社会中人们奉行的道德品质，《圣经》中就有数十次提到关于信用、信任的词汇。可见，信用成为公共伦理范式是一种历史的必然。如鲍曼在《信任与权力》中所指出的那样，信用产生于一个社会关系和社会系统中，同时又是维持团结的整合机制。

从经济和金融的角度分析。经济学认为，信用是关于借贷关系或延期支付关系的总称。西方纯经济学理论认为，信用是一种赊销活动，是建立在契约保障基础之上的一种价值交换滞后的经济交易行为。因此可以说，信用就是指“借”和“贷”的关系，指交易双方以契约为保证的关于资金的借贷和履约的行为，其基本要求是：贷款约期归还，借款到期要还本付息。这一交易过程，充分地反映了信用的道德基础和内涵。

金融理论关于信用的理解通常可以从企业、个人、国家、银行这四个层次来理解。国家信用至少包含两层意思：一是国家之间的借贷关系，也就是所谓的主权债务，如世界银行贷款等；二是政府与本国企业及本国民众之间的借贷关系，如政府发行的国债等。国债实际上等于是政府先向企业和居民借一笔钱去进行投资，并在到期时还本付息。银行信用主要是与企业和个人的借贷关系，可以从银行与企业和个人相互之间的关系来理解，一般体现在银行基本业务之存贷款两个过程中。存款等于是银行向企业和个人借钱，借到了钱就取得了信用；贷款则是企业和个人向银行借钱，贷到了款也就取得了信用。贷款的利息通常要高于存款的利息，存贷款利息之差额，就是银行利润的主要来源。同时，金融信用还主要表现在信用工具上。信用本身就是一个十分抽象的范畴，在金融交换活动中，只要有借有还、还本付息、契约保证就是信用，因此借助于凭证就可以实现信用，此种凭证即为信用工具，它具有可自由转让性，主要包括资本市场的股票、债券，以及资金（货币）市场的本票、汇票和支票等。

从货币的视野分析。西方信用创造学派认为信用就是货币，货币等于是信用。一方面信用创造了货币，另一方面信用也成就了货币——使之成为资本。正如约翰·劳所说：信用不仅是必要的，而且也是有用的，信用量的增加就等于货币量的增加，因为它们都同样能生财和兴商。约翰·劳的基本观点是：货币就等于是财富和信用。麦克鲁德则认为，可以用“通货”的概念来统一信用与货币，因为在本质上它们都是一致的，创造了信用就等于是货币的增加，只不过是在程度上不同——信用表现的是单一的价值，货币却可以表现为多数的价值或者一般的价值；信用表现的是对某一个人的要求权，货币却可以表现为对一般商品的要求权；信用表现为特殊的不确定的价值，而货币却表现为持久的价值。

从信用要素的分析。金融理论所说的信用要素，是指在信任基础之上的当事人之间延期付款或偿还贷款所涉及的相关范畴。西方金融学有一个 3C 理论，把品德（Character）、资本（Capital）、能力（Capacity）这三个范畴作为信用要素的基本内容。美国银行在 3C 理论基础上，将信用要素概括为三个因素五个方面：一是人的要素，包括能力和品德；二是财务要素，包括资产和资本；三是经济要素，主要是企业状况。在这些要素中，品德最为重要。因为信用从实质上来说就是一种价值判断，是一种道德选择的社会活动，所以价值和道德构成了信用的内核要素。可见，信任是信用的基础和前提，信用的内核和关键就是信任，信任与信用相互依存、相辅相成，共同形成了推动金融发展的道德力量。

按照中国文化的说文解字，信用是“信”和“用”的复加及有机结合。“信”的本意在于诚实与恪守承诺，由于个体的“信”而产生了群体的“信任”，因此形成了人与人之间的诚实守信的道德要求。“用”是指践行，就是对于“信”的落实和运用，是对于“信任”的运用、使用和实践。因此，信和用的有机统一就蕴含了这样的意义：行为主体言与行的一致性、道德守约的可信性。可见，信用表现的是人与人互动的一种社会关系，是道德和行为有机结合的统一。

2. 关于金融信用特性的探讨

金融信用与其他经济社会生活领域的信用一样，有一般信用的共同特征，也有其独特性。对于信任的承诺和践行的一致性是信用的共性，也是理解金融信用的基础。特定领域所表现出来对于某种特定信任的承诺和践行的一致性是信用的特性，它可以预示该领域信用的发展方向。金融信用的特性主要有：

金融信用可以使信任具有经济价值。金融活动是以信用为基础的交换过程，因为以诚实守信为基本要求的价值和道德伦理是金融信用的核心要素，所以金融活动可以通过交换赋予道德以经济价值，这样就使定性的道德变为定量的价值，使得无形的信任变为有形的资本。在现实金融业务过程中，一旦双方建立了信用，金融机构就能和企业、个人之间开展资金借贷以及购买有价证券等活动。而在这一过程中，信用凭借道德的力量可以发挥不同的作用。比如，在发行债券时，信用程度高、信用评级高的企业，债券销售快，融资的额度也就比较大。可见信用影响发行成本和融资规模，信用程度越高则融资量越大、成本越低。甚至，信用度很高的企业还可以得到不要财产抵押或担保的信用贷款。

金融工具能够使信任成为交易的对象。比如，在资本市场发行的各类有价证券——股票、债券、可转换债券、可转让的大额存单乃至金融衍生品，如果销售得快，就表现出人们对金融工具以及金融机构具有高度的信任，信其物有所值，一定会有好的回报，所以表面上看起来是人们购买了金融产品，但实质上是相互交易了金融信任，其中表现的是一种道德伦理交易。因此在后危机时代，随着金融国际化的深入发展，金融产品的虚拟化、衍生产品的多样化发展将更加复杂多变，信用工具的可转让性也随之会更加广泛和深入，因此也更加需要信用的支持和道德力量的支撑。

金融信任可以带来交易条件的改善。金融交易条件一般包括信息的内容、时间、价格、数量、质量、风险、交易地点等，而每一项内容往往都需要经过反复谈判、协商后才能确定。但金融信任却能够改变这一过程，由于金融信任有时就可以省略某个要素，有时也可以调整某个条件的幅度等。比如，交易双方一旦建立了价格优惠信任，即使某一次供应者低于当时市场价格卖出了商品而得到了较少的货币收入，但他还是相信下一次能够得到高于当时市场价格的优惠，认为终究能够从对方那里得到补偿和实惠来满足自己的效用。再如，在交易谈判中为了减少风险因素的协商，有时可以给予对手较长期限的贷款，有时还可以同意在授信后给予信贷的灵活性，等等，所有这些都是信用的功能。

金融信用过程具有一定的风险性。在现实中，任何金融交易过程都有一定的风险性，只不过风险的程度不同而已。即使是在直接的货币交易过程中，也时常会发生假币欺诈的风险。对于跨时空的质押交易方式、远期交易过程，由于不确定性增加，更会导致风险因素的增加。因为这种交易方式和交易过程，同时还包含所有权的转移，由于交易的时间无法做到同步及时，这样就会使得交易双方的利益不能在同一交换过程中实现，虽然一方的利益先得到了，但是另一方的利益能否如约实现，则依赖于债务人的履约意愿和履约程度。由于多种不确定因素影响着债务人的道德品质且制约着债务人的守信能力，因此时常会发生不能如约而行的现象，出现不能完全履约甚至完全不履约的行为，所以债权人会经常面临着各种风险。

金融信用道德关系的特殊性。其一，金融信用道德关系具有时效性。一般的伦理关系稳定和持久，甚至有的伦理关系可以伴随人的一生，金融信用道德关系则不同，它一般是由某种具体的契约规定而引发的，信用道德关系会由于约定时间的不同、约定内容的变更或者是约定的完成而发生中断和终结，从而使金融信用关系具有时效性，使得金融交易过程潜藏了金融信用道德关系发生失信行为的风险性。其二，金融信用道德关系具有主体意向性。一般的伦理关系常常要经历一定的社会性认识过程，金融信用道德关系则不同，一旦形成以后，个人对伦理关系的意识则可以被预先规制或者以各种形式所约定，但是金融信用道德关系则不可以被预先规制或者以各种形式约定，因为金融契约的内容、时效约定、行为规定都是当事人自愿、自由抉择的结果。因此可以说，金融信用伦理关系是主体的意向和选择，它不可能是已经存在的道德伦理关系的外加。其三，金融信用伦理关系具有形式多样性。就微观过程来看，金融契约关系因为具体的目标对象各不相同，因此所体现的伦理关系也呈现出多样性特征。从宏观过程分析，在金融交易中凡涉及的约定的社会关系，都表现为一种信用伦理关系，其表现形式就会因约定内容的轻重、历史文化传统乃至个人的性格特征的不同而不尽相同，表现出多样性的特性。可见，由于信用关系的千差万别，从而信用准则要求的具体内容和表现形式也是千差万别的，往往要视人们具体的约定内容而变化，同时，金融信用道德准则还是一种双向的义务关系，比如信贷合同，当事人双方既有不同的义务要求，又都是合同的践行者。

### 3. 关于金融信用的伦理文化基础

自由、公平、诚实、守信等人类社会的共同价值追求，是信用关系的核心要素，也是在金融过程中形成的金融信用伦理文化的基本内容。因此，金融信用在其实践层面不仅要求特有的金融伦理支持，同时还需要有一般的道德伦理的支撑。

信用以诚实为前提和基础。《说文解字》中说，信就是诚实，就是按照承诺行事。朱熹认为，诚就是不虚妄，不自欺，不欺人。可见，伦理学意义上的“诚”就是真诚无欺，言而无虚，实实在在，所以后来又发展为诚实守信，要求言行与内心一致，注重践行，与现代意义上的诚实守信是一脉相承的道德品质。可见，信用的实现需要以诚实守信为前提和基础。马克斯·韦伯在《新教伦理与资本主义精神》中曾指出，信用“它不仅仅是商业上的精明（精明是世间再普遍不过的事），它更是一种精神气质”。“诚实有用，是因为诚实能带来信誉。”

信用以公正为天然屏障。公正意指公平、正直，作为一种道德要求和品质，它是指按照法律、道德、规则坚持同一标准待人处事，不能因人、因事随意变化或者偏私，要主持公道、坚持正义。具体表现在金融交易过程，就是要坚持金融主体的平等，在金融契约中双方的权利与义务等方面要求对称、适度或均衡，才能促进形成公平观念，产生履约的道义责任感而积极践约。在金融交易过程中必须坚持理性原则，交易者双方都必须处于理性状态才能建立金融信用关系。对于“利益”预期，合同中对双方利益都要有合理划分和严明的规定，才能增强人们对预期利益的信心，由此也可以减少履约中的机会主义行为。金融信用要求建立金融关系时一定不能乘人之危去建立有损他人的关系。在金融交易过程中必须坚持自愿的原则，不允许有强迫、欺骗等行为，不存在行为主体大小强弱以及地位等方面的差异的影响，也就是说，金融关系是在自由条件下通过自愿选择建立的。

信用的实现以忠诚为心理基础。忠诚强调人们对他人、集体和自己职守的言行一致、无虚无妄，是一种普遍的人际关系准则和人与人之间的特定伦理关系准则。中国传统文化说明，忠和信之间有着内在的联系性。先秦儒家主张人与人之间以信相交，但要做到坦诚相待，能够获得别人的信任，自己首先必须要注重加强道德修养，做到信于己、不自欺。古代思想家程颖认为，尽己所能遵循而无违是为忠，落实承诺是为信，表里一致以忠开信、以信致忠就是忠信之道。

信用以守信作为实现的保障。守信的含义是指遵守承诺、践行约定。要做到守信，就需要有一定的道德责任感。在金融交易过程中，表现为当事人在约定前和履约过程中的责任感。因此，金融信用关系的建立和维护，不仅要求债务人具有一定的经济实力，同时也要求其具有道德责任意识。要做到守信，还需要有一定的道德意志力，行为主体要一诺千金，不能以某种借口推卸履约责任。可见，信用的维护需要道德意志的支撑，守信更需要主体的自律。能否做到守信以维护和实现金融信用，关键在于当事人的道德心理，取决于当事人是否具有正义性的价值观，不能依赖于市场体系的规制、奖罚机制等外部力量的他律，要通过道德伦理的力量形成主动约束的自律。

## （四）金融主体的伦理属性分析

金融机构、金融制度、金融从业者是构成金融主体的基本元素，它们既是影响金融活动的主观因素和内部因素，也是保障金融市场健康运行的根本力量。伦理道德作为维系经济社会运行的必要因素，在金融活动过程中必然会影响金融主体的行为。中国自古以来，以道德伦理为主要内容的传统文化就是社会运行的重要组成部分，并且以其潜移默化的方式不可阻挡地发生、发展和流传着。但在市场经济发展的较长时期中，由于深受以主流经济学标榜的市场自由主义的影响，在“无价值判断”的“经济人”包装下，利己主义成为唯一的追求，金融学中也因此以利润最大化为金融主体的根本目的，否定了金融伦理道德的客观存在和重要意义，从而背离了金融主体发展应有的社会性。理论研究说明，在现实经济生活中，金融主体同时具有经济性与伦理性，经济实体和伦理实体的复合造就了金融主体，确立这一认识，有利于正确发挥伦理文化的力量，更有效地保证金融秩序和整个社会经济秩序的完善和运行。

金融主体的伦理关系体现在其活动范围的所有方面，最主要表现在三个方面：一是表现在金融主体内部的经济关系与伦理关系上，反映在内部的利益人（金融主体与股东、员工）之间的关系上，一般通过管理者与被管理者的关系表现出来；二是表现在金融主体与外部的利益人（消费者、企业、政府、相关金融主体等）之间的关系上，一般需要通过金融交易关系表现出来；三是金融主体与生态环境之间的经济关系与伦理关系，现代市场经济迅速发展的同时，也带来了许多环境问题，只顾发展经济而造成了环境污染和生态破坏，使得金融主体与区域性的微观生态环境之间的经济关系与伦理关系日益趋于对立和恶化，严重影响了人类社会的可持续发展。

解决好各方面的经济利益与伦理关系的冲突，最根本的方式是协作，是建立在对于道德伦理深刻认识基础之上的合作与共。因为金融主体本身就是一个由协作构成的利益关系主体，同时在后危机时代合作也越来越成为发展的主要方式。就金融业内部来看，其协作关系主要是金融主体和股东、经理人员和职工的协作，通过“团队生产”的方式提高生产效率，也同时提高了向心力和凝聚力，所以金融主体在内部的利益关系调控中实际反映的是一定的伦理关系。从金融业与外部关系来看，其协作关系反映的是一种债权人和债务人的协作，主要包括金融主体与国家、企业、消费者、其他相关金融主体之间的关系，协作的目的是为了实现各方面的利益最大化。在这一协作关系中，金融主体对于国家来说是社会资源的消费者，金融主体必须遵守国家的金融政策的调控，才能不断地获得社会资源去实现自身的职责，因为金融主体要能够为一般消费者和企业提供令其满意的金融消费品和服务，才能实现金融业自身的利益。

在金融主体之间的相互关系中，每一个金融主体都同时扮演着消费者和供应者的角色，它既要从相关金融主体那里获得资源利益，又要不断地从其他金融主体那里获得行业利益。在所有这些交易过程中，都会伴随有诚实、守信与欺诈、舞弊等不同的伦理道德问题，因此都需要金融主体遵循一定的伦理规范。由于信息不对称的影响，尽管人们通过契约来保证相互之间的权利和责任，但由于内外部市场中存在很大的不确定性，契约签订过程中的许多缺陷、履约过程的许多变化，都会使约定的责任和权利的边界变得模糊，往往也就造成了“契约失灵”。因此，仅仅通过契约来约束利益关系是远远不够的，同时还需要诉诸于人的责任感和良心，使金融主体与各方面建立一种主动的互动责任关系，以促使金融主体主动忠实于契约的规则责任，建立发自良心与义务的道德责任。这些责任关系需要通过金融主体的教育培养逐步形成，以便最大限度地减少道德风险的伤害，从而为金融主体的发展营造更为良好的内部环境和外部环境。

人作为金融行为的主体，是社会化了的人，既有经济利益的要求，也有道德伦理方面的要求。“人的物质生活资料的需要所表现的是人类对自然界的一种必然的依赖性，人的精神生活需要所表现的是人类在社会生活中个体对群体的一种必然的依赖性，这些都是不以主体的意志为转移的。”因此，人的需要是经济和道德的复合体，既包含有满足人的物质需要和经济利益，也包含有要满足人的精神需要和道德利益，金融主体行为的目标自然也是一个多向交叉的组合系统，利益目标是金融主体的基本目标，伦理目标是金融主体的根本目标。亚里士多德早就说过：“人类不同于其他动物的特性就在于他对善恶和是否合乎正义以及其他类似概念的辨认。”中国传统伦理道德文化，从先秦时期的孔子孟子到明清之际的王夫之，都十分强调道德伦理建设的重要性。

在现实金融活动过程中，就金融主体本身来看，它“具有自我的道德意识，这种意识表现为利益意识和责任意识”。“责任意识是主体对自身所负的义务、职责、使命的意识，它是使主体自主地从事道德活动的内在动力。”[①]因此金融主体在金融活动过程中是同时通过利益和道德意识的主导进行行为选择的，在人们的生活质量普遍改进、社会文化素质普遍提高的情况下，精神方面的需求越来越强烈和丰富，任何经济行为仅有经济目标就难以开展了，必须同时有伦理道德的规范。金融主体伦理目标选择，就是其全面发展和社会普遍福利的价值取向，它强调的是金融主体的任何行为都要具有伦理价值，而绝不仅仅是经济价值。金融主体伦理目标与经济目标相比，就在于利他与利己的关系处理上。金融主体经济目标以利己为主观动机，利他是手段，是为利己服务的。金融主体的伦理目标以公正价值为主观动机，把尊重他人的正当利益同时作为自身利益追求的界限，通过利他手段，在实现利己基本目的的同时实现社会公平和社会福利。金融伦理道德是一种内在的约束，道德需要自觉地培养，需要大力弘扬，比如诚实守信、慈善、助人为乐、公平公正、回报社会是金融主体行为中不可缺少的利他价值成分，金融主体行为中要反对一切不正当的损人利己的行为，反对一切满足他人不正当利益的行为，反对一切为了满足自身和对方利益而损害第三方利益的行为。可见，金融主体伦理目标的最高原则就是坚持金融主体与社会整体利益的协调，既包括人与自然的协调，也同时包括人的精神利益与物质利益的协调。搞好了这些协调，才能有助于金融主体更好地实现自己的经济目标，保证金融秩序的稳定健康发展。

## 三、金融与伦理关系研究

要认识金融伦理关系，首先要厘清金融关系所涉及的两个基本范畴，一是“独立的金融主体”，它意指作为金融主体的人在金融活动中具有独立的权利和自由的权利；二是“金融主体的相互关系”，它指在金融主体之间形成相互关系的时候才产生了伦理问题，而且也只有在相互关系的合作和协调中才能解决伦理问题。金融伦理关系则是在这两个基本范畴所规定的内容所产生的行为方式中体现出来的诸如诚实守信、信用信誉等道德伦理关系。

---

① 唐凯麟．伦理学 [M]. 北京：高等教育出版社，2001.

## （一）金融伦理范畴分析

学术界对于金融伦理概念一般有两种观点：第一，认为金融伦理就是金融本身的伦理，是金融制度和金融活动中的伦理要求，金融制度和金融活动是金融伦理发生的基础，有了金融制度和金融活动也就有了金融伦理。因此，研究金融伦理就必须围绕金融本身固有的要求来进行。第二，把金融与伦理作为一种并列关系，认为二者之间是一种相互作用的关系。因此，研究金融伦理就要围绕金融与伦理之间的关系来进行。由此，金融的伦理就有了基础性意义，既要研究金融作用于伦理的方面，也要探讨伦理对金融的反作用。

在现实生活中，道德伦理是一种渗透于经济社会所有领域、所有过程的文化现象，金融活动也概莫能外，只要进行金融交易就会产生伦理问题，一定的道德品性及伦理观念对于金融主体的市场行为必然会产生某种制约或者左右的影响作用。因此，研究金融伦理必须探讨道德伦理文化对于金融过程影响的必然性作用，具体到某一个具体的金融企业，这种长期影响的凝结和沉淀，通过道德伦理在金融交易过程中对于金融主体间相互关系的直接规范和调节而形成企业的伦理原则和道德规范，成为企业文化的一个重要组成部分，是企业文化研究的重要内容。由此又可以认为，金融伦理范畴主要是指金融与伦理之间的相互关系，但也同时涵盖金融企业文化中道德伦理文化的研究。前者是金融学理论的研究内容，后者则是金融企业管理要研究的内容。

善恶准则是金融伦理讨论的核心问题。伦理讨论的是道德、责任与义务，金融讨论的是诚实和守信、承诺和践约，金融伦理的讨论则是把这两种讨论融为同一过程，即讨论金融活动中关于诚实和守信、承诺和践约所体现的道德、责任与义务的善恶准则。从广义上来讲，金融伦理是指金融活动所涉及的金融从业人员、金融机构及政府、社区、所有参与者等利益相关者，在金融交易与金融活动中所涉及的诚实和守信、承诺和践约关系、道德伦理意识、善恶准则的总和；是调节和规范金融活动中利益相关者的行为规范和道德准则；从狭义上来讲，则是指金融主体即提供各种金融服务的金融从业人员、金融机构和金融市场所应遵循的伦理行为规范，或者说是金融主体所体现出来的善恶行为与准则。因此可以说，金融伦理的核心是指金融服务的供给方所体现出来的善恶行为与准则。

从以上关于金融范畴的分析可以得出金融伦理的定义：金融伦理是关于金融与伦理关系的范畴，反映的是处理金融主体之间利益关系的伦理标准和金融主体行为评价的伦理规则，同时蕴含着金融企业自身的伦理意蕴。既然金融伦理建立在金融主体相互关系基础之上，是在金融制度和金融活动中发生的，所以在不同的金融制度下的不同金融模式下，金融伦理的内涵和外延也就有所不同，这些不同的金融发展模式是金融体制上的差异，不同的金融体制有着世人广为认同的道德伦理，也一定有其相对应的伦理文化。中国的金融伦理固然有与一般的金融伦理因素相同的方面，但社会主义市场经济金融体制的特性，决定了中国的金融伦理有其自身的内涵。

研究金融伦理中伦理与金融的相互关系要解决三个方面的问题：一是金融与伦理结合的必要性。要求阐明二者“为何结合”。二是金融与伦理结合的可能性。也就是“不仅应该说明人们怎样去行动，而且应该说明他们应该怎样去行动”。[①] 三是金融和伦理结合的现实性。要求通过实证研究，说明金融伦理的技术性或工具性。对于金融伦理的技术性或工具性研究已经有了许多的描述，而对金融与伦理“为何结合”以及结合的可能性，还需要有更多更深入的探讨，这对于丰富和完善金融理论，以及深入研究金融道德风险都具有十分重要的意义。

## （二）金融交换中的伦理关系分析

马克思的研究认为，交换活动作为一种商品互易的运动形式，必须使得交易的商品具有排他性、独占性，所有权正是一种具有排他性、独占性特征的法权关系范畴，因此成为交换的前提，商品交易也因此表现为所有权的有偿转让形式。在这一形式背后有着深刻的社会内容，它反映着经济关系的意志关系，实质上反映的是人与人之间的关系。[②] 如恩格斯所指出的那样，人们正是从这种交换关系中获得了伦理观念。同理，金融道德也是由金融交易过程产生的，而且金融的深入发展使得人们的交换关系日益广泛而深入，道德伦理也越来越与金融产品成为密不可分的一个整体。道德对于金融的内在性，使其既植根于这种金融交易关系，同时又逐渐地成为规范这种关系的力量。

早期制度经济学提出了关于“交易”的概念，实际上已经开始认识到了这种交换关系背后的社会内容。康芒斯认为，交易是区别于商品、劳动和交换的一个基本范畴，因此应该作为经济研究的基本单位；要划清所有权与物质本身的界限，因为交易不仅是商品之间的交换，而且是涉及交换者之间权利关系的转移，是建立在契约关系之上的所有权的转移。可见，在早期制度经济学那里，交易被理解为一种权利（利益）互换，并从这种互换中获取利益的社会互动形式。这反映出商品交换不仅仅是一种物质交换过程，不只是市场交换

① 万俊人．现代西方伦理学史（上）[M]. 北京：北京大学出版社，1990.

② 马克思．资本论（第 1 卷）[M]. 北京：人民出版社，1975.

价值的互换，更是人与人之间社会关系的交换，或者说是一种权利或权益的交换。[①]

现代新制度经济学就是以交易概念为基础开展理论研究的。通过分析交易关系所体现的价值内涵，新制度经济学认为，具有一定行为能力的人是交易活动主体，其行为能力的形成过程是一种社会化过程。一定的交易过程总是在一定的历史文化背景下进行的，所以任何交易活动都要受到一定的社会道德文化的影响。在人的行为能力形成的社会化过程中，通过社会道德文化的影响而逐步地内化为一种道德素质，成为指导人们社会实践的行为准则。因此，由一定的社会道德文化的沉淀所形成的交易活动主体的道德素质，是一种先在的和有效的文化预设，在交易活动中发挥着潜移默化的甚至更为直接的作用。例如，中国传统商业活动中一直传承着"诚信""一诺千金"等原则；深受儒家文化熏陶的东南亚各国，强调"诚信"为本；被誉为世界上最精明的犹太商人在其宗教"摩西十诫"的说教影响下，也特别重视"诚信"。

历史和实证分析都充分说明伦理道德文化对交易活动具有重要影响和直接作用：

第一，在价值目标选择标准中道德伦理是重要的内容和依据。经济主体的任何交易活动都是一种有意识、有目的的行为，都有着一定的价值目标指向。由于人是社会关系的总和，其价值目标选择必然要受到复杂的人性因素的制约，因此其价值目标指向也必然不可能是单一的。在所有价值目标选择中，对于经济利益的选择可能占据重要地位，但同时又必须考虑目标的合法性以及合道德性等。即使是追求纯粹经济利益的自由主义经济学，从其开山鼻祖那里也没有完全规避道德伦理因素的影响作用。斯密在《道德情操论》开篇中就指出："无论人们认为某人怎样自私，这个人天赋中总是明显地存在着这样一些本性……这种本性就是怜悯或同情……"后来新制度经济学则更明确地看到了包括意识形态、伦理道德观念在内的非正式制度安排对于交易活动的重要影响，强调指出伦理道德文化不仅对于产权过程从界定到转移产生重要影响，在后续的交易活动中进行制度安排时还往往会产生一种"路径依赖"，这种"路径依赖"一旦形成就会制约着甚至左右着人们的制度选择。如贝克尔所说："即使那些相信经济分析可用于全部人类行为的人也认识到，许多非经济变量明显地影响人的行为。"阿马蒂亚·森认为，"人"具有基本的和不可约减的二元性，自利或者个人福利的考虑并不是人们行为的全部动机。他由此把人们的关注点引向了对自由、权利的思考。事实上，人性虽然自私，但是人的天赋中

---

① 万俊人．道德之维——现代经济伦理导论 [M]. 广州：广东人民出版社，2000.

的“情”以及后天社会习得的“理”，是人类行为选择中两个无法分割的支点，也是走向利他道德的逻辑起点。

第二，道德伦理成为评价交易活动后果的主要标准之一。对于交易活动后果的评价，不仅包括绩效评价，还包括对这一过程行为结果的评价。而对于行为结果的评价一般有两个方面：一方面是主体的自我评价，另一方面是社会评价，这两个方面的评价往往会由于出发点、价值标准不同而产生不一致的情形。主体的自我评价是从自己的切身利益出发，更多地看到的是经济方面的利益；社会评价则不仅要考察经济方面的利益，同时还要考察社会效益——其中一个重要的考量就是伦理道德的考量。例如，在 2001 年 7 月 31 日，伦敦股票交易所为了整顿那些不符合“道德标准”的交易行为，以“环境保护、社会责任、股东关系、人道主义”为基本原则，设定了 8 种名为“FTSE4GOOD”的金融新指数，即“金融时报道德指数”。作为一种道德伦理准则，该指数有效地惩治了不道德的交易行为，因为那些不顾社会利益而只顾赚钱的公司是不能进入道德指数评价系统的，投资者也只愿意选择那些有道德责任感的公司，一些不守道德的公司一旦出现丑闻其股价就会暴跌，从而遭到投资者的唾弃。在我国社会主义市场经济深入发展过程中，银监会、保监会、证监会等相关部门也都相继出台了金融企业社会责任指引。

第三，在交易过程中，交易主体的行为方式选择也深受道德伦理因素的影响。因为交易主体的价值观念形成就包括了道德伦理文化的社会化积淀，在交易活动中，交易主体的行为方式选择就不可避免地会受这些道德伦理因素影响。例如，中国传统交易活动中所谓的人情化行为就是一个典型：在一个集市上的交易活动中，商贩往往会根据与顾客亲疏远近关系的不同，自然而然地就会采取不同的交易规则——对至亲好友，便宜三分，甚至分文不取；对左邻右舍，价钱和分量上多有照顾；对乡里乡亲，明码标价，买卖公平；对外乡路人，往往则会短斤缺两。再如证券投资方面，在西方，讲究个人权利和独立自主的权利，因而投资者一般会根据自己的分析结果进行决策，个性化、差别化特点表现得非常明显；而在中国，讲亲缘关系、讲群体关系，就产生了“随大流”“跟风走”的现象。

金融交换关系的分析至少说明了这样几个问题：第一，金融是一种价值交换活动，货币既是有形价值的载体，也是作为无形价值的信用的载体，信用货币、信用活动使得无形的信用有形化、价值化，金融活动过程的资金和信用的互换使得信用商品化、价值化、共享化；内涵于信用中的道德的价值反映了人们的道德标准和价值观。第二，金融是一种权利交换活动。金融交换的对象包括作为经济权利凭证的货币、股票、债券、存单、基金等有形资产，以及担保等无形资产等，经济权利凭证代表着一定数额的资产所有权、债权以及相关的使用权和收益权等，因此可以说，金融市场也是权利的交换场所，金融是一种权利的交换活动。第三，金融是一种道德交换活动。道德伦理因素影响着、制约着、左右着人们在金融交易过程中的行为，同时说明了金融交换也是一种道德交换。在现实金融市场活动中，各种金融工具能否顺利流通，不仅取决于其内在的价值，也取决于所蕴含的道德伦理，金融工具具有真实性、可信性从而市场信誉好、信用高的原因在很大方面是取决于道德伦理因素的。可见，金融交易过程反映的是个人道德水平和社会道德原则的交换。第四，金融是一种风险交换活动。任何市场交换活动都伴随有一定的风险，而随着一般商品交换发展到金融交易这样一种高级交换活动的时候，风险因素也随之增高。所以说，金融业是一种高收益高风险的行业。特别是长期以来在主流经济学的“无价值判断”和唯利是图价值观念的推波助澜下，隐含在人们思想深处的利他性等好的道德伦理逐渐被利己性原则所蚕食，道德伦理失位走向道德沦丧，金融风险因素加剧导致金融腐败和金融危机频频发生。博特赖特指出：“金融涉及的是别人的钱，既然是别人的钱，那么它就会引起一些不道德行为。”[①] 在金融交换活动中，由于道德的脆弱性，使得交换活动产生了不确定性，即风险。尤其是在金融投资中，投资收益不仅与风险因素紧密相关，而且风险还与金融产品的信用等级相关。因此在这一过程中，守信品德的高低影响着风险的大小，同时在这一过程中，如不遵守交换规则（如法律、法规、行业规范等）会导致较大的风险等。第五，金融是一种需求交换活动。作为交易主体的人的价值选择的根本原则或直接目标是自我利益（包括经济利益和欲望满足，快乐需要和精神享受等需求）最大化。金融交换一方面是实现了借鸡生蛋的经济利益，另一方面也使人的需求得到满足，反映了人的物质和精神需求的某种依赖性。因此可以说，人的需求的满足是金融交换行为的动机，而满足的程度则取决于其动机的强度和大小。总之，在金融交易过程中，无论是经济学所讲的效用最大化、金融学所说的效益最大化，还是哲学上的交换价值最大化等，都是人直接的、经济上的需求，而实现自身快乐和精神享受才是其根本的需求。

### （三）金融契约中的伦理关系分析

在金融活动过程中，随着产权的转移，交易双方就形成了债权债务关系。伴随着这种产权转移过程发生了两方面的债权债务关系：一方面是由资金使用权的转移而形成的债权债务关系；另一方面是由股权转移而形成的债权债务关

① 博特赖特．金融伦理学 [M]. 静也译．北京：北京大学出版社，2002.

系。这种债权债务关系尽管有所区别，但都反映的是建立在承诺和信任基础之上的利益交换关系，随着这种利益交换关系的建立，金融主体在交易过程中的角色也在不断地发生转换。违约行为是金融活动中潜在的道德风险。因为利益是经济活动的原动力，一旦违约的收益大于交易成本时，就可能发生违约现象。违约的发生不仅会造成交易对手的经济损失，而且时常会造成市场秩序混乱，影响金融活动的健康发展，从而给经济社会发展带来较大的损失。所以，金融债权债务的契约关系实质上也是一种伦理道德关系，诚实守信是金融活动的根本保障，金融债权债务关系的健康发展需要承诺守信、尽责践约的道德伦理约束。

市场经济表现为一种契约（合同）关系。在交换活动中，交易主体为了保证自己投入的可靠性，需要通过契约（合同）关系来明确交易双方的责、权、利，运用法律程序来确保共同利益能够实现。这种契约（合同）关系的维持一方面要依赖于法律的权威，另一方面还有赖于信任的道德伦理规范，依靠伦理信用的支撑。所以，这种契约（合同）关系的实行过程，既是践行法律的过程，也是交易双方守信践约的伦理实现过程。中国自古以来，从商帮活动中的“中保”契约开始，就有了“人无信不立”在经济活动过程中的道德伦理实践。可见，契约（合同）关系的内在基础是一定的伦理道德，信用是建立金融债权债务关系的前提。

按照信息经济学的委托—代理理论，金融债权债务关系就是一种委托—代理关系。一方面，债权人把自己的金融资产委托给债务人经营管理；另一方面，债务人接受债权人的委托代为管理其金融资产。为了防止市场过程中的不确定性可能带来的风险，避免这种委托—代理关系实现过程可能出现的一系列问题，就需要设计相应的机制，通过约束和激励兼容的制度安排，防止道德风险的发生，保证交易双方都能够尽心尽责地承担起自己应负的委托或代理责任，使得产权在转移过程中不发生损失以及金融债权债务关系顺利实现。

可见，伦理道德要求渗透于金融交易活动的全过程，也可以说是渗透于产权转移的全部过程，对产权制度安排具有广泛而深远的影响。结合经济伦理学的分析，我们首先可以看到的是，产权这种正式的制度安排需要有一定的价值准则，这其中体现了一定的道德伦理观念。如经济伦理学家的研究所指出的那样，财产权不仅是一种财产关系，而且是一种权利，财产权本质上是一种人与人之间的关系，表明的是人与人在资源和行为方面的关系。[①] 因此，产权制度

① 安德里斯·R. 普林多等. 金融领域中的伦理冲突 [M]. 韦正翔译. 北京：中国社会科学出版社，2002.

安排在表现财产与人的关系的同时，还集中体现了在这种产权制度安排下的主体行为的道德伦理关系的定位。其次，在产权转移过程中，由于主体行为的道德伦理关系定位，交易的范围要受到一定的道德伦理因素的制约。在市场交易活动中，并不是所有的权利都能当作财产权来进行交易的。产权本身的界定和交易内容都是有一定范围的，产权的界定和交易的主要依据需要一些基本伦理道德原则的支撑。最后，产权所能够发生作用的能力范围具有伦理边界。这种权利所能够发生作用的能力，就是所谓的权能。产权作为一种权能范畴，其交易过程的实质反映的是人与人之间关系的互动，因此，产权权能就要受制于这一过程中人与人之间的互动关系，因此也可以说，就是在产权界定清楚以后，权利主体也不能够任意处置自己的财产。因为，权能的作用范围是有边界的。例如，对信贷资金的运用，其权能不仅要取决于“成本—收入”分析，还要取决于诸如伦理道德因素方面的非经济因素，可见，信贷资金的运用有其伦理边界，要求以不损害他人的利益为准绳。

### （四）金融信用中的伦理关系分析

金融就是一种信用关系，金融交易就是建立在这种信用关系之上的。金融产生于最初的市场借贷关系。随着市场经济的发展和物质的不断丰富，交易规模也不断扩大，为了满足交易双方的时间错配，增加交易的便利，就逐渐地产生了借贷关系。借贷关系是以还本付息为根本要求的一种特殊的交易方式，为了保证这种交易方式的有效性，除了契约（合同）以外，还必须以信任为前提，要求交易双方恪守承诺。俗话所说的“有借有还，再借不难”就是这个道理。金融活动过程主要表现为，银行通过存款方式把社会上的闲散资金集中起来，再通过贷款方式贷给需要资金的企业和个人，这种借贷关系的建立就是贷给客户的银行信用；还有购买股票、债券等各种金融产品的投资信用，为消费者提供分期付款便利的消费信用等，所有这些金融活动，都是建立在信用基础之上的活动，由此形成了交易主体之间复杂、庞大的债务关系链，一旦交易主体失德违约，信用关系便会出现问题，这种债务关系链就可能出现断裂，从而导致金融风险。所以，金融危机又被称为信用危机，由此可知，诚信伦理道德是金融关系的灵魂，我们在具体分析金融危机的时候，必须深刻地分析其伦理文化根源。

关于金融危机也是信用危机的分析，不仅说明了诚信道德伦理对于金融的重要性，同时还告诉我们，金融信用关系所要求的道德伦理基础条件远比一般信用关系要强得多。在《新帕尔格雷夫经济学大词典》中，诺贝尔经济学奖获得者托宾（James Tobin）撰写的“金融”词条说：一张借据只有被债权人拿来当作“信用”转让给第三方时，才具有了“金融”的意义。韦伯（Max Weber）的研究认为，金融可以被理解为是一种“大众参与”的过程，尤其是在现代信息技术基础上的像股票市场这样的金融活动。“大众参与”是超越了“私人联系”所能维系的一种活动。一张借据之所以能够成为一项“金融工具”，其前提是由于金融与“信用一般”之间存在本质上的差异：在“信用一般”的传统社会里常见的借据，其成立的前提是借贷方对出具方的信任关系。这种信任关系常常仅依赖于私人之间的联系（包括血缘的、地缘的、业缘的联系）。一个值得注意的现象是，在“大众参与”的金融活动中，出具借据的个人的信誉对于多次转让以后的债权人几乎没有什么意义。在现实经济活动中，没有人会因为不认识一家企业的老板而不愿意去购买被普遍看好的这家企业的股票。可见，金融活动中的信任，所依赖的不再是那种传统社会中的“私人信任关系”，而必须依赖于一种“超越私人联系”的“大众参与”关系，即被哈耶克（F. A. Hayek）称作“抽象规则”的那种制度。“大众参与”关系更多地表现为一种合作关系，韦伯称这种合作关系是资本主义的“支撑体系”，因为这些“支撑体系”的基本内容是一种“大众参与”合作关系，合作使信用社会化、资本化，于是也就有了“可计算性”和通用性，由此可以排除或减弱那些无孔不入的“私人联系或感情”的影响。所以，普遍化和公共化的信用，成为金融活动得以不断扩大的有力支撑。

金融活动过程中的信用，首先要求的是金融主体的责任能力，它不仅要求金融机构要有能力为消费者提供满意的金融产品和服务，还要求借贷者必须有按照约定偿还贷款的能力，另外在融资活动中要保证给投资者带来利益，等等。金融主体信用良好，才能够在市场中顺利地开展金融活动，同时也只有信用良好的金融主体的参与，才能保证金融市场秩序的健康发展。其次信用是金融主体必须具备的一种伦理品德。由于坚守诚实守信的伦理品德才有了信用，这种信用则成为建立金融关系的桥梁，奠定了金融市场的基础。如果没有这种诚实守信的伦理品德凝结而成的信用，金融主体之间必然是相互防范，由此带来的是高额的交易费用，从而降低了运行的效率，这样往往会诱发金融活动中的机会主义行为，必然使得交易的某一方受到损失，蔓延的结果势必会危害整个社会的经济秩序。说到底，金融必须以道德伦理规则——诚实守信作为基本原则，如果失去了信用，就会毁坏金融的道德基础。

## （五）金融伦理的结构与功能

伦理作为金融内在秩序和主体自律的有机结合，其结构方式在遵循金融活动展开逻辑的同时又遵循着道德自身的生成逻辑。就金融活动而言，一般是从宏观层面的金融制度到金融市场，再到金融机构和金融参与个体等依次展开的。而金融道德也是一个从他律到自律、从外在之“伦理”到内在之“道德”的生成过程。

金融制度伦理是协调金融制度设计、运行和评价的价值理念和原则规范。金融制度既界定了人们参与金融交易的选择空间，也对金融交易行为形成一定的激励—约束架构，需要依据一定的价值理念作出价值判断和价值选择。此外，金融制度设计中的各种利益关系是不断变化的，这就需要解决监管层的价值观、监督和管理的公平与正义、矛盾与风险处置的道德原则和基本规范等问题，以维护金融制度的持续正义。与此同时，金融制度的设计、运行和评价始终需要协调金融与经济、政治、文化、社会、环境以及人自身发展的关系等金融系统背后的伦理问题。

金融市场伦理是协调金融市场交易活动中各种利益关系的价值原则和规范。对金融市场而言，最重要的是以公开、公平和公正的伦理原则搭建一个平台，以协调上市公司与投资者、中介机构与客户、政府与其他金融主体之间的利益关系，保证金融交易各方发生可以期望的伦理行为。另外，在金融市场广泛存在的委托—代理关系中，我们不仅面临代理人对委托人的忠诚等伦理问题，还不可回避委托人对代理人的责任以及二者共同的社会责任。

金融组织伦理是协调金融组织治理活动中利益关系的价值观和行为原则规范。金融组织的治理伦理为金融利益的协调和实现提供价值基础，主要包括社会责任取向的价值观、组织和社会共生的治理目标、伦理导向的激励机制、伦理领导和伦理决策等方面。

金融个体道德是协调金融从业人员、个体投融资者金融行为的价值原则和规范。对金融从业人员来说，金融个体道德主要是解决从业者在职业行为中面对重大利益冲突时的伦理选择、增强个人道德选择能力以及自律能力等问题。对个体投融资者而言，金融个体道德主要包括投融资行为本身的合法合规，如投资标准的善恶性质、投融资者的诚信以及投融资者对投融资行为的社会责任感等。

国际金融伦理是协调国际金融活动及其伦理关系的原则和规范。全球金融发展的不平衡使国际金融领域面临的问题主要包含国际金融体系中发达国家与发展中国家之间的平等话语权问题、国际资本市场监管的伦理话语权以及发展中国家的地位和作用问题、国际伦理规制的制度创新等问题。

金融伦理不仅可以通过优良道德的制定培育个体良心，为金融效率的提升注入软动力；还可以通过把正义、和谐、公平、共生、尊严等价值理念和原则规范融入金融制度设计、金融市场运行、金融组织治理以及国际金融活动中，促进金融社会良心的培育，彰显出金融伦理协调金融与经济、社会、环境和人自身发展关系的综合功能。金融伦理主要从以下三个方面发挥着重要作用：一是加强和促进金融市场的功能和效率；二是有效降低交易成本和监管成本；三是充分发挥金融的宏观导向作用，引导经济社会走在安全、稳定、可持续发展的轨道上。

# | 第五章 |

# 伦理文化与金融安全

## 一、金融安全的内涵

### （一）金融安全的内涵

为了准确理解金融安全的概念，需要进一步探讨金融安全与金融风险、金融危机之间的相关性及重要区别。

#### 1. 金融风险与金融安全

金融风险与金融安全之间有密切的联系，但也存在着重要的区别。金融风险是指金融机构在进行金融交易的过程中，可能遭受损失的危险性。金融风险通常包括信用风险、市场风险、国家风险。金融风险是金融行为的结果偏离预期结果的可能性，是金融结果的不确定性。金融风险的本质含义是指金融资产损失和盈利的可能性，这种可能性存在于一切金融活动之中。只要存在银行业的资金交易活动、存在证券市场的融资和资产价格的变动、存在保险业务，或者说只要有金融活动，就必然存在金融风险。显然，金融风险的存在是经济运行的常态。

金融风险与金融安全密切相关，金融风险的产生会对金融安全构成威胁，金融风险的积累和爆发会对金融安全造成损害，对金融风险的防范就是对金融安全的维护。但是，金融风险与金融安全又相互区别。金融风险主要是从金融结果的不确定性的角度来探讨风险产生和防范问题，金融安全则主要从保持金融体系正常运行与发展的角度来探讨威胁与侵袭来自何方及如何消除。国内一些学者认为金融安全就是没有金融风险的状态，其实，金融风险不一定会导致金融的不安全。而现实的状况是如果对金融风险控制得好、运筹得好，那么在广泛金融风险中也有金融安全的态势。金融不安全并不等于金融风险。因为金融风险是与金融活动相伴相生的。只要从事金融活动，就存在着金融风险。它的根源在于金融活动所必有的时间和空间的差异。因此，金融风险并不意味着金融不安全。

一般来说，在国际经济活动中，金融风险的大小是与该国对外依存度的高低呈正比例变化的，即对外依存度越低，则该国面临的风险就越小；反之，对外依存度越高，则该国面临的风险就越大，这是经济国际化发展过程中的客观规律，是不以人们的意志为转移的。然而，由于金融安全的概念是相对的，只能将一国抗拒风险、抵御侵害的能力作为衡量金融安全程度的标准，也就是说，金融风险的大小、金融安全程度的高低取决于该国防范和控制风险的能力如何，即如果防范和控制风险的能力越强，则该国面临的风险就越小、金融安全程度就越高；反之，如果防范和控制风险的能力越弱，则该国面临的风险就越大、金融安全程度就越低。显然，当一国的对外依存度提高，且从中获得众多利益，促进其经济发展的同时，也意味着其防范金融风险、抵御外部冲击、维护金融安全的责任和压力的增加。

2. 金融危机与金融安全

金融危机是指金融体系和金融制度的混乱和动荡。主要表现为：强制清理旧债；商业信用剧减；银行资金呆滞，存款者大量提取现钞，部分金融机构倒闭；有价证券行市低落，发行锐减；货币饥荒严重，借贷资金缺乏，市场利率猛烈提高，金融市场动荡不宁；本币币值下跌。

金融危机，即发生在货币与信用领域的危机。在西方经济学中，对金融危机的含义有多种表述，但最具代表性的是著名的《新帕尔格雷夫经济学大辞典》中对金融危机的定义："全部或大部分金融指标——短期利率、资产（证券、房地产、土地）价格、商业破产数和金融机构倒闭数——的急剧、短暂和超周期的恶化。"金融危机的特征是基于预期资产价格下降而大量抛出不动产或长期金融资产，将其换成货币。这与金融繁荣或景气时的特征——基于预期资产价格上涨而大量抛出货币，购置不动产或长期金融资产——正好相反。金融危机可包括货币危机、债务危机、金融市场危机与银行危机等具体的金融危机。

马克思认为金融危机大多都是经济危机的征兆，金融恐慌是经济危机的初始阶段。金融危机的根源在于制度，即生产的社会性与资本主义私人占有制之间的矛盾。当资本主义的这一基本矛盾达到难以调和的地步时，就会以危机爆发的形式来暂时强制性解决，使社会生产力受到巨大的破坏。信用、货币和金融不过是其中的一个环节而已。

马克思在《资本论》中指出："乍看起来，好像整个危机只表现为信用危机和货币危机。而且，事实上问题只是在于汇票能否兑换为货币。但是这种汇票多数是代表现实买卖的，而这种现实买卖的扩大远远超过社会需要的限度这一事实，归根结底是整个危机的基础。”“如果说信用制度表现为生产过剩和商业过度投机的主要杠杆，那只是因为按性质来说可以伸缩的再生产过程，在这里被强化到了极限”，“信用加速了这种矛盾的暴力的爆发，即危机”。

当然，马克思也并不否认独立金融危机的存在，这是因为货币信用金融活动对于生产活动有一定程度的独立性。信用的过度扩张、银行的迅速发展和投机活动的高涨，都可以导致危机的发生。因此，货币危机可以单独发生，金融领域也有自己的危机。

金融安全的反义词是金融不安全，但绝不是金融危机的爆发。我国有些学者将金融安全的实质描述为金融风险状况，而金融不安全的表现主要是金融风险与金融危机。实际上，金融危机是指一个国家的金融领域已经发生了严重的混乱和动荡，并在事实上对该国银行体系、货币金融市场、对外贸易、国际收支乃至整个国民经济造成了灾难性的后果。它往往包括全国性的债务危机、货币危机和金融机构危机等。这说明金融危机是金融不安全状况积累的爆发结果，它是金融风险的结果。

### 3. 金融安全是动态发展的安全

世界上并没有绝对的安全，安全与危险是相对而言的。例如，对于市场基础良好、金融体系制度化、法律环境规范化且监管有效的一些国际金融中心来说，没有人担心金融工具创新会使银行处于不安全状态；而对于不良资产比例过高、十分脆弱的国内商业银行来说，新的金融工具带来金融风险的可能性就比较高。因此，金融安全应当是面对不断变化的国际、国内金融环境所具备的应对能力的状态。

金融安全应当是动态发展的安全状态。这是因为，经济运行的态势是一种连续不断的变化过程，而在这一过程中，金融运行往往处在一种连续的压迫力和惯性之中。在经济快速增长时期，银行会不断扩张信贷，其结果有可能导致不良资产增加；在经济衰退时期，银行经营环境的恶化迫使其收缩信贷，从而又使经济进一步衰退。这种状况可用现代金融危机理论中的金融体系脆弱性的长波来解释。因此，金融安全是在信息完全和对称及其反馈机制良好运行的基础上的动态均衡，安全状态的获得是在不断调整中实现的。

金融安全是特定意义上的金融稳定。由于金融安全是一种动态均衡状态，而这种状态往往表现为金融稳定发展。但金融稳定与金融安全在内容上仍有不同：金融稳定侧重于金融的稳定发展，不发生较大的金融动荡，强调的是静态概念；而金融安全侧重于强调一种动态的金融发展态势，包括对宏观经济体制、经济结构调整变化的动态适应。国外学者在研究有关金融危机的问题时，更多地运用金融稳定的概念而较少使用金融安全概念。

## （二）影响金融安全的内在与外在因素

### 1. 影响金融安全的内在因素

一国金融安全状况如何、其金融安全程度高低，主要取决于该国防范和控制金融风险的能力与市场的感觉与态度。这种客观上的能力与主观上的感觉与态度是以用于减轻与处理危险的各种相关资源为后盾的。也就是说，金融安全问题的国别差异使各国维护金融安全的能力与信心有所不同，从而影响各国金融安全的因素也就有所不同。但是，从整体上来看，一国维护其金融安全的能力至少受制于内在因素和外在因素两方面的影响。

内在因素是指由于经济体系本身的原因引起金融形势恶化，包括实体经济和金融体系本身。

首先，国家的经济实力。国际经验表明，如果一国发生金融危机，当局通常都是通过动用各种资源来控制局势、摆脱危机。可动用的资源有行政资源和经济资源。行政资源包括动员社会力量、争取国际社会的支持等，但更重要的是经济资源，而且要动用大量的经济资源来进行救助。显然，救助能否顺利实施、信心缺失能否弥补，都将取决于国家的经济实力。

其次，金融体系的完善程度。可从两个方面理解：一是该国的宏观经济环境是否与金融体系相协调，即金融体系的正常运行是否有良好的宏观经济环境；二是金融体系自身制度环境的完善程度，如金融机构的产权制度状况、治理结构状况、内部控制制度状况等。

### 2. 影响金融安全的外在因素

首先，一国在国际金融体系中的地位极大地影响着其维护金融安全的能力。如该国的货币是否是主要国际储备货币，该国是否拥有制定国际金融规则的主导权。从西方主要发达国家的情况来看，它们不仅拥有相当健全的金融体系，而且在国际金融体系中占据主导地位，从而对国内金融市场和国际金融市场都具有极强的控制操纵能力，维护金融安全的资源极为丰富。在这些发达国家，即使金融安全发生了问题，通常也不会扩展为全局性的金融危机，金融仍可以维持稳定发展。与发达国家的状况相反，发展中国家在国际金融领域处于劣势，无力改变甚至难以影响国际金融市场，而且其发育程度低的内部金融市场和脆弱的金融体系往往受到来自发达国家的金融资本的控制。因此，对大多数发展中国家来说，如果金融安全发生了问题，往往会危及金融体系和金融制度的稳定，甚至还会危及经济社会安全。

其次，国际游资的冲击。来自一国经济外部的冲击，特别是国际游资的冲击将有可能成为引发金融体系不安全的直接原因。从近年来爆发的金融危机来看，国际游资通常都是将已经出现明显内部缺陷的国家或地区作为冲击的首选目标，特别是那些短期外债过多、本币汇率严重偏离实际汇率的国家或地区往往首当其冲。国际游资通常采用的手法是：同时冲击外汇市场和资本市场，造成市场短期内的剧烈波动，实现其投机盈利。在国际游资的冲击下，市场的剧烈波动必然影响投资者的市场预期和投资信心，这样就有可能出现市场恐慌，出现资本大量外逃，导致汇率和股票价格全面大幅度下跌。为了挽救局势、捍卫本币汇率，中央银行往往采用提高利率的方式吸引外资，从而打击了国内投资使得经济形势恶化，本国经济陷入恶性循环。东南亚一些国家在亚洲金融危机中的情况基本上符合这一过程。

## （三）金融安全态势的监测与预警

### 1. 金融运行基本态势判断

金融安全既包括金融体系的安全（如金融机构的安全、金融资产的安全等），也包括金融发展的安全。金融安全所要求的是一种宏观整体上的安全，金融安全是动态发展的安全状态。正如有些学者指出的，如果有几家金融机构在竞争中破产倒闭就认为金融不安全，是以偏概全；如果在某一时点上出现了暂时的金融困难，就认为是金融不安全，也同样是小题大做。从金融运行来看，金融安全只是其中的一种客观状态和主观能力状态。金融安全的对立面就是金融不安全，临界于金融安全与金融不安全之间的就是金融基本安全，而金融危机则是金融不安全状况积累爆发的结果。

金融危机风险总爆发是金融不安全状况积累的结果，即爆发严重的货币危机和银行危机，货币大幅度贬值、大批金融机构倒闭，进而金融崩溃、经济倒退、社会动荡。

金融运行的四种基本态势在1997年爆发的亚洲金融危机中表现得淋漓尽致：一是金融危机，在此期间印度尼西亚爆发金融危机，金融动荡波及到了政治领域，导致政局动荡、经济倒退和社会动荡。二是金融不安全，亚洲金融危机爆发之前，泰国、韩国和日本等国的金融运行状况就是典型的金融不安全。三是金融基本安全，在此期间我国虽然面临人民币贬值的压力，但经济金融状况基本良好。四是金融安全，在此期间美国经济运行保持良好态势，失业率、消费物价指数处在低水平，金融体系稳定。

### 2. 金融安全监测预警系统基本方法

由于金融安全监测预警系统的研究有较大的难度，目前国内外尚无完整的、准确性较高的研究成果，初步的研究成果主要有：

（1）信号分析法。该方法主要是以金融安全状态转化的机理为切入点，研究影响金融安全的各种因素，考察其变化规律，分析导致一国金融不安全或金融危机的因素，据此制定应对策略和措施。

信号分析法首创于 1997 年，后经逐步完善，已成为当今世界最受重视的金融安全预警理论。该理论的核心思想是：选择一系列指标并根据其历史数据确定临界值，当某个指标的临界值在某个时点或某段时间被突破，就意味着该指标发出了一个危机信号；危机信号发出越多，表示某一个国家在未来 24 个月内爆发危机的可能性就越大。

在信号分析法这类方法中，典型的做法是建立计量经济模型，试图用模型将金融安全状态的转化解释为一组变量变化的结果，并且认为可以找到不同的安全状态和这些变量之间的量化关系。典型的模型有 Frankel 等提出的 Probit 模型或 Logit 模型，以及 Sachs、Tornell 和 Velasco 等提出的横截面回归模型。由于金融系统本身的复杂影响关系以及经济结构的不断变化，使得传统计量经济学模型在预测方面的作用变得十分有限。就实际效果来看，这两套模型对 1997 年爆发的亚洲金融危机都没有做出任何预警。目前理论界已基本达成了共识，即用传统计量经济学模型预测金融危机的思路是无效的。我们认为，信号分析法能够在事后判断对一国金融安全构成威胁的主要原因，从而有利于管理者制定相应的对策。但是，由于信号分析法不能给出量化的标准，就难以预测危机何时发生。而且，市场信心在决定金融安全状态转化过程中扮演着重要角色，同样的金融事件，由于人们的市场预期的差异，在不同国家很可能形成截然不同的结果。因此，信号分析法用于预测的作用是十分有限的。

（2）概率分析法。该方法有两种类型：一是并不考虑促成金融安全状态转化的具体因素和机理，只是根据历史上各种安全状态下某些经济指标的表现，制定一套指标，并通过一定的方法构造出度量总体风险程度的综合指标；二是利用模糊类比的方法，通过与历史数据相比较，对现实经济及金融运行情况进行监测和预警。前者的代表是卡明斯基（Kaminsky），后者的代表是刘遵义。值得一提的是，刘遵义的模糊类比法（或称主观概率法）因比较成功地预测了亚洲金融危机而受到重视。在概率分析法中，通常是根据一国的历史观察值或国际公认标准，拟定一系列安全状态临界值。对处于某个临界范围内的指标赋予相应的警戒值，并根据各个指标对一国经济安全的影响程度来确定权重。将所有这些指标的警戒值加权平均，即可构造出反映整体安全态势的综合指标。同样，由此可以得出综合指标的临界值表。根据计算出的综合指标，即可判断出一国金融体系的安全状态，并可借助一定方法计算出发生危机的概率。

选择合适的指标是建立可靠的概率分析预警系统的关键。这些指标必须能对各种影响金融安全的因素做出迅速、准确的反应。传统的概率分析只借助可以量化的指标，所以在具体应用时，一般是与情况比较接近并且发生过金融安全问题的国家进行比较。实际上，这种相似情况中包含了大量定性描述的信息。例如，刘遵义就是在比较了亚洲国家和墨西哥发生危机时的10项指标之后（这10项指标是：实际汇率、实际GDP增长率、相对通货膨胀率、国际国内利率差、国际国内利率差变化、实际利率、国内储蓄率、国际贸易差额、经常项目差额及外国组合投资与外商直接投资比例），成功地预测了亚洲金融危机。概率分析法可以明确指出在何种情况下发生危机的概率有多大，可以及时发出预警信号。但是它也存在着缺陷，不能直接给出引致某些指标恶化的原因，难以据此提出应对策略，而且比较的标准是历史数据，对于新问题缺乏敏感性。尽管如此，由于概率分析法在量化研究方面具有一定的优势，因此成为目前应用最为广泛的方法。

维护金融安全需要先进的监测预警系统。因为随着金融全球化的发展，金融市场日趋复杂，要从错综复杂的金融环境中理出对金融运行整体局势有决定性影响的因素及其脉络绝非易事。但是，目前的概率分析技术过多地依赖量化指标，不能包含充分的市场信息，而且对金融安全影响重大的诸多因素中，还有许多因素是无法直接量化的，如文化、心理承受能力等因素。刘遵义教授的预测之所以取得了较好的效果，是因为东南亚国家的经济发展阶段和开放程度与某些拉美国家有较多相似之处，许多定性指标能够用参照物替代。但是，在研究对象比较特殊的情况下，难以找到在各方面都很相似的参照国。例如，我国的经济体制与经济结构都处于转型阶段，如果单纯用量化指标就不可能对金融安全状态做出有效的预警。因此，在金融安全监测预警指标体系中引入更多的定性描述信息就显得十分必要。

## 二、金融危机也是伦理文化危机

进入20世纪以来，全球不断发生各种形式的金融危机，金融腐败伴随着金融危机过程不断地被揭露，金融危机的根源直指道德伦理因素，历史地表明了金融危机既表现为一种经济危机，同时也是一种道德方面的伦理文化危机。如诺贝尔和平奖得主穆罕默德·尤努斯所指出的那样：“如今的资本主义已经堕落成了赌场，金融市场由贪婪推动着，投机者占据了灾难性的比重。此次大规模爆发的金融危机，正是源于社会道德意识的沦丧，同时，市场本身也缺乏适当的监管。所有这些都需要有个了结了。”2015年9月28日，国家主席习近平出席在纽约联合国总部举行的第七十届联合国大会一般性辩论时，曾经这样总结国际金融危机的教训：“2008年爆发的国际金融危机告诉我们，放任资本逐利，其结果将是引发新一轮危机。缺乏道德的市场，难以撑起世界繁荣发展的大厦。富者越富、贫者越贫的局面不仅难以持续，也有违公平正义。要用好‘看不见的手’和‘看得见的手’，努力形成市场作用和政府作用有机统一、相互促进，打造兼顾效率和公平的规范格局。”

虽然，时至今日，关于金融危机的研究可谓不少，但研究内容多限于经济和社会发展领域。经济伦理学的兴起开启了金融学研究的新视角，在对金融伦理的探讨中逐步达成了这样的共识：金融的健康发展不仅需要遵守市场经济的一般规律，更需要有完备的法律规范，同时也离不开道德的约束。美国经济伦理学家博特赖特在《金融伦理学》中指出，由于金融交易要大量涉及别人手中的钱，如何建立信用、建立金融关系，这里面就关系到诸如诚实守信等道德伦理问题，因此对于金融服务人员、金融机构和金融市场，都需要道德伦理的规范，仅仅有法律是不够的。

对于由美国次贷危机引发的“金融海啸”的深入探讨和研究，更深层次地揭示了金融危机的道德伦理根源。世界银行原首席经济学家沙奈在其《突破金融危机：金融危机缘由与对策》一书中指出，当代帝国主义的表现形式是全球化与金融危机，而金融危机的重要原因在于自私和贪欲。弗朗西斯·福山称，美国很快就将这些道德资本挥霍一空，华尔街金融危机让人们不再相信市场可以自律。日本学者神谷秀树在其《贪婪的资本主义——华尔街的自我毁灭》一书中指出，全球性的金融危机的根源，是美国式的贪欲和无限放纵。国内有很多学者也同时从经济和道德伦理文化的角度深入地研究了金融危机问题。韩秀云在《金融海啸与我何干》中指出，中国的发展不能走美国的老路，必须实行文化立国。时寒冰在《中国怎么办——当次贷危机改变世界》中指出，次贷危机就是贪婪者由于自私而洗劫财富所引发的一场灾难。中国社会科学院的黄如金研究员较为系统地考察并分析了由美国引发的“金融海啸”，在其专著《走向经济社会的健康发展》中指出，自 2007 年初以来，美国金融界那些自私的贪婪者所设计的金融衍生品怪胎——房地产次级贷款，开始疯狂地噬咬着金融体系的大厦，导致了金融危机暗流湍急，终于引发了“多米诺骨牌效应”……由债务链中断而引火烧身到华尔街投行，导致了金融机构、投资银行纷纷落马……又是美国金融界那些自私的贪婪者把危机外溢，从而进一步引发了欧洲国家的主权债务危机，使得世界经济处于更加不确定性之中。

熊彼特早在 20 世纪 30 年代大萧条时就指出，大萧条仅仅是资本主义经济的一次冷水浴。但浴火重生中的华尔街的自私、贪婪的秉性仍然不可能改变，因为那是华尔街的信仰。“金融海啸”过后，华尔街将会忙于寻找替罪羊，各种金融腐败案件的陆续浮出水面，使得律师们忙得不可开交。据美国《纽约时报》报道，越来越多的证据表明，“白领犯罪”即金融欺诈是导致这次危机发生的重要原因之一。面对空前的舆论压力，在美国政府 7000 亿美元的救市计划逐步推进之时，对于华尔街金融体系存在的欺诈、腐败等行为的调查正紧锣密鼓地展开。据《纽约时报》报道，金融危机背后隐藏金融诈骗。美国议会共和党和民主党议员最近联名写信给 FBI 局长穆勒，要求执法部门采取“最有力的手段”，严惩那些非法获益、造成企业破产和牺牲国家利益的白领罪犯。报道称，如此多的华尔街金融企业“有恃无恐”地进行金融欺诈，并最终酿成大祸。美国 ABC 电视台报道，雷曼兄弟和 AIG 直到崩盘前 5 天仍然对投资者说公司情况非常好。此外，内部人士透露保险诈骗一直是华尔街丑闻之一，它多年来在华尔街呼风唤雨并且摧毁了美国的金融体系。华尔街金融机构的内部人士先是卖出信贷违约互换（CDS），把这些金融机构罩于风险之中，接着他们跟对冲基金经理合作操纵市场，造成股票大幅下挫，评级被下调，他们就可以得到信贷违约互换的保险索赔。令人吃惊的是，如今面临调查的许多金融机构在过去 10 年里已经被证明金融诈骗频频发生。被指控有金融诈骗行为的公司包括美林证券、摩根士丹利、JP 摩根、雷曼兄弟、高盛集团、贝尔斯登等，可见华尔街的金融机构多有前科，并且屡教不改，因为在他们的骨子里已经渗透了竞争逐利的贪婪和自私。美国纽约东部地区律师 Benton Campbell 说，金融机构和他们的产品也许越来越复杂，但是每个市场崩溃背后的犯罪行为都非常简单——无非是说谎、欺骗、窃取资料。他说，无论事情变得如何复杂，万变不离其宗。华尔街发生的最耸人听闻的金融诈骗案是麦道夫的“庞氏骗局”——美国华尔街传奇人物、纳斯达克股票市场公司前董事会主席伯纳德·麦道夫因涉嫌证券欺诈遭警方逮捕。检察人员指控他通过操纵一只对冲基金使投资者损失至少 500 亿美元。这将是历来金额最高的诈骗案，比起 2002 年 Worldcom 申请破产时的诈骗案金额还高 4 倍。美国证交会前主管表示，即使只是 500 亿美元的一半，肯定也是历来最大宗的“庞氏骗局”。

所有这一切都充分暴露出隐藏在金融危机背后的肮脏交易，也从另外一个侧面显示了无度的竞争造成的令人惊骇的败德行为，由此也佐证了主流经济学的所谓“非价值判断”只是一种脱离实际的臆造，只不过是一种基于“经济人”假设之上的理论推演。因为在现实生活中，任何行为主体的理性行动都离不开价值判断，否则只能是一厢情愿的玄学，这也是陷入“经济学的贫困”的根本原因。莫里斯·阿莱（Maurice Allais）指出，经济学正在沿着脱离现实的错误方向发展，纯粹地构造人为规范，越来越为数学的形式主义所控制，这绝对是一种巨大的倒退。[①] 所以，当代经济伦理学揭示的伦理道德对于市场经济健康发展的重要意义应该受到重视，伦理道德因素在金融风险防范中的重要作用应该认真研究，以便更有效地应对金融风险和进行金融秩序及金融制度创新。

## 三、建立起伦理文化的防火墙

后危机时代的反思告诉人们，经济社会发展问题以及金融活动仅仅有市场经济一般规则的约束是远远不够的，市场的“无形之手”已经越来越指挥无力，必须要有政府干预的“有形之手”的有力配合，需要制度安排、法律保障，还需要有伦理文化的约束，而且道德伦理文化因素在保障经济社会以及金融活动健康安全发展中正呈现出越来越重要的不可替代的作用。治理由于极端利己主义造成的这场世纪性的巨大灾难，必须要进行伦理文化重建和商业道德的弘扬。“金融海啸”过程所暴露的种种腐败现象，无不与道德沦丧所致的贪婪与自私地竞争逐利有着直接的关联。拉扎德国际董事长肯·科思塔在《金融时报》上一针见血地指出：资本主义的道德基石已经松动。自金融危机爆发以来，我们重点对资本、股本和结构方面的漏洞实施了补救。这些努力当然是必要的。但更为重要的是，我们应该解决造成此次危机的真正根源——道德和人文精神的缺失。如果我们不为经济行为重新确立健全的道德准则，那么，我们注定会重蹈覆辙。

金融危机导致诚信体系即将崩溃，金融信用危机成为必须解决的重要问题被提上了历史日程。在《加强企业的诚信道德建设打造应对金融危机软实力》一文中，中国企业联合会会长王忠禹指出，应对当前的金融危机的重要举措是，必须要加强企业的诚信道德建设，必须要优化企业的社会环境，经济社会的可持续发展要求企业要勇于承担社会责任。中国政府关于建设资源节约型社会、环境友好型社会的战略实施，使得对于消费伦理、节约伦理的研究不断深入。如倪瑞华在《可持续发展的伦理精神》一文中，深刻地批判了极端消费主义的伦理观，倡导弘扬传统节约美德，探讨了以公平、和谐、适度为核心内容的可持续的消费伦理的建设问题。此外，毛勒堂《消费正义：建设节约型社会的伦理之维》一文对消费正义的阐述，孙景艳的《建设节约型社会的伦理视角》、付耀霞的《先秦儒家的节俭思想对建设节约型社会的伦理启示》、谢洪恩

① 莫里斯·阿莱．虚伪经济理论面面观[A]//李仁贵．24位诺贝尔奖大师解读经济学与人生[M]．北京：经济日报出版社，2003：119.

和高善春的《论节制及其当代意义》等文章，从不同的角度探讨了恢复节俭美德对于建设资源节约型社会的意义。

有统计认为，我国学者讨论最多的关于影响发展中国家金融安全的主要有13个内部因素和6个外部因素，而对我国金融安全构成潜在威胁的至少有14个内部因素和7个外部因素。这些因素涉及银行业存在的多种体制性问题、资本市场的不完善、经济及金融结构失衡、实体经济的发展不均衡，货币政策和汇率政策等宏观调控手段的运用、资本项目下的可自由兑换、国际收支均衡以及金融创新、金融监管、法律法规体系的完善，社会信用体系的不成熟，政府应该扮演的角色，金融全球化背景、国际游资的冲击和非法资本流出流入的威胁等。而所有这些影响国家金融安全的因素，都与文化有关，都与思维理念以及伦理道德有着千丝万缕的联系。据不完全统计，至目前为止，学术研究中从经济角度探讨金融安全的较多，虽然也有研究从某一方面对金融安全的伦理因素进行了分析，但对于伦理文化与金融安全相互之间的关系进行专门而系统的研究还需要更多的努力。

后危机时代的反思告诉我们，重建国际金融秩序，必须重塑道德伦理，在进一步完善法律防范体系的同时，还要建立起伦理道德的防火墙。托马斯·弗里德曼指出："我们需要的不光是金融救援，我们需要的是道德救援。我们需要重新建立市场、道德与管理之间的核心平衡。"不管是在当前金融危机仍在全球肆虐的大背景下，还是在以后伦理文化软实力的地位越来越凸显的进程中，都需要努力厘清伦理文化与金融安全之间的关系，进行伦理文化的复兴和创建，以便运用伦理道德的防火墙来更加有效地防范金融风险和保障金融安全。

## 四、伦理文化与金融安全的史实分析

### （一）历史的回溯与启示

经济危机的实质是资本主义生产过程中由生产过剩引起的周期性危机，金融危机的发生尽管有其特殊的原因，但是作为全局性经济危机的一个部门表现也体现着同样的特征——包括本次由美国次贷危机引发的金融危机，其表现形式就是由于金融创新过度所生产的金融产品过剩引起的。不过，金融危机对于宏观经济的冲击及其所造成的危害，远比一般性经济危机要严重得多，金融危机往往还会引发全局性经济危机。更有甚者，在经济全球化的今天，金融危机的外溢性会蔓延全球，尤其是在日益扭曲的国际金融秩序下，大国的霸权行为更进一步地加剧了这一趋势，本次发生于美国的金融危机在美元霸权主义的助燃下，不仅很快就外溢蔓延至全球，而且引发了欧洲的主权债务危机，给全世界的经济带来了史无前例的伤害。

经济危机的频繁而周期性发生，是资本主义市场经济的痼疾。当危机来临时，往往是大量商品过剩、生产大幅度下降、企业纷纷倒闭、失业人数剧增、股价暴跌、银行破产、信用关系严重破坏，整个社会经济生活陷于混乱和瘫痪。1825 年，经济危机第一次在英国爆发。此后的百余年间，每隔 8~10 年危机就会重演一次。当时危机的特征是由生产过剩诱发金融危机，而金融危机又导致社会信用关系破坏从而进一步加剧了经济危机。到 20 世纪 80 年代之后，开始出现了金融危机诱发经济危机的新现象。

人类对于地震、台风、火山喷发等自然灾害几乎无法防止和抗拒，但是，经济危机作为一种制度性的社会现象，应该可以依靠人类自身的力量加以解决。要利用人类的智慧去探讨经济危机的发生机理，从经验和教训的反思中找出解决之道，通过相应的制度安排来防范、应对与化解危机。经济伦理学的研究为我们提供了分析和理解人类经济和金融困境的新视野、新思路，启发我们要充分运用道德伦理文化的力量，配合相应的制度安排，去更有效地防范、应对与化解危机。

文艺复兴以后，宗教改革促进了对于理性与科学的推崇，由科技进步带来了工业革命，从而推进了人类生产力的巨大发展。但同时，达尔文进化论被不适当地应用于社会领域，导致弱肉强食的社会达尔文主义兴起，使得刚刚兴起的资本主义市场经济从一开始就滋生了“大鱼吃小鱼”式的竞争性。由此造成的第一个恶果就是，在城市化与商业化不断加速的进程中，各民族国家为了追逐经济利益而扩军备战，终于在 1914 年爆发了人类历史上第一次世界大战。持续了四年之久的战争，使参战国的经济遭受重创，无论是法兰西、德意志，还是俄罗斯、意大利等，国力都被大幅削弱，“日不落”的大英帝国也由此走向了衰落。地处新大陆的美国不但未受炮火侵袭，反而因为欧洲的战时需求而大发横财，从战前的债务国变为战后世界最大的债权国，纽约代替伦敦成为全球金融中心。正如韦伯的研究所指出的那样，清教伦理塑造了美国国民的性格，资本主义以一种合乎理性的方式在美国发展着。

对于美国在“一战”后的迅速发展，在其历史上曾经有一个词汇可以用来描绘——flourishing 20s——意为“兴盛的二十年代”。也有建议用“咆哮的”（roaring）（意思是喧闹的、怒吼的、狂烈的）来形容。“喧闹的、怒吼的、狂烈的”代表了一种自由放任的心态，这也与当时美国政府奉行的自由主义市场经济理念有着直接的联系。1928 年共和党人胡佛成为总统以后，把信奉自由放任的经济理念推行到了极致，在“边际效用最大化”理论的支撑下，一切都在肆无忌惮地发展着，尽可能地把“蛋糕”做大作为唯一的追求，给金融业的膨胀提供了有力的支撑。在整个20世纪20年代，美国的货币发行量完全可以用“激增”来形容，历史的统计数据显示，1929年美国的货币供应量比1921年增长了61.8%。

银行信用和商业信用扩张的正向效应是推动了新兴工业的发展，而新兴工业深入发展与金融创新的相互作用，正是美国20世纪20年代经济繁荣的根本原因。汽车工业和电子工业引领了20世纪20年代美国经济的迅猛发展。仅仅是从“一战”前的1909年开始，到“一战”后的1922年，美国的汽车产量就实现了150倍的增长，之后的增长速度更是一日千里。汽车制造业的繁荣，在产业链的延伸和带动作用下，钢铁、石油、橡胶等相关工业也得到了迅猛发展，其中，1924~1929年钢铁量年均上涨8%。由此又推动了公路建设，也催生了加油站、修车场、汽车旅馆、公路餐厅等新型服务业，由此还带动了建材、水泥、房地产、商业等行业的发展。电子工业的典型例证是收音机和电话。在“一战”刚结束的时候，使用收音机是非常稀罕的，那只是极少数上流社会的奢侈品，可是到了1929年的时候，在美国1000多万个家庭中，每家至少拥有1台收音机，电话也开始得到了空前的使用。产业飞速发展，高档消费品进入了千家万户，乐观主义弥漫，生产和生活又向金融提出了新的需求，从而促进了为生产和消费服务的金融创新。消费信贷的发明，使得可以“用明天的钱圆今天的梦”。其中，在分期付款销售额上，1929年比1924年增加了15亿美元，由20亿美元增加为35亿美元，极大地拉动了消费。提前消费又创造了工业品的新市场，为制造业发挥规模效应开辟了广阔的前景，同时刺激了美国的制造业以及食品业、纺织业等相关行业竞相实行技术创新、改进生产方法，以便生产更便宜的商品。价廉物美的商品又进一步吸引了消费和创造了新的顾客群体，从而又为企业开拓出新的市场。由此，美国经济蓬勃发展，1921~1929年，美国人均国民生产总值增长了25%。

这种良性循环是新兴工业与金融创新相互作用的结果，但由此可见一斑的是，银行信用和商业信用的扩张，不仅推动了经济的飞速发展，同时也创造了不断增长的虚幻的总需求。这种良性循环形成的长期繁荣发展景象，进一步使乐观主义精神迅速地扩散到了所有领域，也因此催生了创新。创新成为经济发展的加速器。新产品的发明和新享受组合的创新是这一时期的主要内容，不断地有新产品问世，各种新产品不断地涌入美国人的家庭。人们尽情地享受生活，甚至连禁酒法也禁止不了美国人对于酒的享受。尽管早在1920年《美国宪法修订案》（18*th Amendment*）就明令禁止酒类的制造与贩卖，但是也没有能够阻止上上下下，几乎是所有阶层的人都在偷享禁酒，并且采用各种各样的办法来摆脱政府的追捕。1929 年，仅纽约就有 3 万多家不公开营业的酒吧，比禁酒令发布前要超出两倍多。也许是酒精的刺激推动乐观主义精神转变成为面向未来的兴奋，向“更高、更快、更远”发起进攻成为行动口号。发展变得似乎有点疯狂了，追逐最高、最新成为一种时髦。建造世界最高的摩天大楼是企业家们争相加入的热点，高楼大厦鳞次栉比地耸立起来，直到 1931 年帝国大厦最后落成时，这场比赛才暂时宣告结束。帝国大厦高 350 米，有 102 层，可以容纳 25000 多人办公。不过，在后来的经济萧条时期，其中有超过一半的办公室被空置着。“圣路易斯精神号”事件是 20 世纪 20 年代美国的激进乐观冒险精神最生动的象征。1927 年 5 月 20 日，当林白驾驶着由莱特公司生产的“莱特 J–5”型九缸活塞式发动机组装的“圣路易斯精神号”飞机，由纽约长岛的罗斯福机场起飞，经过 33 个小时的飞行后，顺利地飞抵巴黎的布尔歇机场时，受到了 10 万名兴高采烈的群众欢迎。对新飞机的推崇和对林白的冒险精神的崇拜，一下子点燃了疯狂的情绪，在几分钟的时间里“圣路易斯精神号”就被撕成了碎片，狂热的人群瓜分了飞机作为纪念品。而这股狂热的情绪又进一步地投射给了股票市场，华尔街疯抢莱特飞机公司的股票，导致该公司的股票一小时上涨了 65 美元，酿造了催生大牛市的精神气候。

20 世纪 20 年代蔓延于美国的激进乐观冒险精神，也造成了疯狂的投机。美国最著名的投资家之一、美国总统经济顾问伯纳德·巴鲁克（Bernard Baruch）曾这样描述华尔街的投机气氛：“从来没有像 20 世纪 20 年代那样有如此多的人参与投机，但是只有少数人明白他们是在投机。他们相信自己进行投机活动是有些把握的。伴随着 20 年代最疯狂的投机，在佛罗里达州开始了土地炒作。”狡猾的房地产商在佛罗里达内陆出售毫无用途、遍布蚊蝇的土地，号称“庞兹阴谋”之父的查尔斯·庞兹（Charles Ponzi）以 16 美元 1 公顷的价格购进了“土地”。之所以标记为“土地”，是因为这些土地实在是不能称为真正的土地，它们随着潮水的时涨时落而时隐时现。而就是这样一种不可能被有效使用的“土地”，却被分成了 23 份，卖出的时候是每份 10 元，每公顷毛利高达 214 美元，比购进价格超过了 13 倍还要多。这种交易也只有在疯狂的投机和炒作过程中导致理性扭曲时才能发生。到 1925 年，不动产交易达到了最高峰，而也正是在这一年，不动产的繁荣突然消失了，并且此后再也没有恢复过来。然而令人吃惊的是，不动产投机的挫败并未给交易所的投机者留下什么印象，华尔街成为繁荣的象征。政治家们慷慨激昂的演说，更进一步地推进了高昂气氛的持续扩大，人们对于未来更加美好的期望进入了一种亢奋状态，并进而加剧了投机活动的盛行。美国人在 20 世纪 20 年代培养起来的极端乐观主义及其迸发出来的致富热情，通过贸易和投资外溢性建立起来的欧美经济链条，成为美国后来的经济泡沫破灭，及其所导致的世界性巨大灾难的重要历史原因。

20 世纪 20 年代留给美国人的记忆也许是非常美好的，但是对于欧洲各国来说，却是他们的黑色时代。因为，在第一次世界大战中欧洲各国的实力被大大削弱了，战争赔款更使得战后重建举步维艰。尤其是德国，“一战”使得德国财力枯竭。英法和其他欧洲国家欠了美国将近 120 亿美元的债务。虽然，美国政府放弃了对德国的战争赔偿要求，但仍然坚持要求其盟国偿还借款。于是，这些盟国无奈之际被迫向其他国家借债，首选是向国库已经空虚的德国收回战争赔款来偿还美国的战争债，战胜国争夺赔款使德国雪上加霜。“一战”后“旧大陆”的重建工作在复杂的战争赔款要求和国际债务网中纠结着，各国都在谋求欧洲财政状况的复苏和好转。凯恩斯的远见卓识是要求美国政府把战争赔款能够限制在一个相对较低的额度上。可是，这一政策建议并没有被美国政府所采纳。当时几乎所有重要的国际会议，都会讨论战争债务问题。

1923 年 11 月，协约国赔款委员会根据英国的提议，增设了两个专门委员会，研究德国预算和金融问题，以及调查德国资本外流和引回问题。美国银行家 C. G. 道威斯同时担任这两个委员会的主席，这也充分说明美国对于世界事务话语权和影响力得到空前提升。1924 年 4 月 9 日出台的“道威斯计划”，核心要义是要求通过恢复德国经济的办法来保证其战争赔款和保证其社会政治的稳定。于是，在“道威斯计划”的鼓励下，摩根银行承销的 11000 万美元为了援助德国经济复苏的道威斯债券获得了十倍的超额认购。不久，德国银行就得到了来自美国的大规模贷款，不仅推动了工业建设和股市行情的猛烈上涨，而且更为重要的是振奋了德国人对于未来发展的信心。在“道威斯计划”的帮助下，德国战后重建发展迅速，工业设备普遍地得到更新，生产技术水平很快地跃居世界前列。德、法两国于 1925 年秋在洛迦诺会议上达成和解。有 62 个国家于 1928 年共同签署了《白里安—凯洛格公约》，关于战后安排的纯道德诉求，转变为具有法律约束力的条约，这是“一战”后世界经济繁荣的一个有意义的文化成果。

经济蓬勃发展中被逐步放大的乐观冒险精神，以及消费信贷创新培养的提前消费造成的虚假需求，使得美国人的注意力被紧紧地吸引在新兴产业兴旺、股市繁荣的大好形势上，包括农业问题等许多重大的隐患被整体的繁荣所掩盖，同时“一战”后的债务问题始终没有能够得到很好的解决。人们眼中看到的只是新技术的运用、新产品的生产、新市场的扩展和企业经营效益不断提高。市场展现出来的良好发展前景促使股市持续上升，不断地吸引了更多的投资者和融资者，导致投资者对企业的发展前景建立起了强大信心，投资者普遍地认为美国进入了前所未有的新时代。

德国 1927 年的境况已经达到了难以为继的困境，实际上已经预示着经济危机即将来临。但是美国在白热化的投机氛围中，股市的行情仍旧大幅上涨，人们失去了应有的节制而纷纷投机，不择手段的快速致富成为时尚，政府则在迷信自由主义市场经济的轨道上放松了监督市场运行的责任，经济正义和社会公平被疯狂的投机淹没了，于是在一片狂热中灾难来临了。

美国的经济扩张在 1929 年 7 月达到了顶点，10 月 24 日股票市场开始暴跌，经济泡沫破灭了，历史上最大的一次资本主义经济危机由美国开始爆发了。一周之内，美国人在股票市场上失去的财富达 100 亿美元，美国金融界崩溃了。工厂纷纷倒闭，失业的人群到处流浪；农场主们被迫销毁“过剩”的产品，甚至把牛奶倒进密西西比河。面对失业率激增，生产指数、消费指数和股票指数一路下跌，美国政府仍然不干预经济，继续寄希望于市场的自我修复，经济开始陷入了绝境。1929~1932 年，美国的国民生产总值由 1040 亿美元一下降到了 580 亿美元；道琼斯指数从 1929 年 9 月到 1932 年 6 月初蒸发了 89%；到 1933 年有 14 万家企业倒闭，有 1/4 的人失业。

1929~1933 年的资本主义空前大危机，波及全世界，西方几乎所有国家都被卷入其中，危机持续的时间之长、生产下降幅度、银行破产的数目、企业倒闭的数量、失业人数之多都是史无前例的。截至 1933 年，整个资本主义世界工业生产下降了 40%，工业产量倒退 30 多年，贸易总额减少了 2/3。危机导致资本主义各国之间的矛盾激化，关税战、倾销战和货币战连连上演，经济战成为第二次世界大战爆发的导火索。

## （二）从华尔街开始的疯狂的股票交易

大危机前夕华尔街上演的疯狂的股票交易，是研究美国精神与金融危机关系的最好例证。“一战”后美国凭借其最大债权国的优势，通过资本外溢带来了美国经济的空前繁荣，也同时使华尔街成为世界的投资中心。美联储为了阻止资本从欧洲涌入而采取的降息措施，更进一步把社会资金引向股市；为了给银行体系注入货币来降利息，市场流动性大量增加；大量的流动性导致资金充足而便宜，与毫不减弱的乐观主义精神的相互结合，形成了一种强化股市繁荣的放大机制，导致了非理性的投资兴奋在全美蔓延。实业家们抵挡不住华尔街的巨大利润的引诱而大肆筹集资金，金融投机家也乘机设局吸引不明真相的公众进入股市。人们只不过是以碰运气的心态进入股票市场，一些小职员也甘冒风险，不惜以分期付款的方式通过负债购入股票，希望以此提高他们的收入。一个擦鞋匠只花了500美元就购买了价值5万美元的股票，这个杠杆率是100倍。所以，整个美国都陷入了疯狂投机中。消费信贷的金融创新曾经表现出积极的现实意义，但是以分期付款的负债方式购股参与投机博利的炒作，就不能不说是金融创新的滥用了。金融已经沦为人们投机牟利的工具，已经不再服务于实体经济，脱离了实体经济的发展，金融投机的股市繁荣开始“高热运转”。

华尔街进入了有史以来最疯狂的时期，股价大幅飙升。如何在20年里让15美元积聚成8万美元，在当时几乎是所有人都在努力的事情。杜邦（Pierre S. Du Pont）的私人秘书雷克伯（John J. Raskob）成为在短时间内积聚巨额财富的英雄。投机活动催生了一个近乎完美的体系，无论是在银行机构、政府或股票经纪人那里，到处都有巧妙地操纵股票的投机客。加上那些结成包销证券银团的超级投机者们，所有的投机客都在千方百计地吸引投资公众参与股市投机，然后他们又会以高价在股市上卖掉手中的股票。虽然人人都梦想着通过证券投资迅速致富，但是只有逆向熟谙内情的大投机者才可以从中聚敛大宗财富。在1928年春投机活动最为盛行的日子里，纽约交易所的1000多个经纪人都不能及时处理客户订单，只好在多个星期六关闭股票市场，以便处理积压的业务。虽然到了夏天股价一度出现了短暂的大幅下挫，但是极端崇尚自由主义市场经济的胡佛赢得了总统大选后，股价又重新上扬。尽管股市在1929年上半年出现了较大的波动，但很快在夏天股市行情就又继续上涨了。道琼斯工业指数于1929年9月3日达到了最高点，比1921年8月24日的最低点共上涨了504%，相比股票价格的平均指数来说，有些股票可能上涨得更多。百万富翁如雨后春笋般涌现，人人都会变成富翁的憧憬深入人心，市井之间股民充斥，股市成为茶余饭后的主要话题，人们从未见过如此景气的股市。所以，投机的狂躁之音压过了有识之士的告诫之声，没有人会相信危机即将来临。道琼斯指数在1929年9月3日达到了历史上最高点（386.10），相比1921年8月24日的最低点上升了504%。

美国总统肯尼迪的父亲约瑟夫·肯尼迪，是少数保持清醒头脑的人之一，因此成为及早从股市中脱身者之一。据说是约瑟夫·肯尼迪有一天去擦皮鞋时，听到鞋童也在谈论股市、投资股市，认为连擦鞋匠都在买股票了，觉得情势不妙，于是决定提早退出。而且在大危机期间，约瑟夫·肯尼迪，这个聪明的投机者通过卖空投机狠赚了一笔钱，从而为家族的未来奠定了雄厚的资金基础。在一片狂热之中，只有金融统计学家——罗杰巴布森发出了大崩溃即将到来的警告，他在1929年9月5日美国商业会议年会上振聋发聩地指出，即将到来的大崩溃可能是令人恐惧的，它比佛罗里达房地产泡沫破灭程度更严重，结果将是严重的经济萧条！尽管他的讲话引起了全场一片哗然，但是历史证实了罗杰巴布森的预言。

1929年，银行都在通过提高利率来阻止投机性货币流入华尔街，但是由此却增加了公司的费用负担和投机成本。9月20日，一家原本生产赌博自动器的叫作哈特里的公司，由于没有能够筹措到用于投机的资金而破产，随后，一大批公司和投资信托公司相继宣布破产。也许股市崩盘是从1929年10月23日开始的，当天开盘以后，不断有大卖单被抛出，道琼斯指数的320点这个“双重底”被轻而易举地击穿了，继续下行的股价一直没有遇到什么像样的反弹，全天下跌了21点，成为这一轮牛市的最大单日跌幅。真正的股市大崩盘发生在史称“黑色星期四”的1929年10月24日。当日上午10点，纽约证券交易所股价走势平平，突然有人抛出了通用公司和铜业公司的各2万股股票，随后，又有人抛出了其他的整批股票。人们开始变得越来越急躁，这是一个危险的信号。信息拥堵造成了最新一次交易信息无法及时向外发送，滞后的消息更增加了人们的紧张不安，已经被狂躁折磨得神经衰弱的、负债累累的投机者们开始疯狂地抛售股票，压得大盘直线下跌。尽管当天中午以摩根财团为首的金融大亨们纷纷解囊建立了所谓的“救市基金”，到了下午暂时稳住了股票价格，不过，直到傍晚股票行情仍被延迟数小时通报股价，这却进一步地击破了投资者们的信心，2亿美元的“救市基金”虽然在中午时一度成功拦截了新一轮的抛售狂潮，但是并没有能够力挽狂澜，10月24日道琼斯指数下跌了20%。美国人的“永久繁荣”美梦开始被粉碎了。1929年10月24日本来是一个星期四，但是股市崩盘的消息第二天才传到欧洲，所以载入了史册时被称之为“华尔街黑色星期五”，它也标志着美国“黄金的20年代”的结束。10月24日是华尔街历史上最黑暗的一天。周末过后，一切挽救股市的努力都没有用了，“大牛市”结束了。

黑色伴随着美国1929年10月的股市。1929年10月28日，史称“黑色星期一”，股市继续急剧下跌。道琼斯指数狂泻38点，纽约时报指数下跌49点，通用电气公司的股票下跌了48点，美国钢铁公司的股票下跌了18点，信誓旦旦的“救市基金”也放弃了努力。10月29日是美国最黑暗的一天，从10点开市起，抛单就铺天盖地，人人都在不计价格地抛售，经纪人被团团围住，道琼斯指数比星期一又下跌了12%，纽约时报指数下跌41点，交易大厅一片混乱。黄金眨眼成废纸，依托股市的千千万万股民突然发现自己已经一无所有，于是各种各样的自杀事件此起彼伏。这一天成为纽约交易所112年以来“最糟糕的一天”，是历史上最著名的“黑色星期二”。不过，“救市基金”却在抛售行动后净赚了100万美元，事实是，银行家们获得了较好的收益，而工业却开始衰退，建筑业发展的不景气进一步使得整个美国经济出现萎缩，就连在繁荣时期开始施工的摩天大楼也已无法继续建成，许多建设公司都被卷入了危机，缺少后续资金使得前期投资被彻底荒废。以“黑色星期二”为标志的纽约股灾，成为美国历史上影响最大、危害最严重的经济事件。美国和全球从此进入了长达 10 年的经济大萧条时期。

“美国一感冒，欧洲就咳嗽”。美国的股市大崩溃恐慌蔓延到伦敦和几乎所有的西方国家乃至整个世界。英国的股市也开始大幅下挫。虽然借助于英格兰银行将贴现率从 5.5% 调高至 6.5%，英国才得以从纽约抽回资本，但是已经大伤元气。1927 年，德国就出现了明显的疲劳现象。美国股市崩溃使德国的形势越发严峻。1929 年 8 月，法兰克福大众保险公司破产。德国的经济形势在 1931 年六七月间开始恶化。奥地利信贷银行破产引发了各家银行纷纷清算国外资产，因为德国的货币市场与奥地利财政部门相互间资金往来频繁，德国成为第一个牺牲品。德意志银行在一周内失去了 2 亿马克的外汇储备，这等于是几乎失去了所有的外汇储备，德国马克变得非常脆弱；柏林银行在六七月间开始发生挤兑现象；外国储户也纷纷撤回他们在德国各家银行的存款；德国第二大私人银行达姆施塔特国民银行，大约 30 万名客户在 1931 年 7 月初已经意识到他们的银行有点不对头了，1931 年 7 月 13 日，柏林政府公告说这家银行已无清偿能力。随后，其他银行、储蓄银行和证券交易所宣布休市 3 周。已失去信心的客户在银行重新开门营业时蜂拥而至前来提款，糟糕的局势慢慢才被重新控制。但是，仅仅 3 个星期后，英国政府宣布放弃金本位制，将英镑贴现率调高至 6%。德国证券交易所又被迫关闭了。危机迅速渗透到了德国所有的生活领域，有 550 万家庭在最低生活水平线上挣扎，失业人数剧增，自杀人数逐渐上升。更坏的结果是，希特勒法西斯集团巧妙地利用了德国人民急于摆脱困境的心理，使得纳粹党于 1932 年成为最强的政党，攫取了政权，以致后来把全世界都拖进了战争的苦难深渊。

## （三）从“股市大崩溃”到“金融海啸”的历史反思

### 1.“黄金的 20 年代”和股市崩溃的灾难

对于 19 世纪 20 年代的美国来说，就其经济社会的繁荣发展来说，确实是一个“黄金的 20 年代”；就其与之前的历史比较来看，是走向振兴的标志，因此又可以用“兴盛的 20 年代”来表示；但从这一时期所呈现的社会万象的分析来看，又可以用“喧闹的、怒吼的、狂烈的 20 年代”来形容，因为这正是当时美国精神及其价值观念的结合所塑造出来的美国人的心态、情绪和追求。所以，无论是用“flourishing 20s”，还是用“roaring 20s”，或者是用“golden

20s”来概括，都有其一定的道理。“兴盛的 20 年代”（flourishing 20s）是美国在历史上开始走向繁荣的一个重要时期，美国依赖于在第一次世界大战中通过大发战争财所积聚的巨额资本，凭借其债权国的优势地位，对内加快了技术进步和金融创新，迅速走向了快速发展的轨道；对外则通过资本外溢和索取战争赔款的方式，把世界各国逐步绑上自己发展的框架，使得世界上的财富源源不断地流进了美国，成为其持续发展的有力支撑。美国在这 20 年中的快速发展，创造了前所未有的繁荣，物质财富极大地丰富，高楼大厦鳞次栉比，汽车电话进入了千家万户，消费水平不断提高，综合国力成为世界之最，似乎遍地都是黄金，所以也确实可以说是“黄金的 20 年代”（golden 20s）。

但是，用“喧闹的、怒吼的、狂烈的 20 年代”（roaring 20s）可以帮助我们从更深层次来解读这一特定的历史年代。美国在这一历史时期所实现的“兴盛”发展，所创造的“黄金”生活，都正是“喧闹的、怒吼的、狂烈的”努力的结果，是一种思想文化的精神产品变为物质产品的过程。而且，从这一视角，一方面我们可以看到，正是敢于冒险、敢于拼搏的美国精神，在利己主义的趋利动机引导下，以及自由主义市场经济所培育的发展环境，加上世界债权国的财力和强势，“兴盛”得似乎那么迅速，“黄金”的获取似乎那么容易，一切对于当时的美国人来说都是那么的美好，美国的未来也许会更加美好，无限的吸引力形成了巨大的冲动，于是“喧闹的、怒吼的、狂烈的”心态和情绪成为一种宣泄、一种争取更加美好未来的举动。另一方面我们还可以看到，也正是敢于冒险、敢于拼搏的美国精神，趋利行为酿成的极端利己主义，自由主义市场经济产生的虚幻前景，在“喧闹的、怒吼的、狂烈的”心态和情绪中凝聚成为一种自私、贪婪的追求，道德伦理不得不让位于无度的竞争和攫取，理性的努力不得不让位于非理性的躁动，“喧闹的、怒吼的、狂烈的”心态和情绪失控而变成了疯狂，这也正是最终导致“黄金年代”消逝、“兴盛”走向衰败的根本原因，也是我们理解“股市大崩溃”的钥匙。

“兴盛的 20 年代”的美国股市，曾经发展得那么美好，是一个人人追求财富、向往幸福的理想场所，几乎所有的美国人都为之颠倒、为之魂牵梦绕，上至达官贵人、大亨阔佬，下至平民百姓、贩夫走卒，都在不惜血本地购买股票，甚至通过贷款参加股市的博弈，因为大家都在计算着同样的一道命题：如何在 20 年里让 15 美元积聚成 8 万美元？雷克伯（John J. Raskob）在短时间内积聚巨额财富的英雄故事，成为很多人崇拜和憧憬的事。因此，“喧闹的、怒吼的、狂烈的”心态和情绪演变成为疯狂，也就是必然的了。

为什么“兴盛的 20 年代”的美国股市，在历经了十多年的持续牛市之后，突然又一下跌入了大崩溃的深渊？“喧闹的、怒吼的、狂烈的”心态和情绪演变成疯狂是最简单，也是最深刻的回答。在“喧闹的、怒吼的、狂烈的”心态和情绪的支配下，人人都在参与投机，失控之后的疯狂，必然要造成泡沫。当金融脱离了实体经济的发展，当金融完全成为虚拟经济的工具，股市中逐渐不再有能够继续上涨的力量，极端乐观主义的投机者已经把所有的钱都变成了股票，无法再筹集到新的资金投入股市了，这时，上涨的股市行情就不会再继续。对于其中存在的一些稍加冷静的思索就能辨认出来的警告信号，几乎没有多少人能够意识到，尽管也有少数冷静的、聪明的人士发出了善意的警告，但是都被“喧闹的、怒吼的、狂烈的”失控所淹没和掩盖。股市继续上涨的力量没有了，狡猾而聪明的大投机者最先察觉到形势不妙，赶快抽身退出，没有新的买主再去购买股票了，一旦有了大单抛出，就会紧跟着发生竞相抛售，雪片似的抛售造成了“黑色的星期五”。于是，当疯狂到了极致，股市的繁荣就从巅峰迅速地下滑至低谷。“喧闹的、怒吼的、狂烈的”疯狂是拜金主义的折射，是缺乏关爱的弱肉强食社会的弊端，因此，说到底是由于伦理道德的缺失，是自私的追求和无度的竞争导致了股市的大崩溃。

“兴盛的20年代”的美国“股市大崩溃”，不仅给美国自身，而且也给全世界带来了无穷的灾难，从此把世界经济拖入了长达10年的经济大萧条时期，经济大危机使得世界经济倒退了近半个世纪。直到大危机过后20多年，华尔街的股票价格才好不容易地再次超过了1929年的最高点。“兴盛的二十年代”的美国股市大崩溃，甚至到今天都还让股票交易商心有余悸。

“兴盛的20年代”的美国“股市大崩溃”，是道德伦理的大崩溃，暴露了人性中的黑暗，也暴露了资本主义制度的不合理。1929~1933年的经济大危机，撼动了自由资本主义制度的根基，冲击着美国人民和世界人民的生活。体制改革和制度创新成为摆脱危机的困扰、重新走向振兴之路的首要举措，也是挽救美国的历史性任务。罗斯福“新政”应运而生。1933年，富兰克林·罗斯福就任美国总统后，不顾商业界一些守旧派人士和自由主义市场经济学者的反对，立即出台了救治经济危机的“新政”，并同时呼吁美国人民支持其“大胆实验”。

“罗斯福新政”的主要内容是：第一，整顿金融业，包括恢复银行信用和贬值美元等措施，同时实施刺激出口政策；第二，恢复工业，包括强化对工业生产的宏观调节和控制，通过国家干预防止盲目竞争引起生产过剩；第三，调整农业，通过压缩农业产量和稳定农产品价格，推行支持政策，以维护农业生产；第四，通过兴办公共工程，增加就业和减少失业，努力扩大消费需求；第五，实行社会救济，稳定社会秩序。

说到“罗斯福新政”，就不能不提到凯恩斯的思想理论。尽管凯恩斯的杰出思想直到许多年以后才被阿尔文·汉森表达为清晰的财政政策，但是也无妨“罗斯福新政”的实践。罗斯福新政的核心是实行国家干预，改变自由主义的自由放任政策，通过宏观调控来改变经济的无序状态，加强政府投资和公共工程投入来恢复社会经济活力。凯恩斯思想理论的实质也是主张国家干预经济生活，要求实行积极的财政政策来刺激经济的增长。如凯恩斯 1933 年底在《纽约时报》上发表的《致罗斯福总统的公开信》中所说，他盛赞罗斯福是用“合理的实验手段除弊兴利”。

“罗斯福新政”的中心措施是对工业的调整，其核心和基础建立在《全国工业复兴法》之上。通过立法来确立公平经营规章，包括工人的集体谈判的权利、工资标准和工作日时数、企业的生产规模、市场分配和价格水平，旨在通过政府这只“看得见的手”进行调节和制衡，克服由市场这只“看不见的手”的瞎指挥造成的生产过剩性危机，以补充自由市场经济的不足。

“罗斯福新政”明确了政府在市场经济中的职能，第一次在市场经济中实践了政府大规模干预经济生活的举措，确立了政府应承担的社会经济责任。“罗斯福新政”实施的直接成果是：宏观控制与管理得到加强，经济体制及其制度安排得以调整和革新，资本主义制度得到巩固与发展。罗斯福用改革的方法挽救了资本主义危机，使得美国经济缓慢地恢复过来了，人民生活得到改善。这也给历史留下许多有益的反思。大危机是既往不合理的经济金融制度造成的，是不合时宜的经济金融政策的结果，同时也是人性的弱点的显现，是道德伦理缺失积聚的自私和贪欲的产物。大危机提供给世人对既往的经济理论的反思和批评，带来了进行重大理论创新的契机。痛定思痛，历史在不断的反思中获得新生。这可以说是危机的正向功能。

### 2. 私欲过度引发的“金融海啸”

一个人犯一次错误不可怕，在不同的时间犯同样的错误才是最可怕的。历史也许是一个善于开玩笑的人，它总是出现惊人的相似。事隔 79 年后的 2008 年 9 月，巴菲特称之为“市场先生”的股市，又给美国人展现了历史惊人相似的一幕，美国有史以来最为严重的金融危机从 2008 年 9 月 15 日开始爆发了。这次金融危机的严重程度，被世人用“金融海啸”来形容。

“金融海啸”是由股票的孽种——次贷引发的，所以又被称为次贷危机。次贷看似是一种普通的住房贷款产品，但是在其貌似一般的面孔下，却是一种危险的套利设计。其基本运作也许没有过多的复杂机理，只是贷款机构向一些信用程度较差和收入不高的借款人提供住房贷款，所以被称为次级抵押贷款。或者是设计者预先没有考虑到，美国人的逐利心理和长期养成的借贷消费习惯，在自由放任的市场环境的推波助澜下，次级抵押贷款的链条只要受到经济下滑信号的冲击，就有可能断裂，以致会引起金融危机乃至更大范围的经济危机。2001 年“9·11”事件后，美联储担心经济下滑，开始了连续的降息历程，低利率虽然暂时保住了经济增长，但也造成美元持续走弱、通胀压力增大。在三年的超低利率环境里，美国房地产业格外繁荣。流动性泛滥造成资产泡沫是一种可能，但是，次级住房按揭贷款在流动性泛滥中被一步步地放大，产生资产泡沫的可能就变成了现实。

次贷这种普通的住房贷款产品，成为追逐美元梦的套利投机工具。甚至连投资银行也纷纷加入争夺房地产次级贷款的行列，它们一方面大举收购中小银行或按揭公司，另一方面又帮助贷款机构将次级抵押房贷包装成抵押担保证券（MBS），由于 MBS 债券评级不高而难以脱手，它们又对可能出现的违约概率进行计算，再把 MBS 分割成不同等级的“块”，由此“创新”出了 CDOS（债务抵押凭证）。不同级别的“块”可以有不同的评级，再把不同收益及信用评级的“块”销售给商业银行、对冲基金、保险公司等不同的金融机构，甚至某些国家银行、退休基金、哈佛大学基金这样的稳健投资机构。金融危机中，美国高盛集团销售了一款自己设计的抵押债务债券（CDO），结果是做空该金融产品的保尔森对冲基金获利约 10 亿美元，高盛因为提供做空服务获益 1500 万美元，而买入该 CDO 的客户损失超过了 10 亿美元。2010 年 4 月 16 日，美国证券交易委员会（SEC）正式指控高盛涉嫌欺诈投资者，原因就在于高盛在向投资者销售该产品时隐瞒了保尔森公司正在做空该产品的关键信息。

巨额利润的吸引使得竞争次级按揭的大战愈演愈烈。2004 年底，美联储迫于美元持续走弱和通货膨胀的压力，又走上加息历程。利率的大幅攀升加重了次贷还贷的负担，还不起贷款的人陆续浮出水面。2005 年底，美国房地产市场开始降温，贷款机构直接受到了沉重的打击。全美第二大次级抵押贷款公司新世纪金融公司最先出事了，2007 年 3 月该公司因无力偿还所有债务而宣布破产。同年 8 月 6 日，美国第 10 家住房贷款公司又申请了破产保护。此后，一批同类型公司也相继关门。在一番挣扎之后，2008 年 3 月 16 日，著名的美国第五大投资银行贝尔斯登公司被摩根大通收购，成为第一家葬送于次贷市场的投资银行。真正的“金融海啸”由 2008 年 9 月 15 日美林集团被美国银行收购为标志。一家拥有 94 年历史的曾经显赫一时的全美第三大投资银行，在“百年一遇的金融危机”中轰然倒下了。

“股市大崩溃”曾经是黑色的，有过“黑色的星期五”“黑色的星期四”“黑色的星期一”“黑色的星期二”“黑色的星期三”。历史也许是真的幽默地给美国人开了一个玩笑。2008 年 9 月又被涂上了黑色，西方称为“黑色 9 月”：继 9 月 15 日美林集团被美国银行收购之后，同日，第四大投资银行雷曼兄弟公司也宣布申请破产保护。至此，美国的五大投资银行中已经有三家沦为次贷危机的牺牲品。硕果仅存的另外两家美国最大的投行高盛和摩根士丹利，16 日相继发布了盈利下滑的财报，以致 9 月 21 日，美国联邦储备委员会被迫采取了一项非同一般的措施，批准摩根士丹利和高盛集团从投行转型为传统的银行控股公司。路透社评论说：这意味着一个时代的终结。

伴随着金融危机的升级，“多米诺骨牌效应”导致更多的金融巨头成为牺牲品。世界最大保险公司美国国际集团（AIG）9 月 16 日宣布告急；美国最大的储蓄银行华盛顿互惠银行于 9 月 25 日被美国联邦监管机构接管，成为美国历史上最大银行倒闭案的主角。美国第四大商业银行美联银行于 9 月 29 日被花旗银行收购；同日消息称，美国第六大银行瓦乔维亚银行在积极寻找买家。美国次贷危机所引发的“多米诺骨牌效应”迅速地传染至西方各国，不断地在全球范围扩大，影响波及全球金融领域。10 月 10 日是伦敦股市出现大跳水的又一个“黑色星期五”；巴黎 CAC40 股指在经历了“最黑星期一”的开始之后，又以“最黑一周”结束交易；澳大利亚股票指数暴跌 360 点……全球性金融危机的蔓延，又导致了直到今天还在发酵的欧洲国家的主权信用危机，给全球金融市场也带来了史无前例的灾难。

经济危机虽然具有周期性，但世界上的所有国家还没有发生过完全同样的危机。历史也许是开了一个玩笑，但又的确是一个活生生的现实—— 一个值得引起我们多方面反思的现实。美国人的自私和贪欲再一次把美国及其最友好的欧洲兄弟都一起拉进了“金融海啸”的旋涡中。

金融风暴过后总要寻找替罪羊，有些人归咎于华人统计学家李祥林所发明的金融数学公式，《华尔街日报》认为对衍生性金融商品设计和评价影响最大的是巴黎第六大学数学教授妮可·厄尔·卡露伊（Nicole El Karoui），因为，伦敦和华尔街投资银行的许多金融工程师和专家都出自她的门下。然而，金融数学公式毕竟只是一种被利用的工具，关键是使用这些工具的金融机构和那些大投机者们利用了美国人的趋利动机和自私、贪婪，通过次级抵押贷款的形式，把金融活动引入了歧途，次级抵押贷款变成了他们攫取巨额财富的工具，而当形势失控的时候，任何努力都无法修复次贷链条的断裂，金融危机的发生只是或迟或早的事情。在次级抵押贷款背后的趋利动机和自私、贪婪、金融腐败、私欲膨胀等失德行为，才是金融风险和经济风险的根源。

文艺复兴以来逐步形成的以享乐主义为核心的消费伦理，以及“黄金的 20 年代”造成了美国人过度消费的习惯，使得美国精神逐渐偏离向贪欲，在适宜的条件下就会产生疯狂的趋利行为。贪得无厌和企图不劳而获的投机者，时刻在伺机利用制度安排中的每一个细微的漏洞，道德不能约束人性的时候，他们总想小试牛刀，其本质目的就是要攫取巨大收益，其结果就是祸国殃民的金融风暴！

金融创新过度及金融产品的创新缺乏一定的道德基础，是引发“金融海啸”的重要原因。CDO是担保债务凭证（Collateralized Debt Obligation）设计的初衷，也许是要通过证券化的方式，基于对标的资产未来现金流的测算设计出来的一种债券方式，但是在极端利己主义的追求下，随着市场不断发展的需要，金融机构开始创新出繁多的衍生CDO产品，更多的则是房地产抵押贷款，金融机构的资产流动性大大提升了，同时给相关金融机构带来了巨大的收益，但是次贷CDO最终非但没有增加整个社会福利，还过度透支了未来社会的福利，从而引发了“金融海啸”乃至全球性的金融危机和经济危机，甚至危害更大的欧洲国家的主权债务危机。尽管次级抵押债券作为一种金融创新产品，设计者是希望通过金融市场来配置金融资源，或者是便于对金融资产的价格作出精确的评估。但由于这种设计忽略了人性弱点的考量而缺乏道德基础，给缺乏信用记录和没有偿还能力的人提供贷款，难以保证诚实守信的伦理原则被遵守，在金融风险逐渐加大中一步步地远离了道德底线。投机是市场经济条件下经常发生的一种经济行为，它既承担风险又能带来效益，但是，投机活动因为具有“零和博弈”的赌博特征，所以投机行为又成为一个灰色地带。尤其是在利率杠杆的作用下，当金融衍生产品变成了具有高杀伤力的赌博工具时，高收益的诱惑力是巨大的，因而人们往往会忽略高风险而产生赌徒心理。金融衍生品的高杠杆化导致了过剩的流动性，和实际资产相比是虚高的，影子银行的出现严重掩盖了真实的杠杆水平，流动性质量也越来越差，流动性过剩造成了抵押的门槛要求越来越低，产生的风险也越来越大。一旦市场有风吹草动，股市价格下行或者出现卖出资产兑换流动性，危机的发生势不可当。因此，对于“金融海啸”这样的复杂历史事件，归咎于数学公式的建模分析是一种推卸，重要的是应从伦理文化角度进行深入的分析。

“金融海啸”中充斥着华尔街的金融腐败，麦道夫“庞氏骗局”的巨大讽刺，巴克莱银行操纵银行同业拆借利率的丑闻，以及英国、法国、德国、澳大利亚等国家和地区分别发生多起政界、军界、警界等腐败案件，多国政要及企业高管因腐败受到指控，其中所折射出来的道德沦丧、金融欺诈中商业诚信的丧失，才是金融危机和经济危机的根源。时任国务院副总理王岐山当着数百位西方银行家的面，直言金融危机的起因就是因为贪婪。香港《大公报》指出，金融危机暴露美式腐败严重，是对信奉“民主原教旨主义者”的惩罚。正如马克思所指出的那样，人类一切的奋斗都与利益有关。每一行为都涉及巨大的利益，而在其背后又都蕴藏着深刻的道德因素。当只是为了一己私利奋斗的时候，无论是华尔街，还是那些评级机构，甚至是全世界最强大的发达国家，在他们的眼里和心里就都只有自己的利益，因此可以不惜一切手段损人利己，最终导致全球金融危机的爆发。所以，这“一场百年不遇的灾难”，这次全球性的金融危机和经济危机，也是全球性的伦理危机。后危机时代的反思告诉人们的是，重建国际金融新秩序，必须重视道德伦理对于金融和经济发展的重要意义，要保证金融和经济的健康发展，除了法律规范和制度安排外，必须进一步发挥伦理文化的力量。

# | 第六章 |

# 我国金融体系发展概要

中国社会主义金融体系是在社会主义改造基本完成以后，伴随着大规模有计划的社会主义经济建设而建立和形成的。改革开放以后，金融领域也进行了一系列改革，从 1978 年党的十一届三中全会至 1993 年之前，为适应社会主义有计划商品经济发展的需要，突破了高度集中的金融机构体系藩篱，实行商业化的金融机构体系和经营机制改革；从 1993 年党的十四届三中全会至 2012 年党的十八大召开之前，为适应建立社会主义市场经济体制的需要，实行市场化的金融体制改革，对于建立中国特色社会主义现代金融体系做出了积极贡献。

## 一、改革开放前的金融体系

新中国的金融体系是在中国共产党的直接领导下，通过对各解放区银行进行合并、改造私人银行和钱庄、没收官僚资本银行、组建中国人民银行、建立农村信用合作社等途径构建起来的。毛主席于 1949 年对金融工作的重要性进行分析，提出解放军也是金融队伍的成员，各级政府干部应该明确金融工作的重要意义，将金融工作作为财政工作的重要内容并采取积极措施提高金融工作效率，重视人才培养，为全体工作人员提供金融知识培训，提高工作人员的专业水平。改革开放前，新中国成立和发展社会主义金融体系的过程，大体分为两个阶段：1948~1953 年是新中国金融机构体系的萌芽及创建时期；1953~1978 年是中国确立并实行计划管理的“大一统”金融体系时期。

### （一）新中国金融机构体系的萌芽及创建时期

1920~1930 年，上海一直是国民党统治下的金融中心。在这里，四大家族凭借军事政治优势，建成了“四行两局一库”（国民党政府时期官僚资本直接控制下的七大金融机构的合称。“四行”即中央银行、中国银行、交通银行、中国农业银行；“两局”即中央信托局、邮政储金汇业局；“一库”即中央合作金库）为主体的官僚资本金融体系。国民党政府留给新中国的是经济凋零、百业颓废、物资奇缺、失业严重、财力短缺、物价飞涨的一片废墟，为了尽快恢复国民经济，同时支持华中、西南和西北的解放战争，中央政府采取了一系列措施，在生产资料私有制的社会主义改造开展以前，新中国基本形成了以中国人民银行、少数专业银行、其他金融机构并存，并以中国人民银行为核心的金融机构体系。

1948 年 12 月 1 日，中国人民银行作为我国的中央银行，由根据地的华北银行、西北农民银行和北海银行合并成立，负责货币的发行和金融机构的管理。北平解放后，中国人民银行于 1949 年 2 月迁入北平（即北京），随即开始了国民经济的恢复工作，并开启新中国金融体系的建设。这一时期以中国人民银行为核心的金融体系的主要工作包括控制通货膨胀，稳定市场和物价，管理外汇、统一货币并确立人民币的法律地位。

在合并华北银行、北海银行和西北银行的基础上，1948 年 12 月 1 日，中国人民银行发行了第一套人民币。人民币的发行主要通过三条路径展开：一是对解放区边币的收兑，二是对金圆券和银圆券的收兑，三是向民族工商业发放人民币贷款，推进人民币在银行体系和生产流通环节的使用。在此过程中，政务院明令禁止携带人民币出入境，禁止私运、伪造和变造人民币。通过这些举措，新中国很快建立了以人民币为法定货币的统一货币制度，在此基础上，在全国范围内统一财政经济工作，积极吸收存款，建立金库，灵活调拨，恢复工农业生产，实现国家财政经济情况的根本好转。

1949 年，我国政府针对怎样处理官僚资本出台了相应的文件，迅速接管了官僚资本银行和保险公司，并把它们的资产交予国家所有。积极改组当时的“四行两局一库”，没收官僚资本银行，对中国银行、交通银行接管改组，由中国银行负责外商银行的管理，对外商银行的业务开展情况进行指导，对外商银行的经营与管理进行监督。成立农业合作银行（即中国农业银行的前身），关闭证券交易所，新设天津证券交易所和北京证券交易所（一年多后，这两家证券交易所又结束了它们的历史使命），成立中国人民保险公司。在农村，银行信用与土地政策相互配合，建立农村信用社为农民提供经济支持。到 1953 年，共建立了 9400 个农村信用社、2 万多个农村信用互助组（李杨，2009）。实行人民币、外汇和金银的进出国境管理制度，建立新的国际清算机制。在外汇业务方面，制定统一的人民币汇率，实现外汇统一管理，实行供汇与结汇相结合的制度，禁止外国货币在我国流通，外国银行不得在我国发行货币，建立外汇指定银行制度，取缔地下钱庄、打击外币黑市活动，明确所有企业机构都不允许收兑外币，只能通过央行将外汇转化为人民币。

### （二）“大一统”金融体系时期

1953年开始，中国开始实施国民经济发展的第一个五年计划。经济发展的侧重放在“完成国家工业化和对农业、手工业、资本主义工商业的社会主义改造”方面。这一阶段，中国金融体系的主要任务和作用在于全力支持国家工业化和基础设施建设。随着生产资料私有制的社会主义改造运动的开展和大规模有计划地发展国民经济，在学习苏联经验的基础上，中国迈出了建立高度集中的金融管理体制的步伐。在高度集中的财政金融管理体制建立过程中，银行内部统一实行了统收统支、统存统贷的资金管理制度，形成了机构统一、职能统一、银行内部上下级统一、计划管理的“大一统”金融体系，这种模式一直延续到20世纪70年代末实行改革开放之际。这种财政金融管理体制具有以下特点：①高度集中的金融机构体系；②高度集中的金融管理机制；③集中统一的利率管理机制；④高度集中的外汇管理体制。

改革开放前，公私合营银行被不断并入中国人民银行，中国银行也成为中国人民银行下属的外汇管理和运营部门，交通银行等相关职能也上交财政部，中国实际上只有中国人民银行一家金融机构，其分支机构按照省、市、县、社（乡镇）行政区划遍布于全国各地，银行内部实行高度集中的统一领导，各分支机构按总行统一计划和指令办事。它兼金融行政机构与金融经济实体的职能于一身，是国家政权机构和金融企业的混合体。作为政权机构，代表国家履行金融管理职能；作为金融企业，履行信用中介、支付中介、信用创造、创造金融工具和金融服务等职能，其一切制度设计的动机和目的，都在于保障中央高度集中的计划任务的完成。在此期间，中国人民银行集中央银行和普通银行职能于一身，对全国的信贷资金实行“统存统贷”管理，代表国家统一制定利率并负责贯彻执行，银行内部实行高度集中管理。

20世纪五六十年代，中国银行的业务范围极其有限，只经办中国人民银行确定的对外业务，甚至一度成为中国人民银行办理国际金融业务的下属部门。这一时期中国金融机构的组织构成十分简单，银行性金融机构只有1954年成立的中国建设银行、1955年和1963年两度成立的中国农业银行、1951年成立的农村信用合作社；非银行性金融机构只有1949年成立的中国人民保险公司。中国建设银行成立后隶属于财政部，专门负责管理和监督用于基本建设的财政拨款。从其归属和组织结算以及发放一些基建贷款的业务属性来看，它并不具有金融机构的本质特征和众多职能，只不过是执行财政部交办的拨款任务，算不上真正的银行。中国农业银行成立后不久就被并入了中国人民银行。中国人民保险公司成立之初隶属于中国人民银行，由于受苏联做法的影响，

1952年被划归财政部。1959年进行全面清理，不再办理国内保险业务，并归属中国人民银行国外局领导，专门经营国外保险业务。

1952年10月，央行召开了全国货币管理会议，会议上强调要对货币流通计划进行调整，加强管理。次年，央行已经开始根据各级银行的情况制订现金出纳计划，对人民币制度进行改进和优化，维护货币市场的稳定。同年，央行在苏联专家的指导下，考虑我国金融市场的运行情况以及银行管理制度，制定了相应的现金调拨管理办法，其中对现金出纳计划做出了明确的规定，并补充了一系列配套措施，各级银行只能在央行允许的范围内支出库存款。1962年3月，中共中央、国务院出台了《关于严格控制财政管理的决定》和《关于切实加强银行工作的集中统一，严格控制货币发行的决定》，即财政工作“六条”和银行工作“六条”（后被简称为“双六条”）。银行工作的“六条”主要内容为：一是银行业务实行完全的垂直管理，上收前期下放的各项权力；二是严格信贷计划管理，非经中国人民银行总行批准，任何地方的党政机关、企业、事业单位等均不得在计划外增加贷款；三是严格划清银行信贷资金与财政资金的边界，不许将银行资金用于财政支出；四是严格现金管理和结算纪律；五是建立货币金融情况的定期报告制度，加强各级银行同当地党委联系，各家银行的地方分行应定期向当地党委和政府报告货币投放、回笼和流通的情况，贷款增减和还款情况，工资基金支付情况，企业亏损的财政弥补情况，银行贷款挪用情况等；六是严格财政管理。

1958~1960是中国国民经济发展的“大跃进”时期。1958年下半年开始的大跃进和人民公社化运动，违背了客观经济规律，不仅严重伤害了国民经济的发展，也给刚刚成形的集中统一的中国金融体系带来一系列乱象，严重影响着金融体系在国民经济发展中应该起到的支持作用。这一期间，不切实际的高指标、瞎指挥、浮夸风和“共产风”泛滥，在金融体系内体现为金融管理权力全面下放，各级金融机构欺上瞒下风气盛行，鼓励在吸收存款和发放贷款方面“放卫星”。一方面，金融体系大量发放货币，形成通货膨胀；另一方面，大量信贷发放之后，由于金融管理混乱，信贷资金的使用效益差，资金回收情况很差，几近失控。这段时期中国金融对实体经济的支持非常乏力，在国民经济陷入困顿的同时，金融体系也濒临崩溃。1956年，中国金融业增加值在GDP中占比只有1.4%，这一指标在1960年激增至4.2%，而1961年更是高达5%。如本书第一章分析，金融业增加值单方面急剧上升也可能反映的是金融中介成本的上升（即融资难、融资贵）。中国金融在1958~1961年发生的变化，对应的正是不断上升的金融中介成本和几乎完全失效的金融对国民经济发展的支持。

1961年起，鉴于大跃进给国民经济带来的巨大伤害，中国开始进入了国民经济的恢复时期。这段时期的金融主要围绕着中央确定的“调整、巩固、充实、提高”八字方针进行。针对三年大跃进时期采取激进发展所带来的一系列问题，国家开始适当收缩工业战线，扩大农业生产；在工业生产建设方面先生产、后基建，先质量、后数量。主导方向上的变化和以经济发展作为出发点的创新使得国民经济逐渐恢复，再现活力。中国人民银行在这个过程中一方面严格信贷管理、加强对货币发行的控制，同时又严格区分财政资金和银行资金的使用，强调信贷计划的设定和执行，对实体经济的发展起到较好的作用。这期间的中国金融可以说又重新回归到1958年前的垂直单一的人民银行体系，通过严格的计划及执行来提升资金使用效益，推动经济统筹发展。

1966年5月16日，中共中央政治局扩大会议通过了《中国共产党中央委员会通知》，中国开始了长达10年的“文化大革命”。“文化大革命”期间，“左”的指导思想占据统治地位，新中国成立以后的各项经济制度、指导思想、方针政策、运行机制和工作秩序几乎被完全否定。与此对应，金融工作的基本制度、工作原则、管理体制、业务流程和运作方式也几乎被完全抛弃。中国人民银行总行的各职能司局被大量撤并，仅留下了“政工”和“业务”两个“组”维持工作。1969年，在国务院所属各部、委、办精简合并过程中，中国人民银行总行被并入财政部，正式成为财政部的下属机构，留下从事金融业务工作的干部仅剩87人，中国人民银行以财政部下属机构形式行使银行职能，以信用为基础的货币发行和金融中介服务甚至连形式都不能保全。由此，金融管理基本处于瘫痪状态，这种状况一直延续到1977年，当年召开了全国银行四大工作会议，国务院就银行工作的改进和优化出台了相应的规定，强调银行在经济管理中的积极作用，明确指出要将银行纳入中央进行统一管理。1977年11月，国务院出台了《关于整顿和加强银行工作的几项规定》，强调各级银行应切实贯彻“发展经济、保障供给”的总方针和各项金融政策，整顿规章制度和各项金融工作，整顿各单位在银行和信用社开立的账户（对近250万个账号进行处理），整顿签发空头支票和出租出借支票的问题；在银行系统内开展清资金、清账务、清财务的“三清”工作，整顿货币发行、银行统计、金银管理和出纳工作；同时，充实银行系统的骨干力量，尤其是加强业务第一线的力量。

“大一统”的金融体制是高度集中的计划经济的产物，是计划经济时期中国金融的重要特色，体现了国家对金融的绝对控制，目的在于使得国家能够集中相对稀缺资金全力支持国家发展战略确定的重大发展领域，本质上是服务于计划经济需要的。这一时期的中国金融体系，在中国推行工业化早期，在资本极度匮乏且与国际金融体系几乎完全隔绝的情况下，采用这种单一且高度控制、垂直管理的金融模式，有其合理性。这种金融体系有利于动员社会资金，集中资源推动基础设施建设和大的工业工程项目。新中国成立至 1977 年不到 30 年时间，虽然中间历经若干天灾人祸，中国仍然顽强地搭建起了工业体系的大致轮廓，每年保持近 5.5% 的 GDP 增长速度，金融起到了很大的作用。然而，我们也应充分认识到，这种“大一统”的人民银行体系，从上向下垂直管理，并不利于微观层面活力的释放。在这种体系下，国家意志主导经济发展和金融的演进，个人信用、商业信用甚至银行信用容易被国家信用所取代。金融实质上是变相的财政。在很长一段时间里，政策制定者的理念中也把金融与财政画等号。中国金融目前仍旧存在财政与金融难以分离，信用体系难以完整建设起来等痼疾，这应该说与 1949~1977 年这一时期的中国金融实践有密切的关系。

## 二、改革开放至党的十八大以前的金融工作

金融体制改革是为了适应经济体制改革的需要，破除经济社会发展的金融体制障碍，作为经济体制改革的一项重要举措而提出来的。依据改革的目标、任务和要求的完成及实施状况，在党的十八大以前，金融体制改革大体经历了 1978~1993 年的第一阶段、1993~2012 年的第二阶段。经过 34 年的改革实践，中国已经建立了基本适应自己国情的中国特色社会主义金融体系。

### （一）金融体制改革的动因

金融体制是经济体制的重要组成部分，必须与经济体制相匹配、相协调；经济体制改革，客观上需要对金融体制进行相应改革，以保证金融在调节经济运行、服务经济社会发展方面的功能得到充分、有效发挥。

#### 1. 改革金融体制是由市场经济发展规律决定的

1978 年以来，我国实行的经济改革始终内含着金融改革，之所以如此，首先，是由金融与经济之间固有的不可分割的内在关联性决定的。我国经济改革的目标是建立社会主义市场经济，而市场经济在本质上就是金融经济。只有金融运行得正常、健康、有效，社会资源才可能配置得合理，社会主义市场经济才可能持续、稳定、健康发展。所以，进行经济体制改革，就不得进行金融体制的配套改革。其次，市场经济具有周期性繁荣和衰退的缺陷，需要对其适时地进行宏观调控，而金融是连接国民经济方方面面的纽带，是调控宏观经济的重要杠杆，国家可以通过制定货币政策、运用金融手段，调控货币供应量、结构和利率，有效起到调节经济发展规模、速度和结构的作用。最后，货币资

金作为经济资源和财富的象征，是沟通社会经济生活的命脉和媒介，缺少货币资金运动，现代经济就无法运行。而且，随着改革开放进程的不断深入，中国经济已经深度融入了世界经济体系之中，并成为引领世界经济发展的强大力量。对外开放和走向世界是中国发展市场经济、建立社会主义现代金融体系的必由之路，这一过程同时也是中国金融业融入国际金融体系的过程；而中国越是扩大对外开放，就越需要遵循国际通行规则，改革和完善本国金融体系。

2. 改革金融体制是社会主义建设的现实需要

金融体制改革作为经济体制改革的一个重要方面，关系到众多市场主体和人民群众的切身利益，始终受到党中央和中国政府的高度重视。改革开放以来，党的历次全国代表大会、中央经济工作会议、全国金融工作会议，几乎都涉及或专门研究和讨论金融问题，而且随着改革开放的深入发展，党中央和中国政府对金融工作和金融改革重要性的认识不断提高，建立了每隔五年召开一次全国金融工作会议的制度。

到党的十七大时，对金融体制改革理论的探讨也达到了前所未有的水平。党的十七大报告指出："要推进金融体制改革，发展各类金融市场，形成多种所有制和多种经营形式、结构合理、功能完善、高效安全的现代金融体系。提高银行业、证券业、保险业竞争力。优化资本市场结构，多渠道提高直接融资比重，加强和改进金融监管，防范和化解金融风险。完善人民币汇率形成机制，逐步实现资本项目可兑换，深化投资体制改革，健全和严格市场准入机制。完善国家规划体系，发挥国家发展规划、计划、产业政策在宏观调控中的导向作用，综合运用财政、货币政策，提高宏观调控水平。"① 这是在党的全国代表大会报告中第一次较全面地阐述党的金融体制改革思想。

以上表明，党中央对金融的认识已经从一种服务性质的工具上升到了经济社会发展基础性要素的高度，标志着中央决策层金融理念的转变和发展，尤其是基于对我国金融形势的现状所做的理性分析和得出的认识结论，已经清晰地折射出我国金融系统存在以下问题，而且对这些问题是以中央规范性文件的形式作出概括的。

（1）金融市场不健全。中国金融市场存在的突出问题，是所有制结构不合理，经营形式单一，功能不够齐全，效率较低，风险较高。金融业、证券业、保险业的国际竞争力有待提高，距离建成现代金融体系仍有较长路程。目前的金融体制改革还没有深入落实到各类金融市场，金融产品不丰富，不能很好地

① 中共中央文献研究室. 十七大以来重要文献选编（上）[M]. 北京：中央文献出版社，2009：20-21.

发挥和贯彻宏观调控政策在调节市场资本流动方向、推动生产和生活内需中的协调作用。构建现代金融体系，要求金融业在符合中国国情的基础上，与经济又好又快发展的模式相协同，这些要求是规范化、法治化、市场化、现代化的金融体系必须具备的构成元素，即金融产品品种多样化、经营方式灵活化、管理结构企业化、部门功能高效化、操作运行规范化、内控制度精细化。在中国语境下，所谓提高竞争力，关键是认识市场规律、遵循市场规律、把握市场规律，并从提升自身市场化经营水平入手，推进金融创新，提供更多金融产品和市场认可的服务项目，形成市场促进金融、金融推动市场的格局。

（2）资本市场结构不合理，直接融资渠道不畅。民间融资贵、融资难，不能与正规金融形成互补效应，目前亟须打通直接融资渠道，提高直接融资比重，减轻中小企业信贷压力。直接融资的来源，不能限于社会闲散资金，金融创新关键是思维方式创新、金融理念的转变，应该推动行政部门、企事业组织、各级政府的各种活动资金积极上市吸收和积聚资本，提高实体经济部门的吸储能力，扩大转贷托底，促进市场上的资本充分循环流通，保障为经济稳定持续发展提供充足的资金支持。

（3）金融监管架构不完善，防范和化解金融风险的能力不强。金融机构组成人员与金融监管机构组成人员专业能力不匹配，不能保障金融监管的有效性。今后需要强化内控制度的完善和落实，加强对金融部门人、财、物的管理使用及关键岗位的监督，健全责任追究制度。金融生态环境对金融业健康发展具有重要影响，目前急需进一步优化金融生态环境。金融市场发展和建设，必须坚守“发展为了人民，发展依靠人民，发展成果由人民共享”的发展理念，改变资本市场制度性、基础性建设的薄弱状态，完善相关法律法规体系，营造保护中小投资者利益的良好市场环境，使资本市场在资源配置中真正发挥中介作用。

（4）人民币汇率形成机制不完善，还未实现资本项目可兑换。汇率改革在金融体系改革中的意义非同一般，弹性汇率会使企业面临不同的市场条件，资本市场改革的各项措施需要与汇率改革相协调，只有统筹兼顾、协同发展，才能降低经济社会产生的摩擦。

党中央的金融理念和对中国金融现状的认识，集中代表了全党和全国人民对我国金融问题的态度和改革要求，是全国人民的根本利益在金融改革问题上的反映，是推进我国金融体制改革最重要的动力。

## （二）金融体制改革的过程

1978 年 12 月，中共十一届三中全会决定“把工作重心转移到现代化建设上来”。从此，中国进入了改革开放时期，同时也开启了构建现代金融体系的航程。1978~2012 年，我国金融改革大体经历了以下两个阶段：

### 1．金融机构的恢复与金融体系的构建阶段（1978~1993 年）

1978~1993 年，党的重要会议中有四次会议通过的决定，对于金融体制改革的影响最大，一是党的十一届三中全会决定实行改革开放政策。二是党的十二届三中全会通过的《中共中央关于经济体制改革的决定》，决定加快以城市为重点的经济体制改革，提出了“应把是否有利于发展社会生产力作为检验一切改革得失成败的最主要标准”。由此，中国的经济体制改革从农村走向城市。中国经济改革和经济发展中贯彻着“计划经济为主、市场调节为辅”的总方针。三是 1987 年党的十三大首次提出社会主义有计划的商品经济体制的运行机制是“国家调节市场、市场引导企业”，明确了金融体制改革的市场化方向。四是 1993 年党的十四届三中全会通过的《中共中央关于建立社会主义市场经济体制若干问题的决定》，明确提出要在 20 世纪末初步建立起社会主义市场经济体制。

（1）改革和金融组织体系的恢复。1977 年 12 月召开的全国人大五届一次会议，决定将中国人民银行从财政部中分离出来，设立为由国务院直接管辖的独立机构，这标志着中国金融体系进入恢复时期。1978 年党的十一届三中全会召开之后，中国金融机构体系基本得到恢复。在改革开放的背景下，1979 年成为中国主要金融机构恢复运作的元年。1979 年 2 月，为了支持农业和农村金融行业发展，为农业、农村、农民提供信贷类金融工作的支持，国务院出台了《关于恢复中国农业银行的通知》，将农业存贷款等相关业务从中国人民银行划出，专设中国农业银行。同年 3 月，为了适应对外开放和国际金融业务发展的需要，将与外汇相关的业务从中国人民银行分离，恢复了中国银行，同时，设立了国家外汇管理局。同年，第一家城市信用社在河南成立，随之在全国引发了组建城市信用社的热潮，城市信用社很快遍及全国。在银行性金融机构恢复的同时，非银行性金融机构也开始出现在中国广袤的大地上。1979 年 10 月，为了加大推进改革开放的力度，开辟吸收利用外资、引进先进技术设备和管理经验的新路径，在邓小平亲自倡导和批准下，中国国际信托投资公司投入运作，其主要业务集中在金融、实业和其他服务业领域。同年 11 月，全国保险工作会议在北京召开，标志中国人民保险公司恢复经营。时隔两年，1981 年 4 月中国东方租赁有限公司成立。从此，融资租赁业开始融入我国金融体系。

（2）改革与金融机构体系的初步形成。1980 年以后，金融机构的恢复和组建进一步展开。为了适应经济改革和社会发展需要，参照发达国家构建现代金融体系的经验和做法，在长达两年多的酝酿之后，1983 年 9 月国务院决定建立国家中央银行，并从 1984 年 1 月 1 日起，由中国人民银行履行中央银行职能。与之相适应，开始启动银行改革，1983 年 5 月，国务院批准恢复中国建设银行，专营国家基本建设投资相关的业务。1983 年 9 月，国务院出台的《关于中国人民银行专门行使中央银行职能的决定》，决定成立中国工商银行，承办原来由中国人民银行办理的工商信贷和储蓄业务。1984 年 1 月，中国工商银行开业。与此对应，中国人民银行成为专门履行中央银行职能监管各类金融活动的金融机构。由此中国初步形成了以中国人民银行为中央银行，工、农、中、建为专业银行，中国人保和中信公司为辅佐的金融体系。1985 年末，中国建设银行在政府的指导之下进行体制的变革，其需要按照政策规定向中央银行提交周期性的存款准备金，且原由中国建设银行单独管理的信贷部门被归至央行旗下。同年中国投资银行为分担央行委托贷款而建立，交通银行也进行了全方位的改革。1986 年 7 月，交通银行重新组建，成为第一家股份制商业银行；1987 年，成立了由企业集团发起设立的中信实业银行。同时成立了由地方金融机构和企业共同出资兴办的深圳发展银行。这些规模不等、产权多样化的商业银行，与先前重建的“四大”国有银行以及遍布全国城乡的信用社，造就了中国多层次、多样化的银行体系。为了适应经济发展对金融业的需求，1987 年开始出现以企业集团为依托的财务公司，中国银行与国际信托投资公司联合创办“中国投资基金”，中国投资基金市场诞生。

金融行业的第二次全国代表大会于 1984 年中期举行，各金融代表均阐述了自己对于金融市场未来走向的规划，例如，同时设立短期及长期两种资本市场，外汇市场也需单独设立等方案，在世界上引起了轰动。同期，我国短期资金融通市场也逐渐兴盛。1985 年出台的新信贷政策，批准银行同行拆借，随之而来的是我国拆借行业渐渐发展，相关的筹资方式也得到发展。此后，很多股份公司纷纷在比较发达城市的市场成立，股票交易所也逐步设立。改革开放后，随着民营企业发展对建立金融市场的需求日益迫切，从 1981 年开始，江苏、浙江等经济发达地区，为适应日益活跃的个体经济，出现了自主调节余缺的资金拆借活动，一些服务于非国有经济的市场化的金融市场相继进入金融体系。在这种情况下，为了推动建立适应金融市场发展的现代化支付清算体系，1981 年中国人民银行决定，实行汇票、本票、支票、信用证“三票一证”制度，推动了票据市场发展。在这一年，上海成为率先办理票据承兑贴现业务的城市，中国人民银行则着手试办票据再贴现业务。这标志着刚刚实行改革开放不久，中国就着手建构多层次的票据市场，中国金融体系开始引入了市场化的资金配置机制。

（3）改革与金融领域市场化机制的扩展。1979 年，日本输出入银行在北京设立了中国第一家外资银行代表处，中国银行业对外开放的序幕由此拉开。1992 年，美国友邦保险有限公司在上海设立了分公司，成为第一家进入中国保险市场的外资保险公司，标志着中国保险市场的对外开放。

为了支持经济发展，在资金紧缺的条件下，中国突破了长期存在的“既无内债又无外债”的观念束缚，从 1981 年开始发行国债，筹集建设资金。1989 年以后，中国开始加快各领域的改革步伐。金融领域的改革，以引入资本市场最为引人注目，1984 年，上海小飞乐、延中等股份公司的股票有了私下交易；1987 年，中国工商银行的信托投资公司在静安寺设立了第一个证券交易营业部；1990 年 12 月 19 日，上海证券交易所成立，次年 7 月深圳证券交易所成立，同时启动了全国证券交易自动报价系统（STAQ 系统），我国金融发展进入了一个新的阶段。与此同时，专门从事国债、股票承销和交易业务的证券公司也随之发展，跨地区柜台证券交易也开始启动。这一年，财政部和中国人民银行开始实行国债回购业务试点工作。与建立资本市场交易机制相关联，证券公司、证券投资基金等资本市场中介机构也相继设立。资本市场的形成与新型金融中介机构的引入，以及金融业的发展和金融机构的大量涌现，必然要求建立现代金融监管体系。而市场机制被引入社会主义经济体系，引起了人们的担忧和纷争，严重阻碍了社会主义改革的深入进行。

为了打破姓“资”姓“社”问题的束缚，促进社会主义市场经济运行机制早日形成，1991 年初，邓小平提出了“计划多一点还是市场多一点，不是社会主义与资本主义的本质区别……计划和市场都是经济手段”的论断，还说：“金融很重要，是现代经济的核心。金融搞好了，一着棋活，全盘皆活”。① 从此，我国经济领域包括金融系统更加明确和坚定了市场化的改革方向。在上述背景下，党中央和中国政府进一步采取措施，既保障金融业的繁荣和健康发展，也加强了对金融市场的监督和管理，并于 1992 年 10 月成立了国务院证券委员会和中国证券监督委员会，这标志着我国对于证券市场的管理开始形成统一的专业化的监管体制。

### 2. 市场化改革和现代金融体系的初步形成阶段（1993~2012 年）

1993~2012 年，是我国加快推进市场化改革及现代金融体系初步形成的时期。在此期间，对我国市场化改革起到决定性作用的事件，是中央决定加快金融体制改革，这项决定是 1993 年 11 月党的十四届三中全会做出的。同年 12 月 25 日，国务院在《关于金融体制改革的决定》（以下简称《决定》）中提出，

---

① 邓小平．邓小平文选（第 3 卷）[M]．北京：人民出版社，1993：366-373.

中国金融体制改革的目标是，建立在国务院领导下独立执行货币政策的中央银行宏观调控体系；建立政策性金融与商业性金融分离，以国有商业银行为主体、多种金融机构并存的金融组织体系；建立统一开放、有序竞争、严格管理的金融市场体系。这一《决定》对金融改革工作做了如下安排：第一，把中国人民银行办成真正的央行，建立强有力的宏观调控体系；第二，改革金融监管体系，健全金融法规，强化金融监管；第三，区分政策性金融和商业性金融，金融机构改革须坚持以国有商业银行为主体、多种金融机构并存；第四，健全货币市场和证券市场，金融市场体系建设必须坚持统一开放、竞争有序、管理严格；第五，坚持构建以市场汇率为基础、单一和有管理的人民币浮动汇率制度，加快实行汇率并轨，实现经常条件下人民币有条件可兑换。党的十四届三中全会和国务院有关决定，对于下一阶段我国金融体系的改革和发展起到了巨大的推动作用。在这个阶段，党中央和中国政府主要采取了以下方针和措施，推进金融体制改革。

（1）金融业的治理整顿和配套改革。中国金融体系建设的快速发展，也导致 20 世纪 90 年代初期出现了“泥沙俱下、鱼龙混杂”的局面，因此，进一步明确金融体系改革的目标和方向，对金融业进行治理整顿和配套改革的重要性迅速凸显出来。1993 年 7 月召开的全国金融工作会议提出了治理金融市场的三项规定，即全国金融机构立即停止和认真清理违章拆借，禁止擅自或变相提高存贷款利率，不得向银行自己开办的经济实体注入信贷资金，各金融机构须与自己开办的经济实体立即脱钩。

为了保障治理整顿和金融体制改革有法可依、依法运行，一年之后，全国人大集中制定并颁布了一批规范金融机构及其市场行为的法律。根据人大立法，国务院制定了相配套的改革措施，这些措施涉及规范中央银行、金融组织、金融市场、宏观调控、外汇管理等金融体系的构建、运行的行政法规制度和国家政策。概括起来，这些相互配套的改革措施如下：

第一，加速我国融入全球经济和世界金融体系的步伐。1993 年中共十四届四中全会做出的《关于建立社会主义市场经济体制若干问题的决定》中强调指出：改革外汇管理体制，建立以市场供求为基础的有管理的浮动汇率制度和统一规范的外汇市场，逐步使人民币成为可兑换的货币。1993 年 12 月 28 日，中国人民银行出台的《关于进一步改革外汇管理体制的公告》强调，从 1994 年 1 月 1 日起，实现人民币汇率并轨，实行以市场供求为基础的、单一的、有管理的浮动汇率制；实行银行结汇、售汇制度，取消外汇留成和上缴、经常项目正常对外支付用汇的计划审批；建立银行间外汇交易市场，改进汇率形成机制；取消任何形式的境内外币计价结算，境内禁止外币流通，禁止指定金融机构以外的外汇买卖；停止发行外汇券，已发行流通的外汇券可继续使用，逐步回笼。1996 年 12 月 1 日，按照《国际货币基金组织协定》第八条的要求，中国实现了人民币经常项目可兑换。

第二，实行了政策性金融与商业性金融的分离。1994 年，中国将原先由工、农、中、建等银行从事的政策性业务划出，专门设立国家开发银行、国家进出口银行、国家农业发展银行这 3 家政策性银行，区分政策性业务和商业性业务，国有专业银行不再经营政策性贷款业务，相关业务由三家政策性银行办理。在此背景下，工、农、中、建等银行迈出了商业化经营运作的步伐，从专业银行转变为国有独资商业银行，贷款的发放对象从国有企业扩大到各类企业。1999 年，中国从工、农、中、建 4 家商业银行中剥离出了 13000 亿元的不良贷款，同时，从国家开发银行中剥离出了 1000 亿元不良贷款，并专门组建了华融等 4 家金融机构来处置这些不良贷款。

第三，加快金融市场体系建设，促进金融业健康发展。改造城市信用社，成立城市商业银行，推动北京、上海、深圳等经济发达区域建立以自己城市命名的现代商业银行，并带动各主要城市纷纷效仿。建立银行间市场，从 1996 年起，在整顿全国各地资金市场的基础上，借助于外汇交易市场的电子系统，建立了银行间交易市场，从最初的资金拆借发展到债券交易、债券回购交易等，成为中国主要的货币市场。建立期货交易市场，1999 年 5 月，在原先 3 家期货交易所合并的基础上，上海期货交易所正式开业，标志着由上海期货交易所、郑州期货交易所（设立于1990年）和大连期货交易所（设立于1993年）构成的期货交易市场格局形成。

第四，加强了金融立法工作。市场经济是法治条件下的经济，为此，立法先行。1995 年以后，中国先后颁布并实施了《中华人民共和国中国人民银行法》《中华人民共和国商业银行法》《中华人民共和国票据法》《中华人民共和国保险法》《中华人民共和国担保法》等一系列法律法规，初步形成了规范金融活动的法律体系框架，改变了长期以来金融活动缺乏法律规范的状况，对规范各类金融机构的市场行为起到积极重要的作用。

第五，利率市场化改革。1996 年 6 月 1 日，中国人民银行放开了银行间同业拆借利率，标志着利率市场化改革起步。对商业银行实行资产负债比例管理，取代原来实行的信贷规模管理。依法赋予国有商业银行独立商业法人资格，实行商业化经营，促进金融调控体系由直接调控为主向间接调控为主转变，中国人民银行更加注重运用货币政策进行调控。从 1999 年起，中国开始实施稳健的货币政策，每年公布货币政策调控的中间目标，这标志着计划经济体制机制从央行操作层面的退出。

第六，完善金融监管。长期以来，我国金融市场的唯一监管者是中国人民银行，它负责对所有金融机构和整个金融市场的监管，有很多的缺陷。国务院于 1992 年 10 月决定将股票等证券业务的监管工作从中国人民银行划出，设立了中国证券监督管理委员会，成为我国金融监管体系向分业经营和分业监管的方向发展的标志，标志我国金融监管体制改革的创新。1998 年 11 月，国务院决定将保险业的监管工作从中国人民银行划出，成立保监会，加强了对商业保险市场的监管。至 1998 年底，我国形成一行二会分业监管体制，即中国人民银行负责货币政策和银行业监管，中国证监会负责证券期货业监管，中国保监会负责保险业监管。按照这种管理体制，1999 年起，中国人民银行开始撤销原来的省级分行建制，根据我国地域关联性、经济金融总量、金融监管的实际需要，在全国 9 个中心城市分别设立分行；北京和重庆两市不再设立分行，在两地分设中国人民银行营业管理部和重庆营业管理部。2003 年 4 月，国务院决定设立中国银行业监督管理委员会，将对商业银行等金融机构的监管工作从中国人民银行划出，至此，形成了“一行三会”的金融监管格局。

（2）金融体系的整体改革。随着 2001 年加入世贸组织（WTO），中国融入全球经济和国际金融体系的进程日益加快。2001 年，中共中央通过了《关于完善社会主义市场经济体制若干问题的决定》，对我国经济改革进程影响巨大。从此，以加入 WTO 和以市场化为取向的经济体制改革为契机，中国更加明确了全面建设市场化金融体系和融入全球金融体系的方向，促使我国对外开放模式由决定并控制对外开放领域、程度和步调的“政策性对外开放”转向了按照 WTO 规定的制度框架并参考国际最佳实践的“制度性对外开放”，由此推动了我国金融业的全面改革开放。

改革过程与成就突出表现在以下方面：

第一，金融机构的市场化改革。2004 年以后，我国金融领域的改革开始发生重大变化。国家成立了中央汇金公司，行使对获得注资的国有控股银行的权责。2003 年 12 月，汇金公司向建行和中行注入 450 亿美元的资本，标志着国有商业银行股改上市工作的起步。在财务重组、引进战略投资者、机构重组的基础上，中国建设银行、中国工商银行、中国银行和保险、证券等金融机构，陆续在香港或上海证券交易所成功上市，获得了多样化的资本金补充渠道，拓展了金融机构介入资本市场交易途径，促进了金融机构的综合经营和基金管理公司的繁荣发展。

2012 年，国务院在温州设立了“温州市金融综合改革试验区”，试验区的主要任务是鼓励和支持民间资本参与地方金融改革，并且依照国家法律规定，发起设立或者参股村镇银行、贷款公司和农村资金互助社，引导民间融资健康发展。

第二，健全金融监管体系。作为经济体制改革的重要组成部分，伴随我国经济体制改革逐步展开，金融体制改革也进入了探索阶段。改革初期，中国人民银行履行金融监管职能，1982年在中国人民银行内部设立金融机构管理司，后来又从管理司演化出分管司法业务、非银行性金融机构、保险、银行等几个管理机构，还专门设置了管理外资金融机构的机构。但随着金融体制改革的逐步深入，已有的监管机制已经不能完全适应金融发展和改革的要求，所以，在1983年，对中国人民银行的职能定位进行了调整，决定其专门履行中央银行职能。20世纪80年代，中国人民银行是中国唯一的金融监管主体，通常采用报告制度、年检制度、评级制度、现场和非现场检查相结合制度、商业银行报表专收、资产负债比例管理等制度，对金融机构进行监管。

改革开放初期，伴随着股市的出现需要建立相应的证券市场监管体系。1992年10月，中国成立了负责证券发行上市和监管的专门机构——国务院证券委员会和证券监督管理委员会。这一组织成立之后，中国人民银行的职能也相应地进行了调整，但仍然对债券和基金市场进行监管。1993年底，国务院发布《关于金融体制改革的决定》，我国金融分业监管体系开始逐步形成。1998年底，中国人民银行管理体制实行重大改革后，对证券监管机构进行了调整，证券委员会被并入了证券监督管理委员会，中国人民银行不再履行证券监管职能，而且随着保险监督管理委员会的成立，中国形成了分业监管的金融监管格局。鉴于金融业的广泛联系性、相互渗透性和深度交叉性特征，中国人民银行、证监会和保监会在2000年建立了三方监管联席会议机制，以解决金融业混业发展带来的监管界限模糊问题。银监会成立时，又进一步与保监会、证监会就解决监管交叉等问题确立了分工合作框架及协调机制。

2003年4月，国务院决定设立中国银行业监督管理委员会，将对商业银行等金融机构的监管工作从中国人民银行划出，它的职能主要包括监管银行业金融机构和信托子公司等金融机构。至此，我国“一行三会”的金融监管架构体系基本建立起来，即形成了分业经营、分业监管的金融监管制度架构。中国银监会设立后，在加强商业银行等金融机构的监管、风险防范和化解、金融产品创新和金融市场发展等方面做了大量具有专业性水平的工作，推进了中国银行业的专业化发展。在银行业监管方面，基本实现了与国际清算银行（BIS）的制度框架相对接，并通过对银行业再次进行整顿调整，依循重整的“四环节”，即贷款分类、充足拨备、做实利润、资本充足率达标，在比较短的时间内，就使中国资本监管和风险管理基本达到了国际标准。对证券业的监管，主要采取提高透明度、完善公司治理结构等措施，加强对投资者利益的保护。在保险系统，监管重点集中在了偿付能力、公司治理结构、市场行为等方面。

第三，深化资本市场改革。2005 年 4 月 29 日，中国证监会出台了《关于上市公司股权分置改革试点有关问题的通知》，同年 9 月 4 日，中国证监会又出台了《上市公司股权分置改革管理办法》，促使股权分置改革的全面展开。“股权分置”改革是针对中国上市公司股权中长期存在的流通股和非流通股并存从而股权不平等的现象而实施的，目的在于实现非流通股的可流通、同股同权。经过采取以上措施，在一定程度上改善了资本市场投资者结构。特别是伴随着保险资金、社会保障基金、证券投资基金、私募基金、合格境外投资机构的进入，机构投资者逐渐成为我国资本市场中最活跃、最重要的市场主体。

2004 年 5 月，经国务院批准，深圳证券交易所设立中小企业板。2009 年 5 月，按照中国证监会《首次公开发行股票并在创业板上市管理暂行办法》规定的创业板市场在深圳证券交易所投入运作。2004 年 6 月，中国人民银行和中国银监会联合发出《商业银行次级债券发行管理办法》，推进了商业银行发行债券的工作。2005 年 5 月，中国人民银行出台了《短期融资券管理办法》，标志着实体企业短期债券的问世。2008 年 4 月，中国人民银行出台了《银行间债券市场非金融企业债务融资工具管理办法》和《非金融企业中期票据业务指引》，标志着实体企业的中期票据启动。2012 年 5 月，沪深证券交易所分别出台了《中小企业私募债券业务试点办法》，以进一步拓宽中小微型企业融资渠道。

2005 年 4 月，中国银监会出台了《信贷资产证券化试点管理办法》，随后中国建设银行和国家开发银行分别以个人住房抵押贷款和信贷资产为支持，在银行间市场发行了第一期资产证券化产品。2005 年 11 月，中国银监会《商业银行个人理财业务管理暂行办法》开始实施，标志着规范的银行理财产品正式问世。此后，银行理财产品快速发展，成为居民个人金融投资的重要对象。在此背景下，通过银信合作、银证合作、银基合作和银保合作等方式，理财产品的资金大量流入实体经济部门，成为银行信贷资金的重要补充。2006 年 8 月，中国证监会出台《合格境外机构投资者境内证券投资管理办法》，标志着 QFII 的运作正式展开；2007 年 4 月，中国证监会出台《合格境内机构投资者境外证券投资管理试行办法》标志着 QDII 的运作正式展开。2011 年 12 月 16 日，中国证监会、中国人民银行和国家外汇管理局联合发布《基金管理公司、证券公司人民币合格境外机构投资者境内证券投资试点办法》，进一步允许境外机构投资者在规定额度内直接使用人民币投资于境内证券市场。QFII 和 RQFII 制度设立之后，获批额度迅速上涨，据国家外汇管理局统计数据，截至 2018 年底，我国 QFII 总额度为 1500 亿美元，共有 309 家境外机构获得 QFII 资格，获批额度 1011 亿美元；RQFII 制度从我国香港扩大到 19 个国家和地区，总额度 19400 亿元人民币，共有 233 家境外机构获得 RQFII 资格，获批额度 6467 亿元人民币。QFII 和 RQFII 制度自实施以来，对引进境外长期资金、优化投资者结构、引导价值投资、完善上市公司治理、促进资本市场健康发展发挥了积极作用。2007 年 9~10 月，首批股票型 QDII 基金发行，作为试点，南方、华夏、嘉实和上投摩根四家基金公司先后推出其首只 QDII 产品，这标志着 QDII 基金正式开始投入运行。但由于 2007 年 10 月中外牛市见顶回落，再加上全球性金融危机爆发，QDII 可谓生不逢时，出师不利。2008 年下半年 QDII 基金暂停发行，在此期间受金融危机影响，QDII 基金大幅亏损，净值损失较大。直到 2010 年以后，在全球宏观经济逐渐好转时，QDII 基金才又重新发起募集。截至 2018 年底，QDII 基金数量共有 136 只，净资产 705 亿元，分别占公募基金的比重是 2.4% 和 0.05%。

第四，加快利率市场化改革步伐。从 20 世纪 90 年代初期开始，利率市场化进程一直在稳步推进。进入 21 世纪以后，推动银行存贷款利率市场化已经成为金融领域改革的主要任务。2002 年，我国选择了 8 家农村信用社作为存贷款利率市场化改革的试点。2002 年 9 月，在国债数额难以满足公开市场操作的条件下，中国人民银行开始发行央行票据。2003 年 9 月 21 日，中国人民银行开始运用法定存款准备金率机制，从商业银行等金融机构获得人民币资金对冲外汇占款。2004 年 10 月 29 日，中国人民银行放弃先前的存贷款法定利率制度，开始实行存贷款基准利率制度，对金融机构存贷款利率分别实行上下限管制，为继续推进利率市场化创造了条件。2005 年 7 月 21 日中国人民银行发布公告，开始实行汇率浮动制度，即以市场供求为基础、参考一篮子货币进行调节、有管理的浮动汇率制度。2010 年 6 月，又推出了新的举措，以改革人民币汇率形成机制，对人民币汇率浮动实行动态管理和调节，使其适应市场需求，并在合理均衡水平上基本稳定，发挥其在优化外贸结构、调整经济结构、转变发展方式中的促进作用。

第五，推进金融业全面对外开放。2001 年加入世界贸易组织以后，中国在外资金融机构和业务准入、外汇管理模式、人民币资本项目可兑换等方面的开放进程开始加速，并且不断扩大跨境贸易人民币结算试点。2006 年底，中国银行业结束过渡期，取消外资银行经营人民币业务和客户限制，同时取消其他的非审慎性限制，外资银行已经在中国境内设立了 195 家分行、法人机构 14 家，经营运作的资产总规模达到 1000 多亿美元，占中国境内银行业资产总额的 2% 左右。2006 年，中国加入了国际清算银行董事会，批准设立 8 家中外合资证券公司，沪深证券交易所各有 4 家特别会员，并各有 39 家和 19 家境外证券经营机构直接从事 B 股业务。外资保险公司数量从原先的 18 家增加到 47 家，国际上主要的跨国保险公司均已进入中国。至 2007 年底，在华外资银行营业性机构发展到 254 家，其中 7 家外资机构获准经营人民币零售业务。翌年初，共有 60 家基金管理公司，其中 30 家为合资基金管理公司，另有 52 家海外机构获准进入我国证券市场。

与此同时，中资金融机构在“走出去”战略的指引下，加快了到海外设立分支机构和通过并购设立分支机构的步伐，其中既包括银行业，也包括证券业和保险业。2012 年底，已有 16 家中资银行业金融机构在海外设立了 1050 家分支机构，覆盖了亚洲、欧洲、美洲、非洲和大洋洲的 49 个国家和地区。

为了充分发挥港澳特区的特殊作用，2003 年，中央政府分别与香港、澳门特区政府签署了就内地与港、澳《关于建立更紧密经贸关系的安排》。为了落实中央政府与香港、澳门特区政府关于经贸关系安排的意见，2003 年 11 月，中国人民银行与香港金融管理局签署了《合作备忘录》。其主要内容是：香港银行具有在港办理包括人民币存款、汇款、银行卡、兑换四项个人人民币业务的资格，中国人民银行为香港银行在港办理个人人民币业务提供清算渠道和回流机制。

第六，完善人民币汇率制度。1994 年，我国开始实行有管理的浮动汇率制度，1997 年因爆发亚洲金融危机而被迫中止实行。但为了应对国内和国际局势变化，以及建立新的国际经济政治秩序的需要，中国必须担当起负责任的大国角色，并根据“自主性、可控性、稳定性”三项原则，于 2005 年 7 月 22 日，再次启动汇率形成机制改革，即实行以市场供求为基础、参考一篮子货币计算人民币多边汇率指数的变化，加快形成有管理的人民币汇率制度，向国际社会承诺人民币汇率在合理、均衡水平上保持基本稳定。与之相适应，启动外汇市场和外汇管理体制改革，系统调整市场参与者、外汇市场产品和交易机制等，从而加快了我国资本项目的市场化改革步伐。

第七，推进农村金融体系改革。农村信用社在服务“三农”方面具有重要作用，村镇银行和贷款公司等新型农村金融组织迅速发展，顺应了我国城镇化进程的需要。到 2010 年末，全国建立农村金融组织 3000 余家，多层次的农村金融网络体系初步形成。以银行间市场为依托，拓展直接融资产品种类，迅速提升社会融资总量中的直接融资比重；推动债券市场健康发展，建立和完善创业板市场，构建多层次的资本市场体系。

第八，大力推进金融基础设施建设。普及银行卡等非现金支付手段，促进征信和信用体系建设，构建全国统一的企业及个人信用信息数据库。为改善经济环境和经济秩序，到 2010 年底，我国已经建立了包括 7.77 亿自然人、1691 万户企业和其他组织在内的信用档案。

## （三）金融体系趋于完善

党的十八大以前，中国金融体制改革已经走过了 34 年的历程。这 34 年的改革既是跌宕起伏、充满艰辛的过程，又是持续不断、逐渐深化、彰显辉煌的过程。根据改革的目标、内容和任务的实现程度及完成状况，这个过程可以划分为若干个阶段，但各个阶段并非彼此割裂、互不相干，而是紧密相连、环环相扣、逐渐深入的持续过程，并且显现出鲜明的关联性、持续性和过程性特征。这就充分表明，如果没有前一阶段的改革，后一阶段的改革就无从谈起。正是由于改革的持续深入发展，才在党的十八大以前形成了我国现代金融体系的基本框架。当然，由于种种原因和阻力，这个框架距离形成完整的现代金融体系的目标仍很遥远。

### 1. 金融机构体系

中国的金融机构体系是由银行业金融机构、证券业企业组织和保险业企业组织组成的。银行业金融机构范围十分广泛，既有政策性银行，又有大型商业银行、股份制商业银行、城市商业银行、农村商业银行，还有信托银行、财务公司、农村合作银行、农村信用社、邮政储蓄、金融资产管理公司、外资银行法人机构、金融租赁公司、货币经纪公司、汽车金融公司、消费金融公司、村镇银行、贷款公司、农村资金互助社、民营银行、信托业保障基金公司。证券业企业组织包括：证券公司、公募资产管理机构、期货公司。保险业企业组织主要指保险公司。

中国人民银行行使中央银行职能，是金融宏观调控中心，也是银行的银行，行使对各类金融机构的领导及管理职能。专业银行内部实行总行、一级银行、二级银行构成的三级管理体制。各专业银行总行的职能是，负责统一资金调度和计算盈亏，在各级分支机构内部实行专项指标考核，但一般不实行独立核算。各种金融机构是按照市场化需求建立起来的，属于企业组织，需遵循市场经济规则，实行企业化管理。

### 2. 金融市场体系

中国金融市场体系由货币市场、资本市场、外汇市场、黄金市场等构成。从货币市场和资本市场的构成来看，前者包括同业拆借市场、商业票据市场、银行承兑汇票市场、回购协议市场、短期政府债券市场、大面额可转让存单市场等；后者则包括中长期银行信贷市场、保险市场、证券市场（债券市场、股票市场)、融资租赁市场等。

### 3. 金融基础设施

改革开放以来，中国金融基础设施建设进步显著。银行卡等非现金支付手段普及，结算方式开始由过去的联行清算制度转变为建立专业银行各自分设联行的制度。从信用体系来看，征信和信用体系建设伴随市场经济的发展和金融机构呈现多样化，除了银行信用外，其他方面的信用，如商业信用、消费信用、租赁信用、信托信用、合作信用、企业信用和国家信用等各种信用都已经高度开放。

### 4. 宏观调控

随着改革开放的深入发展，金融宏观调控目标的最大变化，就是由原来单一的货币发行量监测转变为货币供应量、发行量双重监测，进而推动宏观调控方式和手段发生相应变化，原来采用单一的计划调控方式，现在则运用多种调控方式，市场作用逐渐增大，经济手段得到更多运用。终结了既控制贷款总规模又控制货币供应总量的调控模式，但行政性调控方式并未退出历史舞台。

### 5. 利率政策

利率政策的变化主要表现在：引进市场机制，发挥市场作用。①对利率进行调整，尤其是对过低的利率进行调整，主要依据资金供求和市场供需关系变化来调整；②增加利率档次，改变利率结构单一局面，实行浮动利率，促使利率结构趋向合理；③为了鼓励企事业单位增收节支，在提高企事业单位定期存款利率的同时，还相应地实行财政性存款计息政策。

### 6. 信贷政策

调整贷款政策，具体政策措施是：扩大贷款对象和服务范围，改变单纯以国有企业、集体企业和农业领域为贷款对象的政策限制，将贷款对象扩大到不同所有制领域的市场主体。拓展贷款用途，取消贷款用于流动资金的限制，无论固定资产、基本建设投资需求，还是科研、旅游投资需求，均可贷款。改变过去固守的安全性、流动性、效益性三原则，更加注重贷款效益，实行“扶优限劣”的贷款政策，充分发挥信贷在支持国家产业发展中的作用。

### 7. 外汇管理

建立国际收支统计申报制度，凡有国际收支的单位和个人都必须进行国际收支申报。具体包括经常项目和资本项目外汇管理，金融机构经营外汇业务管理和经营外汇业务监督管理，人民币外汇管理和外汇市场管理，相应地对违反外汇管理责任的追究。

8. 金融监管

在国务院金融稳定发展委员会、银行业和保险业监督管理委员会建立以前，中国实行的是“一行三会”的分业监管制度。中国人民银行为中央银行，主要履行发行货币、外汇管理、国库经营、支付清算等职责，负责制定并执行货币政策，承担防范金融风险、维护金融稳定、反洗钱和管理信贷征信业等职能；中国银监会主要负责银行业及其从业人员的监管；证监会主要负责证券公司（投资银行）、上市公司及其从业人员的监管；中国保监会主要负责保险行业（保险公司及其从业人员）的监管。

# | 第七章 |

# 新时代中国特色社会主义伦理文化与金融现代化

实现中国梦的崭新时代主题和伟大目标，不仅需要雄厚的物质基础和坚强的政治保障，还需要凝聚起坚实有力的思想道德支撑。“精神的力量是无穷的，道德的力量也是无穷的”，2013 年 9 月 26 日，习近平在会见第四届全国道德模范及提名奖获得者时指出：“道德模范是社会道德建设的重要旗帜，要深入开展学习宣传道德模范活动，弘扬真善美，传播正能量，激励人民群众崇德向善、见贤思齐，鼓励全社会积善成德、明德唯馨，为实现中华民族伟大复兴的中国梦凝聚起强大的精神力量和有力的道德支撑。”

“德不孤，必有邻”，一个民族的进步，良好的道德是基础。孟德斯鸠强调“共和国需要品德”，马克思认为“勇敢、自尊、自豪感和独立感比面包还重要”。美国著名黑人民权运动领袖马丁·路德·金说：“一个国家的繁荣，不取决于它的国库之殷实，不取决于它的城堡之坚固，也不取决于它的公共设施之华丽；而在于它的公民的文明素养，即在于人们所受的教育，人们的远见卓识和品格的高下。这才是真正的利害所在，真正的力量所在。”捷克思想家帕托切克也曾指出：任何一个社会，不管它的技术基础多好，如果没有道德基础，没有一种信念，只是追逐投机和“有奶便是娘”的利益价值观，这个社会必然堕落、沉沦，而且没有前途……

## 一、新时代中国特色社会主义伦理文化

中国特色社会主义进入了新时代，这意味着中华民族迎来了从站起来、富起来再到强起来的又一次伟大飞跃，也正是基于“新时代”这一基本判断，习近平新时代中国特色社会主义思想应运而生，它作为马克思主义中国化的最新理论成果，扎根于当前中国的社会现实，并对社会主义现代化建设

的现状、机遇和挑战进行了系统的归纳和总结，回答了新时代“坚持和发展什么样的中国特色社会主义、怎样坚持和发展中国特色社会主义”这一重大时代课题。新时代中国特色社会主义伦理文化坚持以马克思主义为指导，传承并发展了中华优秀传统文化，同时，也是在治国理政的具体实践中形成的。

在新的历史条件下，我们要把依法治国基本方略、依法执政基本方式落实好，把法治中国建设好，必须坚持依法治国和以德治国相结合，使法治和德治在国家治理中相互补充、相互促进、相得益彰，推进国家治理体系和治理能力现代化。习近平总书记指出：“学伦理可以知廉耻、懂荣辱、辨是非。”“国无德不兴，人无德不立。必须加强全社会的思想道德建设，激发人们形成善良的道德意愿、道德情感，培育正确的道德判断和道德责任，提高道德实践能力尤其是自觉践行能力，引导人们向往和追求讲道德、尊道德、守道德的生活，形成向上的力量、向善的力量。”“要深入开展学习宣传道德模范活动，激励人们崇德向善、见贤思齐，鼓励全社会积善成德、明德唯馨，培育知荣辱、讲正气、做奉献、促和谐的良好风尚。”

习近平关于伦理道德建设的重要论述内容博大精深，既是对历史经验的深刻总结，也是对治国理政规律的深刻把握，其立足于中华优秀传统文化，实现了对中华优秀传统文化的创造性转化与创新性发展，丰富了马克思主义伦理学，充分体现了新时代中国特色社会主义伦理文化作为马克思主义中国化理论成果连续性与阶段性的统一，为加强新时代道德建设指明了方向。为人需要品德，从政需要官德，治国需要每一个人都有内化于心、外化于行的核心价值观。这道出了以德治国的本质，是对我国传统道德思想的继承和发展。习近平始终坚持将法治和德治协同发力作为治国理政的基本思路，提出了“以人民为中心”的发展总思路，提出了创新、协调、绿色、开放、共享的发展理念，通过积极弘扬中华优秀传统美德、倡导社会主义核心价值观来引领社会文明新风尚，有效解决了发展过程中“人与人”“人与自然”“人与社会”之间的关系，实现了经济发展的可持续性与人民对美好生活向往的统一。

## （一）坚持以人民为中心

发展理念是从国家战略的高度出发，对社会的进一步发展提出的思路，具有纲领性和方向性。它形成于人类丰富的社会实践，反映了对社会发展规律的深刻理解。党的十八届五中全会以后，中央首次提出了“以人民为中心”的发展思想，这是“我们党全心全意为人民服务根本宗旨”的直接体现，同时也意味着我们党向全世界作出了郑重承诺：我国一切工作的基本立场与出发点在于广大人民。当前，随着新时代我国主要矛盾的转化，“人民对美好生活的向往”成为我们党在新的历史阶段的奋斗目标，也成为我们党立党、执政标准的生动体现。在治国理政的具体实践中，习近平心系一线群众，多次进行走访调研，体察各地民情，与草根百姓促膝长谈，倾听来自一线群众的心声，他通过亲身示范，落实执政为民的理念，密切了我党同群众的联系，为广大党员树立了正确的榜样。同时也系统地提出了一系列关于“以人民为中心”的新发展伦理理念，使其在新时代具有了鲜明的时代属性。党的十八大以来，习近平在党的十八届五中全会、新闻舆论工作座谈会、建党 95 周年大会、宣传思想工作等会议上，系统论述了“以人民为中心”的思想。习近平在党的十九大报告中四次提及“以人民为中心”，并将其确立为新时代习近平治国思想的主要内容之一，体现出了党治理国家的根本立场。这也与人的全面发展的根本要求高度契合。它也回答了国家治理“源于谁、为了谁、依靠谁”的问题，这既是习近平国家治理思想的核心内容，也是他开展道德治理工作的根本宗旨。

可以说，新发展伦理理念的形成与习近平治国理政的实践密不可分，究其深层次的原因，在于他对政党执政规律和政权兴亡规律的深刻把握。尊重人民的主体地位，坚持人民至上。习近平认为，历史的创造者和真正的英雄是人民群众，党的事业和工作必须得到人民的拥护和支持。我们党来自人民，党的根基在人民，我们要植根人民、服务人民，重视人民的力量。这表明他深刻地认识到人民群众是决定社会发展的主要力量，在社会建设中发挥着重要的作用。习近平在分析改革开放取得重大成绩原因时，就指出了很重要的一条是党始终坚持以人为本，使人民主体地位得到尊重，群众首创精神得到充分发挥，改革也要依靠人民群众的力量推动。他在总结后指出人民在我们党的工作中所处的重要地位，认为其不仅是裁决者，也是评判者。因此，以史为鉴，我们党在执政过程中必须始终坚持“以人民为中心”的发展理念，具体通过“发展为了人民，发展依靠人民，发展成果由人民共享”这三个途径来实现。

“为什么人的问题，是检验一个政党、一个政权性质的试金石”，中国共产党作为马克思主义执政党，必须做到“发展为了人民”。马克思、恩格斯认为，独立的为多数人谋利益的运动就是无产阶级的运动。绝大多数人奋斗所争取的一切，都同他们的利益有关。这就是人类一切社会活动的动因。毛泽东也曾指出：使群众认识自己的利益，并且团结起来，为自己的利益而奋斗，就是马克思列宁主义的基本原则。习近平曾强调：坚持人民性，要求我们将一切工作的出发点和落脚点立足在实现好、维护好、发展好人民群众的根本利益上。所以，坚持“以人民为中心”就是以维护最广大人民群众的根本利益为宗旨。最后，将人民是否真的满意作为所有工作的根本评判标准。习近平强调，人民群众有没有得到真正的实惠，权益有没有得到真正的保障，生活有没有得到真正的改善，这些才是我们一切工作的重要内容。

新时代中国特色社会主义伦理文化不仅明确了坚持以人民为中心的根本立场，而且以人民美好生活需要的满足为发展方向。人民美好生活需要的满足，要求我们坚持以人民为中心，不断促进人的全面发展；坚持在发展中保障和改善民生，实现全体人民共同富裕。在发展中，保障和改善民生，增进民生福祉是发展的根本目的。要做到“发展依靠人民”，需要做到“坚持人民主体地位”，这体现出的是“人民是推动发展的根本力量”的唯物史观。中国共产党能够成为世界上最具影响力的政党，其原因在于它代表了全世界人数最多的人民——中国人民的根本利益。因此，民心向背已然成为决定新时代中国特色社会主义伟大事业能够不断走向胜利的关键。习近平看到了这一点，他将党同人民群众之间的关系比作“答卷人”和“阅卷人”，形象地揭示了新时代共产党人的价值取向和基本立场，并在多个场合强调群众观点和群众路线的重要性。要做到“发展成果由人民共享”，当务之急就是要做大并分好中国特色社会主义的“蛋糕”。习近平将其看作是实现共同富裕最终目标的基本要求。在具体举措上，一方面，要通过经济发展将社会主义的“蛋糕”做大；另一方面，要通过税收、社保将社会主义的“蛋糕”分好。从而在两个方面维护好社会的公平正义，充分体现出我国社会主义制度的优越性，让人民群众共享改革开放的丰硕成果。

## （二）创新、协调、绿色、开放、共享的发展理念

全面建成小康社会，实现中国梦，就是要实现人民幸福。习近平在联合国发展峰会上指出：“对各国人民而言，发展寄托着生存和希望，象征着尊严和权利。”尽管中国取得了举世瞩目的发展成就，但中国仍然是世界上最大的发展中国家，发展依然是当代中国的第一要务。唯有发展，才能保障人民的基本权利；唯有发展，才能满足人民对美好生活的热切向往。进一步说，对于当代中国来说，问题不在于要不要发展，而在于怎样发展，如何找到正确的发展思路、发展方式和发展着力点。恩格斯曾经指出：“任何哲学只不过是在思想上反映出来的时代内容。”如果说“以人民为中心”是发展

最初的出发点与最终的落脚点，那么创新、协调、绿色、开放、共享的发展理念就是这一过程中的实践推进和具体表现。党的十八大以来，以习近平同志为总书记的党中央把握时代脉搏、洞察发展大势，毫不动摇坚持和发展中国特色社会主义，勇于实践、善于创新，深化对共产党执政规律、社会主义建设规律、人类社会发展规律的认识，形成一系列治国理政新理念、新思想、新战略，为在新的历史条件下深化改革开放、加快推进社会主义现代化提供了科学理论指导和行动指南。党的十八届五中全会进一步围绕发展提出了“创新、协调、绿色、开放、共享”的五大发展理念，是发展思路、发展方向、发展着力点的集中体现，具有高度的战略性、纲领性、引领性的特点，集中反映了我们党对经济社会发展规律认识的深化，极大丰富了马克思主义发展观。五大发展理念之间相互贯通、相互促进，是具有内在联系的集合体，为我们党带领全国人民夺取全面建成小康社会决战阶段的伟大胜利，不断开拓发展新境界，提供了强大思想武器。

“创新是一个民族进步的灵魂，是一个国家兴旺发达的不竭动力，也是中华民族最鲜明的民族禀赋。”创新是引领发展的第一动力，坚持创新发展，必须把创新摆在国家发展全局的核心位置，不断推进理论创新、制度创新、科技创新、文化创新等各方面创新，让创新贯穿党和国家一切工作，让创新在全社会蔚然成风。必须把发展基点放在创新上，形成促进创新的体制架构，塑造更多依靠创新驱动、更多发挥先发优势的引领型发展。培育发展新动力，优化劳动力、资本、土地、技术、管理等要素配置，激发创新创业活力，推动大众创业、万众创新，释放新需求，创造新供给，推动新技术、新产业、新业态蓬勃发展。创新发展是大势所趋，要以全球视野谋划和推动自主创新，构建发展新体制，加快形成有利于创新发展的市场环境、产权制度、投融资体系、分配制度、人才培养引进使用机制，深化行政管理体制改革，进一步转变政府职能，持续推进简政放权、放管结合、优化服务，提高政府效能，激发市场活力和社会创造力，完善各类国有资产管理体制，建立健全现代财政制度、税收制度，改革并完善适应现代金融市场发展的金融监管框架。创新和完善宏观调控方式，在区间调控基础上加大定向调控力度，减少政府对价格形成的干预，全面放开竞争性领域商品和服务价格，加快形成经济发展新方式，推动经济社会科学发展。

不谋全局者，不足谋一域。协调，是经济社会持续健康发展的内在要求，旨在补齐发展短板，解决发展不平衡问题，体现了目标导向和问题导向的统一，是立足长远、谋划全局的战略考量，具有重大理论意义和实践指导作用。问题是时代的声音，2015 年 5 月，习近平总书记在主持中共中央政治局第二十二次集体学习时指出，“由于欠账过多、基础薄弱，我国城乡发展不平衡不协调的矛盾依然比较突出，加快推进城乡发展一体化意义更加凸显、要求更加紧迫。”协调发展是全面建成小康社会之“全面”的重要保证，是提升发展整体效能、推进事业全面进步的有力保障，坚持协调发展，必须牢牢把握中国特色社会主义事业总体布局，正确处理发展中的重大关系，重点促进城乡区域协调发展，促进经济社会协调发展，促进新型工业化、信息化、城镇化、农业现代化同步发展，在增强国家硬实力的同时注重提升国家软实力，不断增强发展整体性。

“生态兴则文明兴，生态衰则文明衰。”绿色发展是实现生产发展、生活富裕、生态良好的文明发展道路的历史选择，是通往人与自然和谐境界的必由之路。党的十八大以来，中央将生态文明建设融入经济建设、政治建设、文化建设、社会建设各方面和全过程，努力建设美丽中国，实现中华民族永续发展。2013 年 5 月，习近平总书记在主持中共中央政治局第六次集体学习时要求：“牢固树立保护生态环境就是保护生产力、改善生态环境就是发展生产力的理念，更加自觉地推动绿色发展、循环发展、低碳发展，决不以牺牲环境为代价去换取一时的经济增长。”20 世纪 70 年代末以来，我国的经济发展速度举世瞩目，但在经济快速发展的背后，却积累了大量的生态环境问题，雾霾频发、城市拥堵、河流污染、湖泊萎缩、生态脆弱等危机形成了发展的短板。如果不能引起足够重视，这些危机将越来越成为制约发展质量提升、实现可持续发展的瓶颈。面对资源约束趋紧、环境污染严重、生态系统退化的严峻形势，我们必须用绿色发展的伦理理念来平衡经济社会发展与生态环境保护间的关系，必须坚持节约资源和保护环境的基本国策，坚持可持续发展，坚定走生产发展、生活富裕、生态良好的文明发展道路，加快建设资源节约型、环境友好型社会，形成人与自然和谐发展的现代化建设新格局，推进美丽中国建设，为全球生态安全做出新贡献。

“一花独放不是春，百花齐放春满园。”开放带来进步，封闭导致落后，已被世界和中国的发展实践所证明，今天的中国，已经前所未有地与世界融合在一起。开放发展是中国基于改革开放成功经验的历史总结，也是拓展经济发展空间、提升开放型经济发展水平的必然要求。坚持开放发展，才能赢得经济发展的主动、赢得国际竞争的主动，才能更深度融入世界经济体系、促进各国共同繁荣发展。党的十八大以来，中央加快构建开放型经济新体制，更高水平的开放格局正在形成。2014 年 12 月，习近平总书记在主持中共中央政治局第十九次集体学习时指出：“不断扩大对外开放、提高对外开放水平，以开放促改革、促发展，是我国发展不断取得新成就的重要法宝。”坚持开放发展，必须顺应我国经济深度融入世界经济的趋势，奉行互利共赢的开放战略，发展更高层次的开放型经济，积极参与全球经济治理和公共产品供给，提高我国在全球经济治理中的制度性话语权，构建广泛的利益共同体。开创对外开放新局面，必须丰富对外开放内涵，提高对外开放水平，协同推进战略互信、经贸合作、人文交流，努力形成深度融合的互利合作格局。我们要积极参与全球经济治理，促进国际经济秩序朝着平等公正、合作共赢的方向发展，积极承担国际责任和义务。

“天地之大，黎元为本。”共享发展就是要解决社会公平正义问题，改革发展搞得成功不成功，最终的判断标准是人民是不是共同享受到了改革发展成果。改善民生，让人民共享发展成果，坚定不移走共同富裕的道路，是社会主义的本质要求，是社会主义制度优越性的集中体现，也是我们党坚持全心全意为人民服务根本宗旨的必然选择。改革开放以来，我国的发展速度有目共睹，但在共享改革发展成果上，还有不完善的地方，2012 年 11 月，在党的十八届中共中央政治局常委同中外记者见面会上，习近平总书记就指出：“我们的人民期盼有更好的教育、更稳定的工作、更满意的收入、更可靠的社会保障、更高水平的医疗卫生服务、更舒适的居住条件、更优美的环境，期盼着孩子们能成长得更好、工作得更好、生活得更好。”“坚持共享发展，必须坚持发展为了人民、发展依靠人民、发展成果由人民共享，作出更有效的制度安排，使全体人民在共建共享发展中有更多获得感，增强发展动力，增进人民团结，朝着共同富裕方向稳步前进。”党的十八届五中全会关于“共享发展”的部署安排，无论在宏观层面还是微观层面，每一项安排都与广大人民群众特别是困难群众息息相关，不仅回应了全社会关切，更体现了制度安排的延续性、科学性、优越性。

### （三）弘扬中华民族优秀传统美德

“中华传统美德是中华文化精髓，蕴含着丰富的思想道德资源。不忘本来才能开辟未来，善于继承才能更好创新。”习近平总书记在纪念孔子诞辰 2565 周年国际学术研讨会暨国际儒学联合会第五届会员大会上指出：“中国优秀传统文化的丰富哲学思想、人文精神、教化思想、道德理念等，可以为人们认识和改造世界提供有益启迪，可以为治国理政提供有益启示，也可以为道德建设提供有益启发。”在 5000 多年的文化传承中，中华民族一直崇德、重德、尚德、倡德，几千年来创造并传承了极为厚重的道德文化，形成了独特的传统美德与价值体系，在世界人类文明发展史中独树一帜。“孝悌忠信礼义廉耻”是中国人自古以来的道德追求，几千年来深刻地影响着国人的精神世界，孕育了中华民族尊老爱幼、扶贫济困、诚实守信、礼让宽容的精神品格，支撑着中华民族生生不息、薪火相传。在博大精深的中华传统美德中，最能够被当代人民所认同和践履的德行，当属“仁爱、民本、诚信、正义、和合、大同”，因此，在新时代，弘扬中华民族优秀传统美德，实现其创造性转化与创新性发展显得尤为重要，需要对这些德行的内涵和价值进行阐述和挖掘。“国有四维，礼义廉耻，四维不张，国乃灭亡”，今天，我们要实现伟大复兴的“中国梦”，更需要弘扬中华传统美德，积极构建时代新德，在工作生活中厚德载物，让世界认识更好的中国，助中国更好地走向世界，赢得世界的认同和尊重。正如习近平同志所言：“精神的力量是无穷的，道德的力量也是无穷的”，“为实现中华民族伟大复兴的中国梦凝聚起强大的精神力量和有力的道德支撑”。

弘扬中华民族优秀传统美德要深刻理解这六种德行的具体内涵，需要与中华民族的历史传统相契合。第一，讲仁爱。中国人素来有着仁爱和谐的伦理情怀，仁爱突出表现为“仁者爱人”，其本质在于“忠恕”之道，人们通过行“忠恕”之道实现从“爱亲”到“仁民”再到“爱物”的过渡，最终形成“协和万邦”的社会风气。第二，重民本。孟子曰：“桀纣之失天下也，失其民也；失其民者，失其心也。得天下有道：得其民，斯得天下矣；得其民有道：得其心，斯得民矣。”可见古代先哲将民本视为国家稳定的根基，不仅肯定了人民在治国理政中的主体地位，而且认为关心人民切身利益应成为执政者的治政美德。第三，守诚信。诚信作为中华优秀传统美德自古以来就是一个人安身立命之本，上升到国家层面，诚信成为一个国家立国之基，“诚信者，天下之结也”。所以诚信对于一个国家抑或是全体国民而言都是不可缺少的基本道德素养。第四，崇正义。我国自古以来都崇尚公道正直，崇尚正义更是成为我国传统的“名、事、礼、乐、刑、罚”等行为的基本价值取向，是我国传统美德的突出体现。第五，尚和合。和合的思想作为中华民族传统文化中得到普遍认同的人文精神，体现出中华民族在政治、经济、文化、制度、道德等方面的价值诉求。正如管子所言：“畜之以道，养之以德。畜之以道，则民和。”体现出和合这一传统美德在处理人事和社会关系时的独特道德魅力。第六，求大同。《礼记·礼运》为我们描述了大同世界的美好景象：“大道之行也，天下为公。”对大同世界的崇尚自古以来都是中华儿女孜孜不倦的道德追求，所以“天下为公”的大同理想经过历史岁月的积淀依旧是当代国人为之奋斗的崇高信念。

中华民族优秀传统美德作为中华文化的精髓所在，还体现在个人处事、家风家教、职业生活等多个方面，其内在蕴含着丰富的思想道德资源，因此在新时代我们必须弄懂弄清其“历史渊源、发展脉络、基本走向”及其“独特创造、价值理念、鲜明特色”，并对其有鉴别地对待，实现其创造性转化和创新性发展，发挥好其以文化人、育人的功能和作用，以增强当代国人的“文化自信”。

## （四）以“德”为实质的社会主义核心价值观

“核心价值观，承载着一个民族、一个国家的精神追求，体现着一个社会评判是非曲直的价值标准。”一个社会中可以存在着多种价值取向，但是这个社会要实现正常的运转，则需要凝聚社会意志，形成可以达成广泛共识的核心价值观。党的十八大报告中提出了社会主义核心价值观这一概念，它的内涵包括国家、社会和个人三个维度。这三个层面体现了社会主义核心价值观是我国政治伦理道德、社会伦理道德和个人道德培育的关键。在这个核心价值观中，“道德价值具有十分重要的作用”，因此习近平指出：“核心价值观，其实就是一种德，既是个人的德，也是一种大德，就是国家的德、社会的德。国无德不兴，人无德不立。如果一个民族、一个国家没有共同的价值观，莫衷一是，行无依归，那这个民族、这个国家就无法前进。”总书记精准地为道德价值在核心价值观中的地位和作用作了定位，并加以总结归纳，认为社会主义核心价值观是以“德”为实质的，其本质是“大德”与“小德”的统一。

“不同民族、不同国家由于其自然条件和发展历程不同，产生和形成的核心价值观也各有特点。一个民族、一个国家的核心价值观必须同这个民族、这个国家的历史文化相契合，同这个民族、这个国家的人民正在进行的奋斗相结合，同这个民族、这个国家需要解决的时代问题相适应。”确立核心价值观，对国家发展和人民幸福具有重要意义，核心价值观建设和道德建设必须立足中华优秀传统道德文化，坚守在华夏土地上滋生和发展起来的悠久道德价值，努力实现中华传统美德的创造性转化、创新性发展。习近平总书记非常明确地指出：“认真汲取中华优秀传统文化的思想精华和道德精髓，大力弘扬以爱国主义为核心的民族精神和以改革创新为核心的时代精神，深入挖掘和阐发中华优秀传统文化讲仁爱、重民本、守诚信、崇正义、尚和合、求大同的时代价值，使中华优秀传统文化成为涵养社会主义核心价值观的重要源泉。要处理好继承和创造性发展的关系，重点做好创造性转化和创新性发展。”习近平指出：“中国古代历来讲格物致知、诚意正心、修身齐家、治国平天下。从某种角度看，格物致知、诚意正心、修身是个人层面的要求，齐家是社会层面的要求，治国平天下是国家层面的要求。”可见，中华优秀传统美德成为了构成社会主义核心价值观的思想道德基础。在具体修德的过程中，一个人要从“小德”走向

“大德”，这体现出了中华文化传统中一个人“修身齐家治国平天下”的全过程，此举最终达成了古代儒家所言的“内圣”与“外王”的统一。“共同的梦让我们同心同德”，必须在社会主义核心价值观的统领下，形成统一的意志和思想道德共识，把个人的理想追求与民族复兴的中国梦协调起来，以中国梦为前进的方向，凝聚人民群众的意志和力量，谋划未来发展的光明前景。“大德”与“小德”统一于社会主义核心价值观中，互相支撑、互为前提、相得益彰，发挥了重要的作用。

在协调推进“四个全面”战略布局的新征程上，思想道德建设以培育和践行社会主义核心价值观为主线，在全社会弘扬真善美、传播正能量，在亿万人民群众中凝聚起强大的精神力量。习近平说：“夯实国内文化建设根基，一个很重要的工作就是从思想道德抓起，从社会风气抓起，从每一个人抓起。要继承和弘扬我国人民在长期实践中培育和形成的传统美德，坚持马克思主义道德观、坚持社会主义道德观，在去粗取精、去伪存真的基础上，坚持古为今用、推陈出新，努力实现中华传统美德的创造性转化、创新性发展，引导人们向往和追求讲道德、尊道德、守道德的生活，让13亿人的每一分子都成为传播中华美德、中华文化的主体。“加强道德修养，注重道德实践”，一方面，总书记将“大德”与“小德”“公德”与“私德”这两对范畴联系起来，认为“大德”“小德”的培育离不开“公德”“私德”的修养。即主张通过“明大德、守公德、严私德”来实现德性的修养。另一方面，习近平强调，不能只是坐着谈经论道，也不可以空谈德。要敦促人们将核心价值观转化为精神追求和自觉行动，必须在实处用力，从知与行上着手。习近平吸收了传统知行观中关于道德意识和道德行为相统一的思想，并把这一思想运用于道德建设中。他强调要坚持知行合一，就要在落细、落小、落实上下功夫，要使核心价值观内化于心，外化于行。通过这两个方面进行道德培养，可以真正让核心价值观内化为公民的精神追求，外化为自觉的行动，帮助当代国人树立起文化自信，更好地推动中国特色社会主义精神文明建设。道德之于个人，不仅是“立人之本”，而且也是“发展之根”。一个人要在社会上更好地生存发展，最基本的素质就是“德”与“才”，因此，正如习近平所说：“人而无德，行之不远。没有良好的道德品质和思想修养，即使有丰富的知识、高深的学问，也难成大器。”据此，习近平在与北大师生座谈时说：“一个人只有明大德、守公德、严私德，其才方能用得其所。修德，既要立意高远，又要立足平实。踏踏实实修好公德、私德，学会劳动、学会勤俭，学会感恩、学会助人，学会谦让、学会宽容，学会自省、学会自律。”

## （五）坚持依法治国与以德治国相结合

立足于新时代，中国迎来了从站起来到富起来再到强起来的发展机遇期，在这重要的历史节点，通过什么样的方式来治理国家，从而实现进一步的发展是一个时代大课题。改革开放以来，党的历代领导集体在坚持走中国特色社会主义道路的过程中，不断探索国家治理的规律。2000 年 6 月，江泽民《在中央思想政治工作会议上的讲话》中指出："法律与道德作为上层建筑的组成部分，都是维护社会秩序、规范人们思想和行为的重要手段，它们互相联系、互相补充。法治以其权威性和强制手段规范社会成员的行为。德治以其说服力和劝导力提高社会成员的思想认识和道德觉悟。道德规范和法律规范应该互相结合，统一发挥作用。""以德治国"是执政的中国共产党借鉴国内外的治国之道，在新的历史条件下，对如何管理国家事务，如何教育引导人民崇尚高尚的精神生活思考的结晶，"以德治国"就是要以马列主义、毛泽东思想、邓小平理论为指导，以为人民服务为核心，以集体主义为原则，以爱祖国、爱人民、爱劳动、爱科学、爱社会主义为基本要求，以职业道德、社会道德、家庭美德的建设为落脚点，积极建立适应社会主义市场经济发展的社会主义思想道德体系，并使之成为全体人民普遍认同和自觉遵守的规范。坚持法德并治的中国特色社会主义法治道路是国家治理体系和治理能力现代化的必然要求。

党的十八大以来，在推进全面依法治国战略过程中，以习近平同志为核心的党中央继往开来，在新的历史阶段进一步深化了对国家治理规律的认识，创造性提出推进社会主义法治道路，必须坚持依法治国和以德治国有机结合，强调在全面依法治国的过程中要充分"发挥道德对法治的滋养作用"，注重"以法治承载道德理念"，将得到实践检验的道德要求上升为法律层面的规范，同时要使我国的法律充分符合社会主义道德的要求，维护抽象法条背后社会理想和伦理道德的尊严。2016 年 12 月 9 日，习近平总书记在主持中共中央政治局第三十七次集体学习时强调："法律是准绳，任何时候都必须遵循；道德是基石，任何时候都不可忽视。在新的历史条件下，我们要把依法治国基本方略、依法执政基本方式落实好，把法治中国建设好，必须坚持依法治国和以德治国相结合，使法治和德治在国家治理中相互补充、相互促进、相得益彰，推进国家治理体系和治理能力现代化。"

习近平从发展的战略高度出发，指出："法安天下，德润人心。法律是成文的道德，道德是内心的法律。法律和道德都具有规范社会行为、调节社会关系、维护社会秩序的作用，在国家治理中都有其地位和功能。法律的有效实施有赖于道德支持，道德践行也离不开法律约束。法治和德治不可分离、不可偏废，国家治理需要法律和道德协同发力。”习近平强调，改革开放以来，我们深刻总结我国社会主义法治建设的成功经验和深刻教训，把依法治国确定为党领导人民治理国家的基本方略，把依法执政确定为党治国理政的基本方式，走出了一条中国特色社会主义法治道路。这条道路的一个鲜明特点，就是坚持依法治国和以德治国相结合，强调法治和德治两手抓、两手都要硬。这既是历史经验的总结，也是对治国理政规律的深刻把握。习近平指出，要强化道德对法治的支撑作用。坚持依法治国和以德治国相结合，就要重视发挥道德的教化作用，提高全社会的文明程度，为全面依法治国创造良好人文环境。要在道德体系中体现法治要求，发挥道德对法治的滋养作用，努力使道德体系同社会主义法律规范相衔接、相协调、相促进。

中国特色社会主义道路取得了巨大成就，一个重要原因就是它根植于我们独特的文化传统，中华民族优秀传统文化是我们在世界文化激荡中站稳脚跟的坚实根基。习近平全面依法治国的思想充分将依法治国与以德治国相结合，这是对坚持法律与道德协同发力这一治理思路的战略定位，也是对优秀传统文化的传扬。几千年悠久厚重的中华优秀传统文化是中华民族的精神命脉，积淀着中华民族最深沉的精神追求，是中华民族生生不息、发展壮大的丰厚滋养，特别是其中包含的丰富的法治思想和道德资源，更是今天涵养社会主义法治精神的重要源泉。从中国古代政治文明历史来看，历代统治者更多地强调将法律和各种社会规范寓于道德教化之中，通过“内圣”达到“外王”，中国的先哲即已发现“敬天”“祀神”不如“敬德”，从而完成了从宗教政治向世俗政治的转变。早在2000多年前，周公就提出“敬德保民”“明德慎罚”。孔子的政治思想核心内容是“礼”与“仁”，他提出“为政以德”，强调“道之以政，齐之以刑，民免而无耻；道之以德，齐之以礼，有耻且格”。荀子主张“化性起伪”“隆礼重法”。汉代董仲舒用“阴阳”之说阐述两者关系，提出“阳为德、阴为刑”，主张治国要“大德而小刑”，使得教化与刑罚到达了“合治”的境界。到了唐代，人们更是提出“制礼以崇敬，立刑以明威”，一方面推行德治，通过“贞观修礼”建立一整套道德体系；另一方面推行法治，制定严密的法典《唐律》。宋元明清时期将“礼法合治”升华为“德法合治”，并将其一直延续下来。通观我国古代历史，正是由于强调德法合治，强调通过弘扬道德来加强人们内心的秩序意识、法律意识，才使得我国古代的政治文明创造出举世瞩目的文明成果。正如楼宇烈先生所指出的：“中国的文化不是靠一个外在的神或造物主，而是靠人自己道德的自觉和自律，强调人的主体性、独立性、能动性。”习近平通过把握中华民族国家治理的基本规律，认真反思并总结前人的经验，并充分结合当前国情，对这一理念进行了创新转形式的发展。

## 二、新时代中国特色社会主义伦理文化视角下的我国金融现代化建设

党的十八大以来，中国进入了全面深化改革的新时代。2013年11月12日，中共十八届三中全会做出了《关于全面深化改革若干重大问题的决定》，中国经济改革迈入了一个新的历史阶段，与此对应，中国金融体系改革也迈入了新的历史时期。在新的历史时期，为加快推进中国特色社会主义现代金融体系建设，党中央围绕构建中国特色社会主义金融理论体系、制度体系、市场体系和监管体系即构建中国特色社会主义现代金融体系，展开了深入的、全方位的理论探讨和研究，探讨的重点是金融改革发展理论、金融体系理论、金融企业治理结构理论、金融监管理论、党领导金融工作的理论等，提出了一系列关于金融改革和金融发展的重要理论，如金融的本质是服务实体经济、把防范系统性金融风险放在更加重要的位置、发展普惠金融和绿色金融等，使“我国金融改革发展取得新的重大成就，金融业保持快速发展，金融产品日益丰富，金融服务普惠性增强，金融改革有序推进，金融体系不断完善，人民币国际化和金融双向开放取得新进展，金融监管得到改进，守住不发生系统性金融风险底线的能力增强”，有力地推动了金融理论创新、制度创新和实践创新。

### （一）金融现代化建设的指导思想

党的十八大以来，党中央作出了中国经济发展进入新常态的判断，提出了“创新、协调、绿色、开放、共享”的新发展理念，将推进供给测结构性改革确定为全面深化经济体制改革的主线，形成稳中求进的工作总基调。自从我国实行改革开放，金融经济历来被作为宏观经济的重要组成部分，金融理论自然成为宏观经济理论的构成要素，金融改革也被作为经济改革的重要内容。党的十八大明确提出，中国金融体制改革的目标是“健全促进宏观经济稳定、支持实体经济发展的现代金融体系”。[①] 党的十八大以来，中央对于金融理论包括金融改革理论的探索，是在坚持党的十八大确定的路线、方针和政策的基础上进一步发展和完善的。

关于金融与经济的关系问题，早在改革开放初期，邓小平就提出了金融是“现代经济的核心”的著名论断。21世纪初期，时任浙江省委书记、省人大常委会主任的习近平在浙江省银行、证券、保险系统考察调研时强调：“当前和今后一个时期，我省发展金融业要按照党的十六大提出的‘优化金融资源

① 中共中央文献研究室．十八大以来重要文献选编（上）[M]．北京：中央文献出版社，2014：17.

配置，加强金融监管，防范和化解金融风险，使金融更好地为经济社会发展服务’的要求，坚持把中央的一系列方针政策同我省的实际结合起来，把金融系统的积极性同地方党委、政府的积极性结合起来，把推进金融改革发展与浙江经济社会发展有机统一起来，更好地发挥金融在现代经济中的核心作用。”这是习近平任总书记之前最早就金融问题发表自己的见解和观点。

党的十八大以来，新一届党中央更加重视金融稳定和金融风险防控，更加重视金融在现代经济中的地位、作用及二者关系问题的探讨，在党内和理论界形成了“金融是现代经济的核心”“是国家重要的核心竞争力”“是国民经济的血脉”“是国之重器”等理论共识。当然，二者的紧密关系更主要的还是体现在金融与产业经济、部门经济的现实关系之中，并反映在党中央制定的金融经济政策上。进入新时代以来，习近平总书记反复强调：“金融是现代经济的核心，在很大程度上影响甚至决定着经济健康发展”，并说：“金融活，经济活；金融稳，经济稳。必须充分认识金融在经济发展和社会生活中的重要地位和作用”，“保持经济平稳健康发展，一定要把金融搞好。改革开放以来，我们对金融工作和金融安全始终是高度重视的，我国金融业发展取得巨大成就，金融成为资源配置和宏观调控的重要工具，成为推动经济社会发展的重要力量”。2017 年 7 月，中央召开了第五次全国金融工作会议，也是党的十八大以来召开的一次最重要的金融工作会议。在这次会议上，习近平总书记强调：“金融是国家重要的核心竞争力，金融安全是国家安全的重要组成部分，金融制度是经济社会发展中重要的基础性制度。”[①] 李克强同志任总理后不久，在主持召开国务院常务会议时也指出：“金融和实体经济密不可分。稳增长、调结构、促转型、惠民生，金融发挥着重要作用”，他还指出，“金融是国之重器，是国民经济的血脉”。[②] 以上可知，新时代以来党中央对金融在现代经济中的核心地位和重要作用的认识越来越明确、越来越深刻了。

**1. 中央经济工作会议精神**

自 20 世纪 90 年代以来，在中央层面逐渐形成了探讨解决经济金融问题、促进金融经济和金融理论发展的专门会议机制，其中最具代表性的是每年一度的中央经济工作会议和五年一度的全国金融工作会议。中央对于金融工作重视程度之高，体现了金融在国家经济社会发展中的核心地位和重要作用。中央经济工作会议是中央解决金融问题的重要机制，是党中央、国务院每年召开的最高级别的经济会议。自 1994 年以来，每年举行一次，一般在 11~12 月举行。

---

① 习近平. 习近平谈治国理政（第二卷）[M]. 北京：外文出版社，2017：278.

② 李克强. 在全国金融工作会议上的讲话 [N]. 人民日报，2017-07-16（1）.

会议的中心议题是总结当年经济工作成绩，分析、研判国际国内经济形势，制定来年宏观经济发展规划。中央经济工作会议之所以对党的金融理论发展和实际经济工作特别重要，是因为在每年会议召开之前，中央主要领导要花费一个月以上的时间深入各地进行调研，为会议调整和制定经济政策做准备。

党的十八大以来，中央经济工作会议已经举行了 8 次，每次会议在阐述党的财政货币政策和宏观经济政策时，都集中用一段文字论述金融政策和金融改革问题，并且将金融改革理论探索的重点聚焦到了金融稳定、系统性金融风险防控、金融服务实体经济上。所以，中央经济工作会议对党的金融改革发展理论、金融政策理论的形成和发展具有重要影响。从以下几次中央经济工作会议将金融问题作为讨论的议题，即可以看出金融在现代经济中的核心地位和重要作用。

2012 年中央经济工作会议指出，我国发展仍面临不少风险和挑战，不平衡、不协调、不可持续问题依然突出，经济增长下行压力和产能相对过剩的矛盾有所加剧，企业生产经营成本上升和创新能力不足的问题并存，金融领域存在潜在风险，经济发展和资源环境的矛盾仍然突出。面对日趋严峻的国际经济形势和国内改革发展稳定的繁重任务，党中央、国务院团结带领全党全国各族人民，坚持以科学发展为主题，以加快转变经济发展方式为主线，按照稳中求进的工作总基调，以提高经济增长质量和效益为中心，稳中求进，开拓创新，扎实开局，进一步深化改革开放，进一步强化创新驱动，加强和改善宏观调控，积极扩大国内需求，加大经济结构战略性调整力度，着力保障和改善民生，增强经济发展的内生活力和动力，保持物价总水平基本稳定，实现经济持续健康发展和社会和谐稳定。在经济金融方面提出，要牢牢把握扩大内需这一战略基点，培育一批拉动力强的消费增长点，增强消费对经济增长的基础作用，发挥好投资对经济增长的关键作用。要增加并引导好民间投资，同时在打基础、利长远、惠民生又不会造成重复建设的基础设施领域加大公共投资力度。要继续实施积极的财政政策和稳健的货币政策，充分发挥逆周期调节和推动结构调整的作用。实施积极的财政政策，要结合税制改革完善结构性减税政策。各级政府要厉行节约，严格控制一般性支出，把钱用在刀刃上。实施稳健的货币政策，要注意把握好度，增强操作的灵活性。要适当扩大社会融资总规模，保持贷款适度增加，保持人民币汇率基本稳定，切实降低实体经济发展的融资成本。要继续坚持房地产市场调控政策不动摇。要高度重视财政金融领域存在的风险隐患，坚决守住不发生系统性和区域性金融风险的底线。

2013 年中央经济工作会议指出，观察当前和今后世界经济形势，必须联系国际金融危机的大背景。国际金融危机影响具有长期性，国际市场争夺更趋激烈，必须顺势而为、转变思路。要冷静扎实办好自己的事，大力推进改革创新，把发展的强大动力和内需的巨大潜力释放出来，以转变经济发展方式的主动、调整经济结构的主动、改革开放的主动，赢得在经济发展上的主动和国际竞争中的主动，努力创造和维护政治关系友好、经贸规则有利、发展空间广阔的良好环境。对财政和货币政策的表述是：必须继续实施积极的财政政策和稳健的货币政策。要进一步调整财政支出结构，厉行节约，提高资金使用效率，完善结构性减税政策，扩大营改增试点行业。要保持货币信贷及社会融资规模合理增长，改善和优化融资结构和信贷结构，提高直接融资比重，推进利率市场化和人民币汇率形成机制改革，增强金融运行效率和服务实体经济能力。无论是实施积极的财政政策和稳健的货币政策，还是其他各项政策，都要同全面深化改革紧密结合，用改革的精神、思路、办法来改善宏观调控，寓改革于调控之中。要努力释放有效需求，充分发挥消费的基础作用、投资的关键作用、出口的支撑作用，把拉动增长的消费、投资、外需这“三驾马车”掌控好。

2014 年中央经济工作会议提出面对我国经济发展新常态，观念上要适应，认识上要到位，方法上要对路，工作上要得力。要深化理解、统一认识，把思想和行动统一到中央认识和判断上来，增强加快转变经济发展方式的自觉性和主动性。会议认为，世界经济仍处在国际金融危机后的深度调整期，2015 年世界经济增速可能会略有回升，但总体复苏疲弱态势难有明显改观，国际金融市场波动加大，国际大宗商品价格波动，地缘政治等非经济因素影响加大。要趋利避害、顺势而为，防范各类风险。财政和货币政策方面，要保持稳增长和调结构之间平衡，坚持宏观政策要稳、微观政策要活、社会政策要托底的总体思路，保持宏观政策连续性和稳定性，继续实施积极的财政政策和稳健的货币政策。积极的财政政策要有力度，货币政策要更加注重松紧适度。要促进“三驾马车”更均衡地拉动增长。要切实把经济工作的着力点放到转方式调结构上来，推进新型工业化、信息化、城镇化、农业现代化同步发展，逐步增强战略性新兴产业和服务业的支撑作用，着力推动传统产业向中高端迈进。要高度关注风险发生发展趋势，按照严控增量、区别对待、分类施策、逐步化解的原则，有序加以化解。面对对外开放出现的新特点，必须更加积极地促进内需和外需平衡、进口和出口平衡、引进外资和对外投资平衡，逐步实现国际收支基本平衡，构建开放型经济新体制。要完善扩大出口和增加进口政策，提高贸易便利化水平，巩固出口市场份额。要改善投资环境，扩大服务业市场准入，进一步开放制造业，推广上海自由贸易试验区经验，稳定外商投资规模和速度，提高引进外资质量。要努力提高对外投资效率和质量，促进基础设施互联互通，推动优势产业走出去，开展先进技术合作，稳步推进人民币国际化。

2015 年中央经济工作会议提出坚持稳中求进工作总基调，牢牢把握经济社会发展主动权，主动适应经济发展新常态，妥善应对重大风险挑战，推动经济建设、政治建设、文化建设、社会建设、生态文明建设和党的建设取得重大进展。会议认为，认识新常态、适应新常态、引领新常态，是当前和今后一个时期我国经济发展的大逻辑，引领经济发展新常态，要努力实现多方面工作重点转变。推动经济发展，要更加注重提高发展质量和效益。稳定经济增长，要更加注重供给侧结构性改革。实施宏观调控，要更加注重引导市场行为和社会心理预期。要在适度扩大总需求的同时，着力加强供给侧结构性改革，实施相互配合的五大政策支柱。坚持稳中求进工作总基调，坚持稳增长、调结构、惠民生、防风险，实行宏观政策要稳、产业政策要准、微观政策要活、改革政策要实、社会政策要托底的总体思路。积极的财政政策要加大力度，实行减税政策，阶段性提高财政赤字率，在适当增加必要的财政支出和政府投资的同时，主要用于弥补降税带来的财政减收，保障政府应该承担的支出责任。稳健的货币政策要灵活适度，为结构性改革营造适宜的货币金融环境，降低融资成本，保持流动性合理充裕和社会融资总量适度增长，扩大直接融资比重，优化信贷结构，完善汇率形成机制。在防范化解金融风险方面，对信用违约要依法处置。要有效化解地方政府债务风险，做好地方政府存量债务置换工作，完善全口径政府债务管理，改进地方政府债券发行办法。要加强全方位监管，规范各类融资行为，抓紧开展金融风险专项整治，坚决遏制非法集资蔓延势头，加强风险监测预警，妥善处理风险案件，坚决守住不发生系统性和区域性风险的底线。在体制改革方面，要加快财税体制改革，抓住划分中央和地方事权和支出责任、完善地方税体系、增强地方发展能力、减轻企业负担等关键性问题加快推进。要加快金融体制改革，尽快形成融资功能完备、基础制度扎实、市场监管有效、投资者合法权益得到充分保护的股票市场，抓紧研究提出金融监管体制改革方案。加快推进银行体系改革，深化国有商业银行改革，加快发展绿色金融。

2016 年中央经济工作会议强调，坚持稳中求进工作总基调，牢固树立和贯彻落实新发展理念，适应把握引领经济发展新常态，坚持以提高发展质量和效益为中心，坚持宏观政策要稳、产业政策要准、微观政策要活、改革政策要实、社会政策要托底的政策思路，坚持以推进供给侧结构性改革为主线，适度扩大总需求，加强预期引导，深化创新驱动，全面做好稳增长、促改革、调结构、惠民生、防风险各项工作，促进经济平稳健康发展和社会和谐稳定，要继续实施积极的财政政策和稳健的货币政策。财政政策要更加积极有效，预算安排要适应推进供给侧结构性改革、降低企业税费负担、保障民生兜底的需要。

货币政策要保持稳健中性，适应货币供应方式新变化，调节好货币闸门，努力畅通货币政策传导渠道和机制，维护流动性基本稳定。要在增强汇率弹性的同时，保持人民币汇率在合理均衡水平上的基本稳定。要把防控金融风险放到更加重要的位置，下决心处置一批风险点，着力防控资产泡沫，提高和改进监管能力，确保不发生系统性金融风险。要稳妥推进财税和金融体制改革，落实推动中央与地方财政事权和支出责任划分改革，加快制定中央和地方收入划分总体方案，抓紧提出健全地方税体系方案。要深入研究并积极稳妥推进金融监管体制改革，深化多层次资本市场体系改革，完善国有商业银行治理结构，有序推动民营银行发展。要推动养老保险制度改革，加快出台养老保险制度改革方案。

2017年中央经济工作会议继续强调，要全面贯彻党的十九大精神，以习近平新时代中国特色社会主义思想为指导，加强党对经济工作的领导，坚持稳中求进工作总基调，坚持新发展理念，紧扣我国社会主要矛盾变化，按照高质量发展的要求，统筹推进“五位一体”总体布局和协调推进“四个全面”战略布局，坚持以供给侧结构性改革为主线，统筹推进稳增长、促改革、调结构、惠民生、防风险各项工作，大力推进改革开放，创新和完善宏观调控，推动质量变革、效率变革、动力变革，在打好防范化解重大风险、精准脱贫、污染防治的攻坚战方面取得扎实进展，引导和稳定预期，加强和改善民生，促进经济社会持续健康发展。积极的财政政策取向不变，调整优化财政支出结构，确保对重点领域和项目的支持力度，压缩一般性支出，切实加强地方政府债务管理。稳健的货币政策要保持中性，管住货币供给总闸门，保持货币信贷和社会融资规模合理增长，保持人民币汇率在合理均衡水平上的基本稳定，促进多层次资本市场健康发展，更好地为实体经济服务，守住不发生系统性金融风险的底线。结构性政策要发挥更大作用，强化实体经济吸引力和竞争力，优化存量资源配置，强化创新驱动，发挥好消费的基础性作用，促进有效投资特别是民间投资合理增长。会议指出，防控金融风险，要服务于供给侧结构性改革这条主线，促进形成金融和实体经济、金融和房地产、金融体系内部的良性循环，做好重点领域风险防范和处置，坚决打击违法违规金融活动，加强薄弱环节监管制度建设。

2018年中央经济工作会议指出，要以习近平新时代中国特色社会主义思想为指导，全面贯彻党的十九大和十九届二中、三中全会精神，统筹推进“五位一体”总体布局，协调推进“四个全面”战略布局，坚持稳中求进工作总基调，坚持新发展理念，坚持推动高质量发展，坚持以供给侧结构性改革为主线，坚持深化市场化改革、扩大高水平开放，加快建设现代化经济体系，继续打好三大攻坚战，着力激发微观主体活力，创新和完善宏观调控，统筹推进稳增长、促改革、调结构、惠民生、防风险工作，保持经济运行在合理区间，进一步稳就业、稳金融、稳外贸、稳外资、稳投资、稳预期，提振市场信心，增强人民群众获得感、幸福感、安全感，保持经济持续健康发展和社会大局稳定，为全面建成小康社会收官打下决定性基础。宏观政策要强化逆周期调节，继续实施积极的财政政策和稳健的货币政策，适时预调微调，稳定总需求；积极的财政政策要加力提效，实施更大规模的减税降费，较大幅度增加地方政府专项债券规模；稳健的货币政策要松紧适度，保持流动性合理充裕，改善货币政策传导机制，提高直接融资比重，解决好民营企业和小微企业融资难融资贵问题。结构性政策要强化体制机制建设，坚持向改革要动力，深化国资国企、财税金融、土地、市场准入、社会管理等领域改革，强化竞争政策的基础性地位，创造公平竞争的制度环境，鼓励中小企业加快成长。要以金融体系结构调整优化为重点深化金融体制改革，发展民营银行和社区银行，推动城商行、农商行、农信社业务逐步回归本源。要完善金融基础设施，强化监管和服务能力。资本市场在金融运行中具有牵一发而动全身的作用，要通过深化改革，打造一个规范、透明、开放、有活力、有韧性的资本市场，提高上市公司质量，完善交易制度，引导更多中长期资金进入，推动在上交所设立科创板并试点注册制尽快落地。要推进财税体制改革，健全地方税体系，规范政府举债融资机制。

2019 年中央经济工作会议指出，要坚持稳字当头，坚持宏观政策要稳、微观政策要活、社会政策要托底的政策框架，提高宏观调控的前瞻性、针对性、有效性。要积极进取，坚持问题导向、目标导向、结果导向，在深化供给侧结构性改革上持续用力，确保经济实现量的合理增长和质的稳步提升。继续实施积极的财政政策和稳健的货币政策。积极的财政政策要大力提质增效，更加注重结构调整，坚决压缩一般性支出，做好重点领域保障，支持基层保工资、保运转、保基本民生。稳健的货币政策要灵活适度，保持流动性合理充裕，货币信贷、社会融资规模增长同经济发展相适应，降低社会融资成本。要深化金融供给侧结构性改革，疏通货币政策传导机制，增加制造业中长期融资，更好地缓解民营和中小微企业融资难、融资贵问题。财政政策、货币政策要同消费、投资、就业、产业、区域等政策形成合力，引导资金投向供需共同受益、具有乘数效应的先进制造、民生建设、基础设施短板等领域，促进产业和消费“双升级”。要充分挖掘超大规模市场优势，发挥消费的基础作用和投资的关键作用。加快金融体制改革，完善资本市场基础制度，提高上市公司质量，健全退出机制，稳步推进创业板和新三板改革，引导大银行服务重心下沉，推动中小银行聚焦主责主业，深化农村信用社改革，引导保险公司回归保障功能。要完善和强化“六稳”举措，健全财政、货币、就业等政策协同和传导落实机制，确保经济运行在合理区间。要巩固和拓展减税降费成效，大力优化财政支出结构，进一步缓解企业融资难融资贵问题。

2. 金融工作会议精神

全国金融工作会议是我国金融领域最高规格的会议，是为保证宏观金融政策的稳定性和金融改革的持续性而作出的一项重大制度安排，会上对中国下一步系列重大金融改革问题定下基调，并公布相应的机构改革等重大举措。自1997年至今共召开过5次，每次均对中国下一步一系列重大的金融改革政策和方向“定调”，并都推出金融改革及相应的机构改革等重大举措。

第一次全国金融工作会议于1997年11月17~19日召开，背景是亚洲金融危机，会议的主导者是时任常务副总理朱镕基。亚洲金融危机由泰铢贬值引爆时，中国金融业也正处于相对脆弱的历史发展时期。当时的主要问题是银行体系坏账率畸高，银行系统整体不良比率已在30%左右，按照《巴塞尔协议》银行资本充足率8%的要求，从理论上说，中国的银行业似乎已整体破产。所以，亚洲金融危机袭来时，中国的首要任务是稳定人心提升信心防止危机传染，同时要出台一些具体措施来应对外部冲击。第一次全国金融工作会议主要确定的危机对策有五项：一是成立四大资产管理公司处理四大行巨额不良资产（即中国长城资产管理公司、中国信达资产管理公司、中国华融资产管理公司、中国东方资产管理公司，专门处理与它们相对应的农业银行、建设银行、工商银行、中国银行四大国有银行剥离的不良资产）；二是中央财政定向发行2700亿元特别国债补充四大行资本金；三是银行系统取消贷款规模控制实行资产负债比例管理；四是成立中央金融工委，强化金融分业经营和分业监管，提升证监会地位统一监管证券市场，并决定成立保监会监管保险业，中国人民银行专门监管银行业和信托业；五是改革中国人民银行机构，撤销省级分行，在全国设置九大区行，加强货币政策的独立性。

第二次全国金融工作会议于2002年2月召开，这次大会还是由朱镕基主导。当时的金融改革举措主要有五点：一是加强金融监管，成立国有银行改革领导小组和银监会，将银行业、信托业的监管职能从央行剥离出来，撤销中央金融工委，对不同金融机构采取“因地制宜，分类指导”方针；二是强化金融监管与国有银行改革，组建中央汇金投资有限责任公司主导中国国有银行重组上市；三是实行银行机构股份制改革，首先改制的国有商业银行包括工商银行、建设银行、中国银行等，对工行、建行、中行的股改和上市确定关键支持政策；四是成立国有银行改革领导小组，办公室设在人民银行；五是做出改革农村信用合作社的决定。

第三次全国金融工作会议于 2007 年 1 月 19~20 日举行，这次会议是由温家宝主导，实质内容大体有：①深化银行股份制改革，批准农业银行上市，中国农业银行整体改制；②汇金公司注资国家开发银行，国家开发银行推行商业化运作，允许其从事中长期业务，限制其从事零售业务，国开行实行自主经营、自负盈亏、自担风险方针。政策性银行改革实行一行一策原则；③设立中国投资有限责任公司，其职责为管理外汇储备投资；④鼓励和规范发展公司债券，要求制定并实施公司债券发行试点办法，确立发改委监管企业债、证监会监管公司债的分工模式；⑤明确提出完善金融分业监管体制机制；⑥制定相关政策，推动并支持创业板正式上市。

第四次全国金融工作会议于 2012 年 1 月 6~7 日召开，仍然由温家宝主导，这次会议是在经历了全球金融危机及中国果断推出四万亿刺激计划并带来一系列积极和负面影响，并且中国经济已跃升为全球第二之后召开的，会上主要部署了八项工作：①金融业要大力提升服务实体经济功能，防止金融资金“脱实向虚”，抑制虚拟经济膨胀和过度自我循环；②深化金融体制改革，把推进人民币汇率形成机制和利率市场化改革作为重点；③加强和改进金融监管，切实防范系统性金融风险；④为避免财政金融风险相互传递，把地方政府性债务风险作为防控重点，将地方政府债务收支分类纳入预算管理；⑤加强资本市场和保险市场建设；⑥强化薄弱领域金融支持力度，完善金融宏观调控体系，守住不发生系统性金融风险底线；⑦扩大金融对外开放；⑧重视和加强金融基础建设，为促进金融健康发展创造良好环境。

第五次全国金融工作会议于 2017 年 7 月 14~15 日举行，习近平出席会议并发表重要讲话。这次会议召开的时间节点，正值我国金融形势十分严峻、潜在的金融风险聚积严重和全面推进金融改革的关键时期。因此，会议的议题和内容比以往更加丰富和重要。在这次会议上，习近平总书记针对我国金融工作面临的形势和任务指出：金融是国家重要的核心竞争力，金融安全是国家安全的重要组成部分，金融制度是经济社会发展中重要的基础性制度。必须加强党对金融工作的领导，坚持稳中求进工作总基调，遵循金融发展规律，紧紧围绕服务实体经济、防控金融风险、深化金融改革三项任务，创新和完善金融调控，健全现代金融企业制度，完善金融市场体系，推进构建现代金融监管框架，加快转变金融发展方式，健全金融法治，保障国家金融安全，促进经济和金融良性循环、健康发展。同时确立了做好金融工作的四项原则：第一，回归本源，服从服务于经济社会发展。金融要把为实体经济服务作为出发点和落脚点，全面提升服务效率和水平，把更多金融资源配置到经济社会发展的重点领域和薄弱环节，更好地满足人民群众和实体经济多样化的金融需求。第二，优化结构，完善金融市场、金融机构、金融产品体系。要坚持质量优先，引导金融业发展同经济社会发展相协调，促进融资便利化、降低实体经济成本、提高资源配置效率、保障风险可控。第三，强化监管，提高防范化解金融风险的能力。要以强化金融监管为重点，以防范系统性金融风险为底线，加快相关法律法规建设，完善金融机构法人治理结构，加强宏观审慎管理制度建设，加强功能监管，更加重视行为监管。第四，市场导向，发挥市场在金融资源配置中的决定性作用。坚持社会主义市场经济改革方向，处理好政府和市场的关系，完善市场约束机制，提高金融资源配置效率。加强和改善政府宏观调控，健全市场规则，强化纪律性。具体包括五个方面内容：第一，金融是实体经济的血脉，为实体经济服务是金融的天职，是金融的宗旨，也是防范金融风险的根本举措。要贯彻新发展理念，树立质量优先、效率至上的理念，更加注重供给侧的存量重组、增量优化、动能转换。要把发展直接融资放在重要位置，形成融资功能完备、基础制度扎实、市场监管有效、投资者合法权益得到有效保护的多层次资本市场体系。要改善间接融资结构，推动国有大银行战略转型，发展中小银行和民营金融机构。要促进保险业发挥长期稳健风险管理和保障的功能。要建设普惠金融体系，加强对小微企业、“三农”和偏远地区的金融服务，推进金融精准扶贫，鼓励发展绿色金融。要促进金融机构降低经营成本，清理规范中间业务环节，避免变相抬高实体经济融资成本。第二，防止发生系统性金融风险是金融工作的永恒主题。要把主动防范化解系统性金融风险放在更加重要的位置，科学防范，早识别、早预警、早发现、早处置，着力防范化解重点领域风险，着力完善金融安全防线和风险应急处置机制。要推动经济去杠杆，坚定执行稳健的货币政策，处理好稳增长、调结构、控总量的关系。要把国有企业降杠杆作为重中之重，抓好处置“僵尸企业”工作。各级地方党委和政府要树立正确政绩观，严控地方政府债务增量，终身问责，倒查责任。要坚决整治严重干扰金融市场秩序的行为，严格规范金融市场交易行为，规范金融综合经营和产融结合，加强互联网金融监管，强化金融机构防范风险主体责任。要加强社会信用体系建设，健全符合我国国情的金融法治体系。第三，要坚定深化金融改革。要优化金融机构体系，完善国有金融资本管理，完善外汇市场体制机制。要完善现代金融企业制度，完善公司法人治理结构，优化股权结构，建立有效的激励约束机制，强化风险内控机制建设，加强外部市场约束。要加强金融监管协调、补齐监管短板。设立国务院金融稳定发展委员会，强化中国人民银行宏观审慎管理和系统性风险防范职责。地方政府要在坚持金融管理主要是中央事权的前提下，按照中央统一规则，强化属地风险处置责任。金融管理部门要努力培育恪尽职守、敢于监管、精于监管、严格问责的监管精神，形成有风险没有及时发现就是失职、发现风险没有及时提示和处置就是渎职的严肃监管氛围。要健全风险监测预警和早期干预机制，加强金融基础设施的统筹监管和互联互通，推进金融业综合统计和监管信息共享。第四，要扩大金融对外开放。要深化人民币汇率形成机制改革，稳步推进人民币国际化，稳步实现资本项目可兑换。要积极稳妥推动金融业对外开放，合理安排开放顺序，加快建立完善有利于保护金融消费者权益、有利于增强金融有序竞争、有利于防范金融风险的机制。要推进"一带一路"建设金融创新，搞好相关制度设计。第五，要坚持党中央对金融工作的集中统一领导，确保金融改革发展的正确方向，确保国家金融安全。要落实全面从严治党要求，建好金融系统领导班子，强化对关键岗位、重要人员特别是一把手的监督。要扎扎实实抓好企业党建，加强理想信念教育、加强党性教育、加强纪律教育、加强党风廉政建设。要大力培养、选拔、使用政治过硬、作风优良、业务精通的金融人才，特别是要注意培养金融高端人才，努力建设一支宏大的德才兼备的高素质金融人才队伍。

此外，李克强也在会上指出，金融是国之重器，是国民经济的血脉。要把服务实体经济作为根本目的，把防范化解系统性风险作为核心目标，把深化金融改革作为根本动力，促进经济与金融良性循环。要创新金融调控思路和方式，继续实施稳健的货币政策，保持货币信贷适度增长和流动性基本稳定，不断改善对实体经济的金融服务。要积极发展普惠金融，大力支持小微企业、"三农"和精准脱贫等经济社会发展薄弱环节，着力解决融资难、融资贵问题。要加强对创新驱动发展、新旧动能转换、促进"双创"支撑就业等的金融支持，做好对国家重大发展战略、重大改革举措、重大工程建设的金融服务。要增强资本市场服务实体经济的功能，积极有序发展股权融资，提高直接融资比重。要拓展保险市场的风险保障功能。要优化金融资源空间配置和金融机构布局，大力发展中小金融机构，不断增强金融服务实体经济的可持续性，着力强实抑虚。要筑牢市场准入、早期干预和处置退出三道防线，把好风险防控的一道关，健全金融风险责任担当机制，保障金融市场稳健运行，积极稳妥推进去杠杆，深化国企改革，把降低国企杠杆率作为重中之重，有效处置金融风险点，防范道德风险，坚决守住不发生系统性风险的底线。要坚持从我国国情出发推进金融监管体制改革，增强金融监管协调的权威性、有效性，强化金融监管的专业性、统一性、穿透性，所有金融业务都要纳入监管，及时有效识别和化解风险。要坚持中央统一规则，压实地方监管责任，加强金融监管问责。要坚持自主、有序、平等、安全的方针，稳步扩大金融业双向开放。要加强对金融改革发展稳定的法治、信用、人才保障，创造优良金融生态环境，以优质高效的金融服务推动经济保持中高速增长、迈向中高端水平。

## （二）新时代中国特色社会主义伦理文化视角下的金融市场体系建设

党的十八大以来，中国国家治理体系和治理能力的现代化建设步入新阶段，健全具有高度适应性、竞争力、普惠性的现代金融体系，成为提升金融治理能力的核心目标，由此产生的改革新红利也有望成为经济高质量发展的强劲引擎。建设现代金融体系以建设现代金融市场体系提纲挈领，带动金融改革全面深化。发达的金融市场是现代金融体系的鲜明特征。随着居民收入水平提升，财富积累，金融市场快速发展，地位不断提升。

### 1. 健全金融调控体系

党的十八大以来，中央高度重视金融调控在宏观调控中的重要作用，坚持将货币政策调控与深化金融体制改革紧密结合起来，不断创新和完善调控方式，大力拓展货币政策传导渠道，充分发挥市场在金融资源配置中的决定性作用。党的十八大报告明确提出稳步推进利率和汇率市场化改革，为下一步深化金融体制改革指明了方向，十八届三中全会《中共中央关于全面深化改革若干重大问题的决定》进一步提出利率和汇率市场化改革的目标和重点是，“完善人民币汇率市场化形成机制”，坚持“市场导向，发挥市场在金融资源配置中的决定性作用”。推进利率和汇率市场化改革，扩大金融机构利率自主定价权，需要处理好政府与市场的关系，完善市场约束机制，政府可以通过经济和法治手段，“健全中央银行利率调控框架”，“保持人民币汇率在合理均衡水平上的基本稳定”。

（1）推进货币政策调控架构转型。党的十八大以来，为了适应中国经济发展处于增速换挡期、结构调整阵痛期和前期刺激政策消化期所谓“三期叠加”的新常态，我国货币供应方式已由基础货币主要通过外汇占款被动投放转变为中央银行主动供给，广义货币（M2）供给由主要通过信贷投放、外汇占款等方式转变为证券投资、同业渠道等方式供给。而且随着金融业的日益繁荣，金融产品和金融渠道日益多样化，央行获得了主动供给和调节流动性的地位，尤其在2017年7月全国金融工作会议之后，其宏观审慎管理和防范系统性风险的职责进一步得到强化。

在党中央的统一规划和部署下，中央银行为了适应经济新常态，在完善和丰富货币政策调控篮子、创新货币政策操作工具等方面，积极采取措施以营造结构调整与转型升级相适应的货币金融环境。近年来，央行连续降低存款准备金率，由 2012 年的 21.5% 降低到了 2016 年 3 月的 13%；将存款基准利率从 3.50% 降低至 1.50%，贷款基准利率由 6.56% 降低至 4.35%，同时还数次实施非对称降息措施。采用公开市场操作、中期借贷便利等流动性管理工具等手段，推动和引导隔夜拆借利率、长期国债收益率平稳适度下行，进一步降低实体经济融资成本。实施平均法考核准备金制度，扩大信贷资产质押再贷款试点，统筹运用多种货币政策工具，进一步完善机制、丰富品种，较好地起到了为实体经济服务的作用。金融机构贷款利率在 2013 年 7 月全面放开管制后，2015 年 10 月，央行又决定完全放开人民币存款利率浮动上限，从此，我国完全打通了利率市场化改革的通道。经过多次降低存贷款基准利率，加之采取措施引导和调节市场利率，使社会融资成本有了较大幅度的降低。建立健全存款准备金率动态调节机制，使之保持差别状态，择机开展中期借贷便利操作，拓展抵押补充贷款（PSL）、常备借贷便利（SLF）、中期借贷便利（MLF）、信贷资产质押再贷款的机构范围和支持领域，将民营银行纳入支小再贷款支持范围，创设扶贫再贷款，还通过有效发挥合意贷款管理、定向降准、再贷款再贴现工具、信贷政策结构引导等功能，推动信贷政策和产业政策协调配合，引导金融系统加大对基础设施、产品升级、“双创”、小微企业、“三农”、养老等重点领域和薄弱环节的支持。这一系列货币政策工具优化组合和创新表明，央行政策理念不仅仅是总量性的，而且更多强调了定向精准调控和市场化操作的思维。

（2）健全利率市场化形成、调控和疏导机制。我国存款利率市场化改革已经基本解决了“放得开”的问题，现在的改革重点是解决如何实现“形得成”和“调得了”的问题。放开存款利率上限管制，是中国利率市场化改革的重要成果，但也只是取消了对存款利率的行政管理和行政性的倍数要求。利率上限放开之后，利率调控和价格工具将变得更加重要。在国内市场与国际市场相连通，中国经济融入全球经济，外汇市场既有在岸市场，也有离岸市场，资本项目兑换更加便利的大环境下，健全以市场为导向的利率形成机制和调控机制，提高中央银行调控市场利率的有效性，将成为进一步深化利率市场化改革的核心问题。目前，我国已经形成了央行的利率体系，每星期都进行引导短期利率如隔夜利率和 7 天回购利率的公开市场操作，还根据本国实际，经过努力探讨，培育出上海银行间同业拆放利率（Shibor），它们已经成为货币市场定价的基准和基础。

近几年来，从隔夜到一年以内再到一年以上的整个收益率曲线已逐步健全，三个月期短期票据已滚动发行，基本奠定了利率定价基础，初步形成了从隔夜到长期利率的调控体系。同时，中国收益率曲线也已较为完善，收益率曲线各个点上的交易比较密集，整个收益率曲线更加可靠。按照中央要求，我国下一步的利率市场化改革，主要是完善从货币市场到债券市场的固定收益产品，再到信贷市场的利率体系，逐步健全从央行的利率调控机制到市场利率的传导机制，进而促使作为全社会融资价格的利率工具在市场配置资源中发挥重要作用。而在放开存款利率上限后，对于金融机构高息揽储、存款大战的风险，将主要通过银行内部治理结构、内控机制、行业自律组织以及外部监管来有效监控，同时加强央行和金融监管部门的数据统计和监管，坚持依法严厉打击非法集资，有效遏制各类金融风险。

（3）完善人民币汇率市场化形成机制。培育和完善人民币汇率市场化形成机制，存在于我国金融市场形成和发展的全过程。党的十八届三中全会《决定》更加明确要求“完善人民币汇率市场化形成机制，加快推进利率市场化，健全反映市场供求关系的国债收益率曲线”。近年来，国务院和央行按照中央的决策要求，采取了以下有效措施，不断完善人民币汇率市场化形成机制。①运用多样化的货币政策工具，着力调节好流动性闸门，促进和保持流动性基本稳定，维持货币政策稳健运行目标。②根据“收盘汇率＋一篮子货币汇率变化”的指标体系，确定人民币对美元汇率中间价形成机制，增强人民币对美元汇率的弹性和双向浮动。③完善宏观审慎政策框架体系，把引导和促进金融机构审慎经营作为发力点。实行稳健的货币政策，发挥其在优化信贷结构方面的功能，鼓励各级各类金融机构将工作重心向重点领域和薄弱环节转移。④制定与供给侧结构性改革相一致、相匹配的金融服务措施，支持钢铁煤炭去产能，为国家确定的重点行业产业结构转型升级提供金融支持，为国家发展布局调整和精准扶贫等提供金融服务，强化对“双创”、高科技、战略性新兴产业、保障性住房、健康养老、小微企业、创业就业和少数民族地区经济社会发展的金融支持。⑤针对金融风险发展现状，采取相应对策，把中央防范和化解金融风险、守住不发生系统性金融风险底线的要求落到实处。⑥稳妥、有序地推进金融改革，盯紧重点领域关键环节问题，综合运用增加交易主体、丰富交易工具、加大市场决定汇率力度等措施，保持人民币汇率基本稳定。⑦严格按照中央要求，落实自由贸易试验区金融开放创新试点、绿色金融体系建设等项工作部署，不断加强金融基础设施建设和管理，有序推进金融市场稳健发展。⑧进一步推动外汇管理体制改革，全面提高金融服务与管理水平。完善政策框架和基础设施，加快推动人民币国际化进程，发扬中国精神和中国智慧，为完善全球经济金融治理体系贡献力量，保持人民币在全球货币体系中的稳定地位。

### 2. 全面发展和放开多层次资本市场体系

中国多层次资本市场形成于 20 世纪 90 年代金融体制改革之后，现在已经发展成为四个完整的层次，即通常所说的主板（一板含中小板）、创业板（二板）、全国中小企业股份转让系统（新三板）和区域性股权交易市场（四板）。党的十八届三中全会《决定》强调："健全多层次资本市场体系，推进股票发行注册制改革，多渠道推动股权融资，发展并规范债券市场，提高直接融资比重。"党的十八大以来，通过全面深化经济体制改革，我国金融市场迅速发展，直接融资规模占社会融资规模的比重不断上升，股市和债市规模均居世界前列。

党的十八大以来，我国坚持资本市场对外开放，并取得显著进展，双向开放的广度、深度持续升级。2014 年 11 月 17 日，沪港通正式开通，2016 年深港通正式开通。2017 年 1 月 17 日，国务院下发《关于扩大对外开放积极利用外资若干措施的通知》（以下简称《通知》），《通知》包括进一步扩大对外开放、创造公平竞争环境、加强吸引外资工作 3 个方面 20 条措施。2017 年 7 月 3 日，香港与内地"债券通"正式开通。2018 年 4 月，习近平在博鳌亚洲论坛年会上宣布了扩大开放的重大措施，中国人民银行行长易纲随即宣布推出包括"沪伦通"在内的 11 条金融开放措施，并承诺实现的时间表。2019 年 6 月，证监会主席在陆家嘴论坛上宣布，将推出包括 H 股全流通在内的 9 条进一步推动资本市场扩大开放的措施。2019 年 7 月 20 日，国务院金融稳定发展委员会办公室推出了 11 条金融业进一步对外开放的政策措施，包括允许外资机构在华开展信用评级业务，涵盖银行间债券市场和交易所债券市场的所有种类债券；允许外资机构获得银行间债券市场 A 类主承销牌照；等等。鼓励境外金融机构参与设立、投资入股商业银行理财子公司；允许境外资产管理机构与中资银行或保险公司的子公司合资设立由外方控股的理财公司；允许境外金融机构投资设立、参股养老金管理公司；将原定于 2021 年取消的对证券公司、基金管理公司和期货公司的外资股比限制的时间点，提前到 2020 年。2019 年 3 月和 12 月，已先后有两家外资控股的证券公司获批成立；6 月和 12 月，首家外资相对控股和绝对控股的基金公司相继产生；12 月 20 日，国内首家外资控股的理财公司已获批成立。

2019 年 1 月，为满足境外投资者扩大对中国资本市场的投资需求，经国务院批准，合格境外机构投资者（QFII）总额度由 1500 亿美元增加至 3000 亿美元。同月，中国证监会发布《合格境外机构投资者及人民币合格境外机构投资者境内证券期货投资管理办法》及其配套规则《关于实施〈合格境外机构投资者及人民币合格境外机构投资者境内证券期货投资管理办法〉有关问题的规定》，向社会公开征求意见，将 QFII、RQFII 两项制度合二为一，境外机构投资者只需申请一次资格，尚未获得 RQFII 额度的国家和地区的机构，仍以外币募集资金投资；统一 QFII、RQFII 的准入条件，取消数量型指标要求，同时，简化申请文件要求，缩短审批时限；扩大 QFII 和 RQFII 投资范围，除原有品种外，合格投资者可投资于新三板股票、债券回购、私募投资基金、金融期货、商品期货、期权等。同时，允许参与证券交易所融资融券交易；优化托管人管理，合格境外机构投资者托管人资格审批事项已改为备案管理，不再限制合格投资者聘用托管人的数量，托管人为两个以上的，要求指定一个主托管人。2019 年 2 月 22 日，“债券通”一级市场信息平台上线仪式在香港举行，这表明投资者除了能够在二级市场交易已发行的债券之外，还可以在一级市场参与债券发行，发行人将可以在“债券通”平台直接发行债券。2019 年 3 月，证监会核准国际货币基金组织（IMF）人民币合格境外机构投资者资格。2019 年 9 月，经国务院批准，外汇局决定取消合格境外机构投资者（QFII）和人民币合格境外机构投资者（RQFII）（以下合称“合格境外投资者”）的投资额度限制。

全球三大股价指数先后将 A 股纳入其成份股，从 2018 年 6 月 1 日起，中国 A 股正式纳入 MSCI 指数；随后，富时罗素指数也宣布将 A 股纳入其全球股票指数体系；很快地，标普道琼斯指数也宣布将中国 A 股纳入全球基准指数。2019 年 4 月 1 日，全球三大债券指数之一的彭博巴克莱全球综合债券指数（BGAI），宣布正式将中国国债、政策性银行债纳入其指数。同年 10 月 10 日，明晟公司（MSCI）在其官网发布公告，自 2019 年 11 月起，符合标准的科创板股票将被纳入 MSCI 全球可投资市场指数（GIMI）。

### 3. 实现人民币资本项目可兑换

关于实现人民币资本项目可兑换问题，党的十八届三中全会《决定》作了如下表述：“推动资本市场双向开放，有序提高跨境资本和金融交易可兑换程度，建立健全宏观审慎管理框架下的外债和资本流动管理体系，加快实现人民币资本项目可兑换。”《十三五规划纲要》也重申：“有序实现人民币资本项目可兑换，提高可兑换、可自由使用程度，稳步推进人民币国际化，推进人民币资本走出去。”总体上看，党的十八大以来，中央对于人民币资本项目可兑换的理论表述不断完善，与实践中的人民币资本项目可兑换程度逐步提高是相一致的。

党的十八大以来，党中央和中国政府积极采取措施，促进人民币国际化，有效推动包括股票市场、债券市场、外汇市场在内的资本市场双向开放；扩大国际经贸合作，鼓励境内机构使用人民币对外投资、贷款，扩大合格投资者主体资格，增加投资额度，支持“一带一路”建设，使人民币在资本项下的使用规模和范围日益提高。经过近十年的发展，人民币计价货币功能逐步呈现，支付货币功能稳步增强，投融资货币功能不断深化，金融交易功能大幅改进，储备货币功能明显提升。2016 年 10 月 1 日，人民币被纳入国际货币基金组织（IMF）特别提款权（SDR）的一篮子货币，成为继美元、欧元、日元、英镑后入篮的第五种货币。这既是 SDR 创建以来首次纳入发展中国家货币，也反映了国际社会对人民币和中国金融体系改革成就的认可。在大宗商品计价方面，人民币有多个创新突破，2018 年“上海金”、人民币铁矿石期货、人民币原油期货等相继挂牌交易。支付货币功能稳步增强，环球银行金融电信协会发文称，从 2017 年 7 月到 2019 年 7 月，全球使用人民币支付的金融机构数量增加 11.31%，数量从 1989 家增长到 2214 家，2019 年 11 月，人民币国际支付排名全球第五，国际支付份额达 1.93%。投融资货币功能不断深化，熊猫债越发受到各类境外主体的追捧，2018 年非金融企业熊猫债发行额增长迅猛，共有 16 位发行人累计发行了 36 支熊猫债，发行规模合计 627 亿元人民币，较 2017 年增长 191.63%。金融交易功能大幅改进，央行公布数据显示，截至 2019 年第三季度，外资持有境内股票、债券资产的规模合计达 39526.29 亿元，创下历史新高。储备货币功能明显提升，《人民币国际化报告 2019》指出，人民币在全球官方外汇储备占比一直稳步提升，2019 年第一季度已超 2100 亿美元，占比达 1.95%，是全球第五大储备货币。国际货币基金组织（IMF）最新公布的数据显示，截至 2019 年第三季度，全球各经济体央行持有的外汇储备中人民币资产占比由 1.97% 升至 2.01%，创 IMF 自 2016 年 10 月报告人民币储备资产以来最高水平。

### 4. 健全现代金融企业制度，推进政策性金融机构改革

随着金融改革不断深化，健全包括现代金融企业制度在内的现代企业制度，成为党的十八大以来党中央进行理论探讨的重要问题之一。周小川在谈及金融机构改革时说：“中国金融机构有体量小的特点。中国金融机构过去量很少，品种比较少不能满足经济发展，所以要丰富金融体系，建立商业性金融、开放性金融、政策性金融、合作金融的金融机构体系，中国提出了开放性金融和政策性金融，是应对全球金融危机的需要。”2017 年召开的金融领域最高级别会议——全国金融工作会议，首次明确地提出：“要完善现代金融企业制度，完善公司法人治理结构，优化股权结构。建立有效的激励约束机制，避免短视化行为。完善风险管理框架，强化风险内控机制建设，推动金融机构真实披露和及时处置风险资产。加强外部市场约束，增强会计、审计等机构自律性、公正性和专业化水平。”中央全面深化改革委员会第十次会议指出，加强国有金融资本管理、建立统一的出资人制度，要坚持以管资本为主、市场化、审慎性原则，明确出资人与受托人职责，加强金融机构国有资本管理与监督，健全责

任追究制度，完善现代金融企业制度和国有金融资本管理制度。

根据党的十八届三中全会《决定》关于“推进政策性金融机构改革”的意见，党的十二届全国人大四次会议通过的《政府工作报告》将这一要求拓展为“深化国有商业银行和开发性、政策性银行改革”。2014年的《政府工作报告》以法律性文件的形式提出“实施政策性金融机构改革”；2015年的《政府工作报告》将政策性金融机构改革的目标进一步具体化为“发挥好开发性金融、政策性金融在增加公共产品供给中的作用”；2016年再次把“深化国有商业银行和开发性、政策性金融机构改革”写入了《政府工作报告》；2017年的《政府工作报告》又重申要“发挥好政策性开发性金融的作用”。根据中央的要求和部署，三大政策性银行也在加紧制定深化改革举措。2015年4月12日，中国政府网公布了经国务院批准的政策性银行深化改革方案，其中包括改革的动机、机构定位、业务范围、风险补偿机制、治理结构、财税支持、资本金补充等多方面的内容。2016年11月，国务院批准《国家开发银行章程》《中国进出口银行章程》《中国农业发展银行章程》，对三家银行的功能定位、经营范围和业务、资金来源、治理结构、风险管控等做出明确规定。中国进出口银行、中国农业发展银行重回政策性银行定位，国家开发银行被定位为开发性金融机构。

#### 5. 取消或公开行政审批事项，发展民营中小型银行等金融机构

党的十八届三中全会《决定》指出：要“支持非公有制经济健康发展”，“废除对非公有制经济各种形式的不合理规定，消除各种隐性壁垒，制定非公有制企业进入特许经营领域的具体办法”，“在加强监管的前提下，允许具备条件的民间资本依法发起设立中小型银行等金融机构”。

为了落实党的十八届三中全会《决定》有关精神，2014年2月，李克强总理在省部级主要领导干部学习贯彻十八届三中全会精神全面深化改革专题研讨班上作了详细讲解。他说：“金融改革内容非常丰富，很重要的是两个方面：一个是市场化改革，另一个是防范金融风险”，并强调2014年的工作重点是做好三件事，而放宽市场准入是其中之一。2014年的《政府工作报告》提出“稳步推进由民间资本发起设立中小型银行等金融机构，引导民间资本参股、投资金融机构及融资金融中介服务机构”。这表明国家在政策层面上对民间资本发起设立中小型银行等金融机构给予鼓励和保护，民间资本可以独资设立中小型金融机构，也可以通过入股、投资、融资等形式向国有金融机构投资。2015年的《政府工作报告》将上述内容表述为“推动具备条件的民间资本依法发起设立中小型银行等金融机构，成熟一家，批准一家，不设限额”。2016年《政府工作报告》更加明确地提出“发展民营银行，启动投贷联动试点”。2017年

全国金融工作会议再次重申“要优化金融资源空间配置和金融机构布局，大力发展中小金融机构”,“要改善间接融资结构”,“发展中小银行和民营金融机构”。

2014 年 2 月 19 日，中国人民银行公开了行政审批事项目录，将行政审批事项界定在 21 项以内。2014 年 2 月 18 日，在前期工作的基础上，中国证监会再次取消了 3 项行政审批事项，同时，公布了尚存的 63 项行政审批事项目录，并计划在未来 3 年内再取消 18 项行政审批事项。2014 年 2 月 27 日，中国保监会出台了《关于取消行政审批项目的通知》，取消行政审批事项 2 项，并公布了尚存的行政审批事项。为落实党中央、国务院关于推进民营银行发展的部署和要求，提升银行业对内开放水平，银监会积极推动民营银行试点工作，不断完善监管配套措施，鼓励和引导民间资本进入银行业，促进民营银行持续健康发展，为实体经济特别是中小微企业、“三农”和社区以及“大众创业、万众创新”提供更有针对性、更加便利的金融服务。继 2013 年 11 月 14 日中国银监会对外公布修订后的《中资商业银行行政许可事项实施办法》取消中资商业银行开办证券投资基金托管业务和合格境外机构投资者境内证券投资托管业务行政审批等事项之后，2014 年 6 月 23 日，中国银监会又发布了《关于推进简政放权改进市场准入工作有关事项的通知》，将“机构筹建延期和开业延期审批”等 7 项行政审批改为报告制管理，2015 年 6 月制定了《关于促进民营银行发展的指导意见》。随后，国务院办公厅转发了中国银监会《关于促进民营银行发展指导意见的通知》，明确了发展民营银行的指导思想、基本原则、准入条件、许可程序、监管机制等，为民营银行的发展提供了制度保障。到 2016 年，新批准设立的民营银行达到 14 家。

### （三）构建新时代金融风险防控体系，持续推进金融监管体制改革

金融现代化的重点是维护金融安全和稳定，关键是防范和化解金融风险尤其是系统性金融风险，同时要采取一切积极措施和有效手段，提高金融服务实体经济的能力。2017 年 7 月，习近平总书记在全国金融工作会议上旗帜鲜明地强调：“防止发生系统性金融风险是金融工作的永恒主题。”党的十八大以来，历次中央有关会议都从健全金融监管制度的角度，反复强调加强金融监管的重要性，而且把改革和健全金融监管体制作为重要方面。党的十八届三中全会通过的《决定》提出：要“完善监管协调机制，界定中央和地方金融监管职责和风险处置责任”；2017 年 4 月 25 日，习近平总书记在中央政治局第四十次集体学习时，就维护金融安全提出 6 项任务，其中之一就是“加强金融监管，统筹监管系统重要性金融机构，统筹监管金融控股公司和重要金融基础设

施，统筹负责金融业综合统计，确保金融系统良性运转，确保管理部门把住重点环节，确保风险防控耳聪目明，形成金融发展和监管强大合力，补齐监管短板，避免监管空白”。2019 年习近平又进一步强调，要深化准入制度、交易监管等改革，加强监管协调，坚持宏观审慎管理和微观行为监管两手抓、两手都要硬、两手协调配合。要统筹金融管理资源，加强基层金融监管力量，强化地方监管责任，做到抓小抓早、防微杜渐。要建立监管问责制，由于监督不力、隐瞒不报、决策失误等造成重大风险的，要严肃追责。要解决金融领域特别是资本市场违法违规成本过低问题。

1. 完善现代金融监管体系

我国金融监管机构和金融监管体制，是从 1993 年金融体制改革至 2003 年构建起来的“一行三会”的金融监管体系，实行分业监管、垂直管理原则。从我国近几年金融改革和实践运行状况来看，守住不发生系统性金融风险底线的能力有所增强，“但不良资产风险、流动性风险、影子银行风险、外部冲击风险、房地产泡沫风险、政府债务风险、互联网金融风险等正在积累，金融市场上也乱象丛生，套利投机泛滥，利益输送严重，大案要案不断滋生”。为了有效解决金融监管不协调、监管缺位或空位、执法不严等体制机制方面存在的问题，提高防范化解系统性金融风险的能力和水平，以及解决分业监管体制不适应跨行业、跨市场金融产品创新发展等问题，2017 年 7 月全国金融工作会议，决定设立国务院金融稳定发展委员会作为金融监管机构的协调机构。根据银行、保险业业务范围和监管需求变化，2018 年又进一步决定合并银监会和保监会。

习近平说：“设立国务院金融稳定发展委员会，强化中国人民银行宏观审慎管理和系统性风险防范职责。地方政府要在坚持金融管理主要是中央事权的前提下，按照中央统一规则，强化属地风险处置责任。”

（1）完善金融监管机制、加强金融监管协调。21 世纪以来，随着金融创新和金融科技飞速发展，我国金融体系出现了深刻变化，不仅商业银行混业经营步伐急剧加速，而且非银行业金融机构甚至各类非金融企业也乘势纷纷搭建混业经营平台，由此导致各类金融机构在业务层面的差异性日渐缩小，而金融资产过于集中在银行体系仍是金融市场的主要问题。与此同时，信息技术的发展及其在金融领域的广泛运用，导致金融风险呈现出涵盖范围广、关联性强、传导扩散错综复杂、监管难度增加等特点，对金融监管部门的规则制定、监管预测、监管协调以及监管人员的专业技术、专业能力等带来严峻考验和挑战。在这种情况下，如果不相应地提升监管部门的专业能力和专业水平，不使金融监管水平与金融发展水平相平衡，不加快提高金融监管的实效性，发生重大金融风险特别是系统性金融风险的可能性就难以避免。

党的十八大以来，党中央和中国政府采取了一系列防范化解金融风险的措施，这些举措的着力点集中在金融企业的内部治理和外部监管两个方面：一是健全“现代金融企业制度，完善公司法人治理结构”。二是建立健全适应金融混业发展特点的外部监管机制。“一行三会”的分业监管体系是在我国金融市场不发达、金融企业经营范围受到严格限制的条件下形成的。近年来，随着金融体制市场化改革不断深化，混业经营迅猛发展，特别是跨平台、跨行业、跨部门的科技金融或互联网金融兴起以后，在实施监管过程中，各监管机构之间如何分工协作问题凸显出来，我国实行多年的着重于机构监管的分业监管框架，因为各监管领域实行的规则不统一，监管协调效率比较低，对于交叉领域的业务创新存在很多监管空白，导致金融领域产生过度套利行为和潜在风险。这也表明中国人民银行、银监会、证监会、保监会分业监管的监管体制已经滞后于我国金融业的发展现状。为应对金融业混业经营发展趋势，解决监管协调问题，2013 年 8 月，在国务院领导下，成立了由中国人民银行牵头，证监会、银监会、保监会共同参与的“金融监管协调部际联席会议”机制，专门处理金融监管领域的相关问题。

随着金融创新与相互渗透，现在有很多金融活动、金融产品具有很强的交叉性和多种金融性质，单一的监管部门受分工限制，监管力度和能力有限。金融监管协调部际联席会议又难以有效协调“一行三会”的监管活动，导致对于新金融产品、影子银行等的监管存在许多漏洞，无法实现监管全覆盖。2013 年 11 月 12 日，中共十八届三中全会《决定》强调，要“完善监管协调机制，界定中央和地方金融监管职责和风险处置责任”。2015 年中央经济工作会议明确要求，抓紧研究、制定金融监管体制改革方案。面对“金融风险有所积聚”的金融形势，2016 年中央经济工作会议提出，要提高和改进监管能力，确保不发生系统性金融风险，要求抓紧弥补监管方面的漏洞和短板，特别强调从严重制约经济社会发展的重要领域和关键环节发力，从人民群众迫切需要解决的突出问题着手，“既补硬短板也补软短板，既补发展短板也补制度短板”。2017 年 2 月 28 日，习近平总书记在中央财经领导小组第十五次会议上强调：“防控金融风险，要加快建立监管协调机制，加强宏观审慎监管，强化统筹协调能力，防范和化解系统性风险。要及时弥补监管短板，做好制度监管漏洞排查工作，参照国际标准，提出明确要求。要坚决治理市场乱象，坚决打击违法行为。要通过体制机制改革创新，提高金融服务实体经济的能力和水平。”同年 4 月 25 日在中央政治局第四十次集体学习时，习近平总书记再次强调要补齐监管短板，避免监管空白，形成全国一盘棋的金融风险防控格局。2017 年

7月召开的全国金融工作会议，决定设立国务院金融稳定发展委员会，进而在2018年整合银监会和保监会，形成“一委、一行、两会”的监管体制，既适应了国内金融监管的需要，也顺应了国际金融监管发展趋势。除上述之外，在金融监管层面，自2017年全国金融工作会议以来，党中央更加强调坚持问题导向，尤其强调针对金融领域的突出问题，在加强综合监管和监管协调的同时，更加注重功能监管和行为监管。要求各级金融管理部门和有关人员树立现代监管理念，掌握现代监管知识和科学技术，发扬恪尽职守、敢于监管、精于监管、严格问责的精神，积极营造自觉依法依规尽职尽责的工作环境，“形成有风险没有及时发现就是失职、发现风险没有及时提示和处置就是渎职的严肃监管氛围”。在国家纵向层面和地方横向层面，构建全方位、立体化的风险监测预警机制和早期干预机制，发现风险苗头，及时采取措施，防止风险扩散；加强金融基础设施统筹监管、加强监管信息共享共用，推进金融业综合统计，抓准抓紧金融改革面临的重大理论和实践问题，尽快制定改革措施实施方案，努力使我国金融监管水平和效力上升到一个新的层次。

在目前形势下，金融风险不断累积，如何发挥中央和地方两个方面的积极性，并促使二者相互协调、密切合作，是全面深化金融改革的重要课题，也是提高监管有效性的难题。之前，国务院出台的《关于界定中央和地方金融监管职责和风险处置责任的意见》，将我国的金融监管体系分为中央和地方两个层面，金融监管协调部际联席会议制度主要由央行牵头金融监管部门协调监管问题，而地方金融管理部门隶属各级政府，缺乏统一牵头协调部门。这一机制既不能解决中央和地方金融监管部门之间的信息交换、资源共享和联防联动问题，也不能解决地方金融监管部门之间的协调问题。中央对地方金融监管部门的业务指导，如金融监管、风险处置、政策协调配合等，只能采取一事一议的做法，缺乏常态化的制度安排和机制保障。同时，地方政府金融监管职能配置过于分散，小额贷款公司、融资性担保公司、典当行、农民资金互助社的设立，分别由金融办、经信委、商务厅、农工办负责审批，但监管责任主体不明晰，一旦出现风险，找不到责任主体。在实际运行中，地方金融办被赋予了难以有效履行的协调、服务、监管职能的同时，还需承担金融机构出资人职责。随着国务院金融稳定发展委员会成立和工作运转，中央层面的金融监管协调机制和地方层面的监管协调将纳入统一规划，中央与地方金融监管目标不统一、规制不一致的问题将会逐步得到解决。

（2）修订《中华人民共和国证券法》。《中华人民共和国证券法》是我国金融领域的核心法律之一，2020年3月1日，修订后的《中华人民共和国证券法》（以下简称《证券法》）正式生效，资本市场开始跨入一个新的周期。1998

年 12 月 29 日，九届人大常委会第六次会议通过了《证券法》，21 年中经历了 2004 年、2013 年、2014 年三次修正以及 2005 年第一次修订，这次《证券法》修改是第五次修改，也是第二次修订。本次《证券法》修订历时四年多，历经全国人大常委会四次审议后终于完成“大修”，同时本次修订也是我国《证券法》实施 20 多年来最重要的一次修订，注册制入法、提高证券违法违规成本、完善投资者保护制度、建立健全多层次资本市场体系等均意义重大、影响深远。

在《证券法》制定和修改的过程中，一直有一条主线，就是坚持市场化、法治化的改革方向。一方面，按照公开、公平、公正的原则来进行证券发行、证券交易各方面环节的制度建设，明确证券公司、证券服务机构、发行人的责任，夯实证券市场健康发展的制度基础；另一方面，通过确定法律责任、通过处罚来打击证券违法行为，提高违法行为的成本，努力营造一个风清气正的市场环境，严厉震慑违法行为人。这次修改的《证券法》法律责任一章是所有章节中条文最多的，从第 180 条一直到第 223 条，一共 44 个条文，针对实践中存在的证券违法行为处罚偏低、各方面反应比较强烈的问题，对相关规定做了完善。

按照全面推行注册制的基本定位规定证券发行制度，不再规定核准制，取消发审委；同时，为有关板块、有关证券品种分步实施注册制的进程安排留出法律空间。精简优化了证券发行的条件，如将原《证券法》规定的公开发行股票应当“具有持续盈利能力”的要求改为“具有持续经营能力”，取消了原来公开发行债券要求公司有净资产的数额标准等。调整了证券发行的程序，在明确规定国务院证券监督管理机构，或者国务院授权的部门作为法定的注册机关这样一个基础上，取消了原来法律规定的发行审核委员会制度，并明确证券交易所等机构可以按照规定对证券发行的申请进行审核。同时，授权国务院规定证券公开发行注册的具体办法。强化了证券发行中的信息披露，专门设立一章，对信息披露做了系统的规定，明确规定发行人报送的证券发行申请文件，应当充分披露投资者做出价值判断和投资决策所必需的信息，要求内容真实、准确、完整、简明清晰、通俗易懂。

设立投资者保护专章，强化对投资者的保护力度，增加了投资者适当性管理，规定了先行赔付制度，完善证券民事诉讼内容，投资者保护机构可以支持投资者集体诉讼，提起代表诉讼。大幅提高违法成本，加大了对证券违法行为的行政责任，在对违法行为规定没收违法所得的基础上，还给予数额比较大的罚款。进一步完善了民事责任制度和民事诉讼制度，完善了证券市场的禁入制度，增加了关于诚信档案的规定，将证券市场行为人遵守本法的情况要列入诚信档案。扩大了内幕交易知情人的范围，增加了操纵市场行为的列举，强化证券实名制要求，规范程序化交易，规范上市公司的停牌复牌行为，上市公司不得利用复牌停牌损害投资者交易，强化交易所对证券风险行为的处置。

新《证券法》还明确了多层次资本市场包括交易所市场、国务院批准的全国性交易市场、国务院规定的区域性股权市场等。考虑到新三板和区域性股权市场还在实践过程中，授权国务院具体规定。

（3）加强互联网金融管理。为适应金融业发展、改善金融业态、完善金融监管法律制度，2015 年 7 月 18 日，中国人民银行、工业和信息化部、公安部、财政部、国家工商总局、国务院法制办、中国银行业监督管理委员会、中国证券监督管理委员会、中国保险监督管理委员会、国家互联网信息办公室联合印发了《关于促进互联网金融健康发展的指导意见》（以下简称《指导意见》）。《指导意见》提出，促进互联网金融健康发展的总体要求是“鼓励创新、防范风险、趋利避害、健康发展”，并且按照“依法监管、适度监管、分类监管、协同监管、创新监管”原则，对金融领域的新生事物尤其是互联网金融实施监管，做到始终坚持以市场为导向发展互联网金融，遵循服务好实体经济、服从宏观调控和维护金融稳定的总体目标，切实保障消费者合法权益，维护公平竞争的市场秩序，并对互联网行业管理，客户资金第三方存管制度，信息披露、风险提示和合格投资者制度，网络与信息安全，反洗钱和防范金融犯罪，加强互联网金融行业自律，监管协调与数据统计监测等做出了具体规定。

2016 年 8 月 17 日，国家有关部委联合制定的《网络借贷信息中介机构业务活动管理暂行办法》，采取负面清单方式，划定了 P2P 行业的红线，一共 12 条，被业内人士称为“十二禁”。具体内容包括：第一，禁止为自身或变相为自身融资；第二，禁止直接或间接接受、归集出借人的资金；第三，禁止直接或变相向出借人提供担保或者承诺保本保息；第四，禁止自行或委托、授权第三方在互联网、固定电话、移动电话等电子渠道以外的物理场所进行宣传或推介融资项目；第五，禁止发放贷款，但法律法规另有规定的除外；第六，禁止将融资项目的期限进行拆分；第七，禁止自行发售理财等金融产品募集资金，代销银行理财、券商资管、基金、保险或信托产品等金融产品；第八，禁止开展类资产证券化业务或实现以打包资产、证券化资产、信托资产、基金份额等形式的债权转让行为；第九，禁止除法律法规和网络借贷有关监管规定允许外，与其他机构投资、代理销售、经纪等业务进行任何形式的混合、捆绑、代理；第十，禁止虚构、夸大融资项目的真实性和收益前景，隐瞒融资项目的瑕疵及风险，以歧义性语言或其他欺骗性手段等进行虚假片面宣传或促销等，捏造、散布虚假信息或不完整信息损害他人商业信誉，误导出借人或借款人；第十一，禁止向借款用途为投资股票、场外配资、期货合约、结构化产品及其他衍生品等高风险的融资提供信息中介服务；第十二，禁止从事股权众筹等业务。

（4）规范金融机构资产管理业务。金融监管立法总是滞后于金融形势的发展变化，需要通过不断完善金融监管措施来弥补金融监管法律制度建设不能迅速跟进的缺陷。党的十八大以来，党中央反复强调采取综合措施维护金融稳定和健康发展，积极推进金融体系现代化进程。2017 年 11 月 17 日，中国人民银行、中国银行保险监督管理委员会、中国证券监督管理委员会、国家外汇管理局联合发布《关于规范金融机构资产管理业务的指导意见（征求意见稿）》，在吸收社会意见、会同相关部门进行修改完善之后，上报国务院审议。2018 年 3 月 28 日，习近平主持召开深改委第一次会议，审议通过《关于规范金融机构资产管理业务的指导意见》，该文件于 4 月 27 日由“一行两会一局”正式发布。资管新规意在通过按照资管产品类型制定统一的监管标准，对于同一类资管业务做出一致性规定，实现公平的市场准入标准与监管环境，以求最大限度消除此前因分业监管所滋生的监管套利空间。具体而言，主要政策方向包括以下三个方面：

第一，实行净值化管理、打破刚性兑付。

虽然监管部门在政策发布方面引导金融机构打破刚兑已历经多年，但是绝大多数产品仍默认刚兑，尤其是银行理财产品。当前许多理财产品均采用预期收益率的模式进行运营销售，基础资产的风险并不能及时反映到产品价格的变化之中。投资者对理财产品的风险和收益都不明晰，由于产品价格的失真以及背后刚兑的乱象，使得金融体系内逐步累积了不稳定因素。《资管新规》针对这一问题提出，打破刚兑、实现净值化管理：从行为过程和最终结果两个维度，给出刚性兑付行为认定的明确标准；并明确提出惩戒机制与标准。要求金融机构对资管产品实行净值化管理，让投资者尽享收益并承担相应的风险。《资管新规》虽然将过渡期延长至 2020 年底，但明确要求不得“增量”，且在 2020 年不符合监管要求的产品必须全部到期，且增加了“外部审计机构在审计过程中未能勤勉尽责，依法追究相应责任或依法依规给予行政处罚，并将相关信息纳入全国信用信息共享平台，建立联合惩戒机制”的表述。

明确对部分封闭式产品可以使用摊余成本法，对于没有活跃交易市场的标准资产不再强求净值化，不具备市值计价的非标同样适用于摊余成本法计量，这一规定符合国际惯例。但对于开放式货币基金，《资管新规》中并未明确提及，正式稿颁布之后监管部门相关人士表示《资管新规》不涉及对货币基金现行规则的调整，相关法律法规包括《证券投资基金法》《货币市场基金监督管理办法》等。

资金池的定义最早由银监会于2011年提出，此后一直沿用。传统的资管业务开展过程中，多资产和多负债相对应，资产管理者只需将资金池每日的流入与到期管理妥当即可，资金池的存在也是刚性兑付的基础，也有利于隐藏不良资产。在资产收益率趋于下行的环境下，为提高资产端的投资收益，资产管理者通过加杠杆、加久期、降信用，并增加资金投放到非标债权、股权项目的比例兑付预期收益要求，这一操作增大了产品与市场整体的流动性风险。《资管新规》针对这一问题提出：禁止资金池、禁止非标期限错配，金融机构应当做到每只资产管理产品的资金单独管理、单独建账、单独核算，不得开展或者参与具有滚动发行、集合运作、分离定价特征的资金池业务。允许标准资产“期限错配”，禁止非标和未上市股权类“期限错配”。非标和未上市企业股权及其受（收）益权的资产终止日不得晚于封闭式资产管理产品的到期日或者开放式资产管理产品的最近一次开放日。

第二，消除多层嵌套和通道，实行上下穿透式监管，避免监管套利。

此前金融机构受制于行业监管准入障碍，或者商业银行为规避监管对于信贷投向、额度要求，通过多层嵌套以进行非标投资，而非标资产本身期限较长、流动性差，商业银行通过多种方式规避监管导致相应的监管约束（信贷额度、风险准备金、流动性要求等）失效，最终导致影子银行风险不断积聚，且客观上导致资金在金融体系内空转，拉长资金流向实体经济的链条，而体现在宏观指标上也就是此前M2同比增速的虚高。比如，将通过同业或者理财融入的资金分拆成小额贷款流向房地产、“两高一剩”行业，或者地方政府融资平台，未来监管要求向下穿透底层资产，必将导致非标投资受限，“股权及其他投资项”同比增速将出现显著下滑，而这也是近一年来M2增速大幅下行的重要原因之一。再比如，将通过同业或者理财融入的资金进行委外投资，购买券商资管产品，形成同业链条：同业存单→同业理财→委外投资→债券，这一链条正是2015~2016年债市大牛市的背后推手。

《资管新规（征求意见稿）》针对这一问题提出：消除多层嵌套、限制非标，对各类金融机构开展资产管理业务实行平等准入、给予公平待遇。实行穿透式监管，仅能嵌套一层，去通道化。对于已经发行的多层嵌套资管产品，向上识别产品的最终投资者，向下识别产品的底层资产（公募证券投资基金除外）。要求资管产品仅可以嵌套一层，但公募证券投资基金除外。明确非标准化债权类资产的投资范围。资管产品进行非标投资时，需要满足监管对于限额管理、风险准备金要求、流动性管理等监管标准，不得直接或者间接投资于信贷资产（信贷资产受益权除外）。《资管新规（正式稿）》仍延续此大方向，并进一步限制公募产品投资非标，非标的定义更加明确和规范。

明确公募产品不能投资于非标，银行公募产品与其他公募产品适用统一的规定。“公募产品主要投资标准化债权类资产以及上市交易的股票，除法律法规和金融管理部门另有规定外，不得投资未上市企业股权。公募产品可以投资商品及金融衍生品，但应当符合法律法规以及金融管理部门的相关规定。”

第三，强化资本和准备金计提要求，统一负债杠杆要求。

此前金融体系内银行、券商、公募、私募等细分行业的杠杆率、资本与风险准备金等监管要求并不同，为满足差异化的监管要求，并获取加杠杆的收益，各类型机构积极利用监管差异进行监管套利。特别是互联网企业、各类投资顾问公司等非金融机构也积极开展资管业务，但由于缺乏相应的市场准入要求，也很难持续有效监管，目前已经暴露出一些风险和问题。

《资管新规》针对这一问题提出：统一负债杠杆、准备金计提要求。统一负债杠杆要求：穿透底层后，对公募和私募产品的负债比例（总资产 / 净资产）分别设定 140% 和 200% 的上限，分级私募产品的负债比例上限为 140%。分级杠杆：公募和开放式私募产品不得分级。此外，限制质押融资加杠杆，要求资管产品的持有人不得以所持产品份额进行质押融资。统一准备金计提要求：金融机构应当按照资管产品管理费收入的 10% 计提风险准备金，或者按照规定计提操作风险资本或相应风险资本准备。风险准备金余额达到产品余额的 1% 时可以不再提取。把进行资管业务的非金融机构纳入金融监管：一是非金融机构不得发行、销售资管产品，国家另有规定的除外；二是非金融机构和个人未经金融管理部门许可，不得代销资管产品。对非金融机构违法违规开展资管业务，以及承诺或进行刚性兑付的，将从重处罚。

### 2. 加强宏观审慎监管

宏观审慎监管是为“维护金融体系稳定，防止金融系统对经济体系的负外部溢出而采取的一种自上而下的监管模式”。它包括识别系统风险、降低系统风险发生率、缓解对金融体系和实体经济的溢出效应三个方面。宏观审慎监管框架分为宏观审慎监测框架、宏观审慎监管工具两部分。二者的区别在于：前者通过指标体系识别、监测系统风险；后者侧重研发干预系统风险的政策工具。二者发挥作用的共同基础，是宏观审慎监管制度及其监管主体之间的分工合作机制。20 世纪 70 年代，国际清算银行（BIS）提出这一概念时，是用来概括关注防范系统性金融风险监管的。20 世纪 80 年代，BIS 的报告正式引入了这一概念。1997 年亚洲金融危机爆发后，“宏观审慎”一词得到了广泛传播。1998 年 1 月，国际货币基金组织最先将宏观审慎监管理念用于监管金融体系。但由于在理论研究与政策实践中，微观审慎监管仍然是焦点，直到 21 世纪初期，宏观审慎监管定义才得到清晰界定。2008 年国际金融危机爆发后，各国政府普遍认识到从宏观和逆周期视角采取措施的必要性，并开始具体实施这一设想，以防范发生金融体系顺周期波动以及跨部门传染导致的系统性风险，从而达到维护货币和金融体系稳定的目的。

自 2009 年开始，一系列国家或国际宏观审慎监管机构相继问世，先是二十国集团峰会（G20）宣布成立“金融稳定委员会”（FSB）作为全球金融稳定的宏观审慎监管国际组织，继而是美国政府公布了《金融监管改革白皮书》，通过新设立一个包含主要金融监管机构成员在内的“金融服务管理理事会”来负责全国金融体系的宏观审慎监管。之后，欧盟委员会也宣布成立由成员国中央银行行长组成的“欧洲系统性风险委员会”，负责监测和应对欧盟金融市场上出现的宏观风险。2017 年末，巴塞尔银行监管委员会（BCBS）发布《巴塞尔协议Ⅲ：危机后改革的最终方案》，标志着危机后全球银行体系的核心国际监管规则改革框架基本完成。2018 年，BCBS 对《巴塞尔协议Ⅲ》框架进行了完善，包括修订市场风险框架、应对可能存在的监管套利问题等。《巴塞尔协议Ⅲ》兼顾宏观审慎管理和微观审慎监管，从资本质量、流动性要求、风险加权资产计量、大额风险敞口上限、逆周期管理、信息披露等多方面入手，形成了一套全球银行业监管规则体系。

在我国，2009 年央行货币政策委员会发布的《第三季度货币政策执行报告》，首次提出“将宏观审慎管理制度纳入宏观调控政策框架”，随后召开第四季度例会，明确提出了“要研究建立宏观审慎管理制度，有效防范和化解各类潜在的金融风险”。中国作为 G20 成员，在认真履行国际义务的同时，紧密结合中国国情，以负责任的态度，积极借鉴国际金融危机的教训和国际上的有效做法，逐步建立健全了宏观审慎监管和微观审慎监管协调配合、互相补充的金融监管体制和运行机制，并发挥央行在加强逆周期宏观审慎监管中的主导作用，不断完善相关监管制度和手段。而且，从我国宏观审慎监管制度的顶层设计来看，党中央和中央政府一直在朝着这一目标和方向积极努力、潜心运作。我国正式引入宏观审慎政策框架，是在 2010 年末召开的中央经济工作会议上。2011 年根据党中央建议制定的《十二五规划纲要》，明确提出了“构建逆周期的金融宏观审慎管理制度框架，建立健全系统性金融风险防范预警体系、评估体系和处置机制”，“完善金融监管体制机制，加强金融监管协调，健全金融监管机构之间以及与宏观调控部门之间的协调机制。完善地方政府金融管理体制，强化地方政府对地方中小金融机构的风险处置责任。制定跨行业、跨市场金融监管规则，强化对系统重要性金融机构的监管”。这是第一次在全国人大通过的规范性文件中公开载明建立宏观审慎监管制度框架。

党的十八大以来，无论是每年一度的“两会”《政府工作报告》、经济工作会议，还是中央政治局集体学习、中央财经工作领导小组工作会议、全国金融工作会议，都反复强调了一个共同的主题，就是将维护金融安全和稳定、防范发生系统性金融风险放在更加重要的位置。2013 年的《政府工作报告》重申：“建立宏观审慎政策框架”，同年召开的中央经济工作会议首次提出“坚决守住不发生系统性和区域性金融风险的底线”。2014 年的《政府工作报告》进一步强调：“完善金融监管协调机制”，再次重申要“守住不发生系统性和区域性金融风险的底线”。2015 年的中央经济工作会议提出，要加强全方位监管，严格规范各类融资行为，加强风险监测预警，慎重并妥善处理各类风险案件，务必做到不使其殃及整个金融系统，再次不厌其烦地强调“坚决守住不发生系统性、区域性风险的底线”。

随着资产泡沫尤其房地产泡沫的积聚，金融形势恶化，金融风险加剧。从 2016 年开始，中央比以往任何时候都更加重视和强调维护金融安全与稳定，同年的《政府工作报告》提出：“实现金融风险监管全覆盖”，“加强全口径外债宏观审慎管理。扎紧制度笼子，整顿规范金融秩序”。同年 12 月召开的中央经济工作会议，要求把防控金融风险放在更加重要的位置，确保不发生系统性金融风险。2017 年的《政府工作报告》在分析了系统性金融风险总体可控的形势下，特别强调“对不良资产、债券违约、影子银行、互联网金融等累积风险要高度警惕。积极稳妥推进金融监管体制改革，有序化解处置突出风险点，整顿规范金融秩序，筑牢金融风险‘防火墙’”。同年 4 月，在中央政治局第四十次集体学习时，习近平总书记提出了“维护金融安全”的 6 项任务，其中包括要求全国金融系统“强化审慎合规经营理念”，“形成全国一盘棋的金融风险防控格局”，并用“三个统筹”和“三个确保”概括新时期党中央关于加强宏观审慎监管的理念，即“统筹监管系统重要性金融机构，统筹监管金融控股公司和重要金融基础设施，统筹负责金融业综合统计，确保金融系统良性运转，确保管理部门把住重点环节，确保风险防控耳聪目明，形成金融发展和监管强大合力，补齐监管短板，避免监管空白”。在同年召开的全国金融工作会议上，习近平总书记又说：“防止发生系统性金融风险是金融工作的永恒主题。要把主动防范化解系统性金融风险放在更加重要的位置，科学防范，早识别、早预警、早发现、早处置，着力防范化解重点领域风险，着力完善金融安全防线和风险应急处置机制。”正是这次会议决定设立国务院金融稳定发展委员会，从此，国家有了专门的宏观审慎监管机构，有了实际负责统筹协调和防范化解系统性金融风险的责任主体。这一机构的设置和后来金融监管机构的调整，必将进一步完善和强化国家金融监管体制及其职能。

### 3. 提高金融监管的专业化水平

近几年来，金融科技、金融创新、金融基础设施建设发展迅猛，而金融监管技术、手段和能力的发展相对滞后，已经成为制约金融监管有效性提升的重要障碍。这个问题早已引起党中央和中央有关部门的高度关注。2017 年的全国金融工作会议提出："要坚持从中国国情出发推进金融监管体制改革，增强金融监管协调的权威性、有效性，强化金融监管的专业性、统一性、穿透性。"习近平总书记在这次会议上对金融监管部门和监管人员应具备的专业素养提出了明确要求，他提出："监管部门要具备恪尽职守、敢于监管、精于监管、严格问责的精神，而监管人员则需具备政治过硬、作风优良、业务精通的基本素质。"他还特别强调，金融业持续健康发展，需要造就大批专业化的高端人才，必须加快建设一支规模宏大、德才兼备的高素质金融人才队伍。要使金融监管不落后于金融创新，除了不断完善金融市场体系、制度体系、监管体系之外，还应该特别加强金融监管机构的内涵建设，构建专业化、现代化的金融监管机构，培养更多精通监管业务的专门人才，促使金融监管组织及其组成人员学会统一规则基础上的协同监管。

（1）关于构建专业化、现代化的金融监管机构。在改革开放过程中，党中央和国务院根据分业监管原则建立的"一行三会"监管体制，实质上属于机构监管模式，这种模式的特点是金融监管部门对金融机构的市场准入、持续稳健经营、风险管控和风险处置、市场退出等进行监管。但是这种机构监管模式是在 20 世纪末至 2003 年逐渐建立起来的，在金融业飞速发展、金融风险不断积聚的今天，这种监管架构已经越来越明显地暴露出自身的缺陷：监管部门之间不协调，相同金融产品不按同一原则统一监管，监管交叉、监管空白和监管套利问题突出。如对股市场外配资，证监会、银监会都有监管职能，而由于相互之间缺乏有效的沟通和协作，导致互相封锁监管信息，无法形成监管合力，监管交叉领域也往往存在监管空白地带。这表明，"一行三会"的监管模式已经不能适应现代金融业的发展，已经不能充分有效地防范发生系统性金融风险。

2017 年的全国金融工作会议，为适应强化金融监管、减少重复监管和监管空白、提高监管有效性、防范发生系统性金融风险的需要，使用了功能监管和行为监管两个新概念。所谓功能监管，实质上就是对具有相同功能、适用相同法律关系的金融产品，按照相同的规则和标准，由同一部门进行监管；所谓行为监管，则是针对从事金融活动的机构和人实施监管，即无论何种机构或法人和自然人，只要从事金融业务，都必须有金融牌照，而且从事哪项业务，就必须有哪种牌照[①]。由此可知，落实功能监管和行为监管，关键是对金融产品的法律关系和产品性质统一认识，明确监管主体和监管边界。因此，全国金融工作会议所强调的深化金融监管体制改革，凸显了金融体制改革的全面性和系统性。全面性是从金融体系改革的构成要素方面讲的，金融改革不是改革某一个方面，而是各个方面都要改革；系统性是从金融体系改革的构成要素之间的内在逻辑关系方面来讲的，金融改革要注意各个方面的内在关联性，各个方面的改革要协同推进。

全面、系统的改革落实到具体实践上，就是把完善金融市场、金融机构、金融产品体系作为一个相互协调的有机整体来构建，同时也凸显了国务院金融稳定发展委员会的职能，以及央行在宏观审慎管理和系统性风险防范方面的职责，这就在金融体制改革道路上，向构建更加专业化、现代化、高效能的金融监管机构迈出了重要一步，也为避免监管交叉、弥补监管空白、促进各金融监管部门之间的协调监管奠定了体制机制方面的基础。

（2）关于培养精通业务的专业化金融人才。金融及其监管是业务性很强的行业，其专业人员应该由懂得现代金融理论、掌握现代金融知识、熟悉现代金融业务的专业人员组成，这不仅是发展现代金融业本身的需要，也是实践党的金融理念的需要。在这方面应该特别注意做到以下两点：一是应该提高对金融监管机构组成人员专业能力的要求。从事金融监管工作的专业人员，不仅应该系统掌握现代金融理论、专业知识和业务，了解国内国际金融发展现状和趋势，而且应该系统掌握现代金融监管理论、专业知识和业务，熟悉现代金融法律知识，了解党和国家的金融政策。对于缺乏以上相关理论和专业知识的现有金融机构组成人员，应该通过专业培训、进修、自学等途径，加紧补课，尽快使其适应金融监管形势发展对其业务能力的要求。否则，依靠不精通业务的人监管精通业务的金融人才及其业务活动，很难指望取得好的效果。二是把好进入金融监管机构的门槛。今后金融监管机构招聘或调入专业工作人员，应该优先招聘具有本科及以上学历的金融专业和相关管理专业的毕业生，或已经从事一定年限的金融业务工作、具有丰富金融从业经验的专业人员。之所以对金融监管机构及其组成人员提出专业知识、从业经验方面的要求，主要是因为金融监管是一项业务性很强的工作，不具备一定的专业知识和技能，就不可能解决金融监管跟不上金融创新的问题，也不可能有效防控发生系统性金融风险。

① 牛绮思．全国金融工作会上的新概念：功能监管与行为监管［J］．中国经济周刊，2017（29）．

## （四）推进落实金融服务实体经济

金融产生于实体经济，服务实体经济是金融的本质。实体经济发展，则金融业繁荣；脱离实体经济，则金融业终将走向衰微。但一个时期以来，由于全国上下过分追求 GDP 增长，重视经济发展规模，忽视经济发展质量和效益，导致产业结构不合理，金融发展“脱实向虚”，背离服务实体经济的本质，资产泡沫严重积聚。为了解决上述问题，党中央通过召开会议、总结国内外金融发展经验、制定深化改革措施、健全金融组织机构、推动国家立法等方式，引导和促进金融业向服务实体经济的本源回归。

在 2017 年全国金融工作会议上，习近平总书记根据近年来我国金融形势和国际金融领域的教训，提出做好金融工作应坚持四项重要原则，其中之一就是强调金融要“回归本源，服从服务于经济社会发展”。“实体经济是金融的根基，金融是实体经济的血脉，为实体经济服务是金融立业之本”，“金融和实体经济从来都是共生共荣的关系，实体经济根深蒂固，金融才能枝繁叶茂；金融与实体经济循环通畅，实体经济才会活力四射”。

近些年来，我国金融业繁荣发展的同时，也在一定程度上出现了金融体系脱离实体经济自我循环，用钱生钱壮大自己，资金服务“脱实向虚”和经济金融化等现象。金融的本质不是以钱生钱，而是通过金融体系的构建和有效运作，降低生产、流通和交易性成本，避免交易中的各种风险，提高投融资的经济效率，服从和服务于实体经济，进而促进实体经济稳定、持续、协调、健康发展。所以归根结底，要坚持以实体经济为金融的根基和命脉，没有实体经济的繁荣发展，金融就失去根本依靠；金融只有服务实体经济，才能与实体经济相互促进、相得益彰、共同繁荣。我国金融业发展到今天，亟须面向实体经济，调整信贷结构，合理配置金融资源，尤其应把支持企业技术革新、设备改造、提高创新能力，使制造业由大变强并成为世界一流作为金融服务实体经济的重心。而且在服务实体经济的同时，金融系统也应该重视自我创新，开发新产品和新服务方式，尽快解决产品和服务严重同质化的问题。

2017 年 7 月，李克强总理在全国金融工作会议上进一步指出：“要加强对创新驱动发展、新旧动能转换、促进‘双创’支撑就业等的金融支持。做好对国家重大发展战略、重大改革举措、重大工程建设的金融服务。要增强资本市场服务实体经济功能，积极有序发展股权融资，提高直接融资比重。要拓展保险市场的风险保障功能。要优化金融资源空间配置和金融机构布局，大力发展中小金融机构，不断增强金融服务实体经济的可持续性，着力强实抑虚”，进而推动实体经济的健康快速发展。

2015 年 6 月 11 日出台的《国务院关于大力推进大众创业万众创新若干政策措施的意见》，为支持“双创”活动制定了三项“搞活金融市场，实现便捷融资”的政策措施：第一，“优化资本市场。支持符合条件的创业企业上市或发行票据融资，并鼓励创业企业通过债券市场筹集资金”；第二，“创新银行支付方式。鼓励银行提高针对创业创新企业的金融服务专业化水平，不断创新组织架构、管理方式和金融产品”，“鼓励银行业金融机构向创业企业提供结算、融资、理财、咨询等一站式系统化的金融服务”；第三，“丰富创业融资新模式”，“支持互联网金融发展”，“丰富完善创业担保贷款政策”，“支持保险资金参与创业创新，发展相互保险等新业务”，“完善知识产权估值、质押和流转体系，依法推动知识产权质押融资、专利许可费收益权证券化、专利保险等服务常态化、规模化发展，支持知识产权金融发展”。

党的十八届五中全会更加明确地为我国“十三五”期间强化金融服务实体经济定了基调，并广泛讨论了完善和健全金融机构体系结构等问题，这次会议通过的《十三五规划建议》，要求尽快健全商业性金融、开发性金融、政策性金融与合作性金融分工合理、相互补充的金融机构体系；构建多层次、广覆盖、有差异的银行机构体系；着眼于服务和支持中小微企业、广大农村尤其是贫困地区，加快发展普惠金融，提高金融服务实体经济的能力和效率。

中共中央的建议很快在十二届全国人大四次、五次会议分别通过的政府年度报告中以国家规范性文件的形式确定下来，2016 年的《政府工作报告》从中央政府层面重申：“提高金融服务实体经济的效率”；2017 年的《政府工作报告》做了更加具体的阐述：“促进金融机构突出主业、下沉重心，增强服务实体经济的能力，坚决防止脱实向虚。”可见，党的十八大以来，无论党中央还是中央政府，都把服务实体经济作为金融机构的主业和工作重心。

2019 年，习近平在主持中共中央政治局就完善金融服务、防范金融风险第十三次集体学习时强调，要深化对国际国内金融形势的认识，正确把握金融本质，金融要为实体经济服务，满足经济社会发展和人民群众需要。

#### 1. 鼓励金融业扶持小微企业和农业

小微企业是经济新动能培育的重要源泉，是扩大就业、改善民生、促进创业创新的重要力量，在稳增长、促改革、调结构、惠民生、防风险中发挥着重要的作用。我国中小微企业贡献了 50% 以上的税收、60% 以上的 GDP、70% 以上的技术创新、80% 以上的城镇劳动就业、90% 以上的企业数量，是大众创业、万众创新的重要载体。党中央、国务院历来高度重视小微企业金融服务工作。党的十八大以来，习近平总书记多次强调提高金融服务实体经济的能力和水平，并说：“我们国家很大，要靠实体经济，不能泡沫化”，“要改善金融服务，疏通金融进入实体经济特别是中小企业、小微企业的管道。”还指出，要优先解决民营企业特别是中小企业融资难甚至融不到资的问题，同时逐步降低融资成本。

李克强总理多次主持召开国务院常务会议，研究部署深化小微企业金融服务，强调各有关方面要形成合力，下大力气推进降低小微企业融资成本工作，让企业真正得到实惠。围绕服务实体经济推进金融改革，李克强总理明确提出：“推动具备条件的民间资本发起设立中小型银行等金融机构”，“深化农村信用社改革，稳定其县域法人地位”，“发挥好开发性金融、政策性金融在增加公共产品供给中的作用”，“推进利率市场化改革，健全中央银行利率调控框架”，“加强多层次资本市场体系建设，实施股票发行注册制改革，发展服务中小企业的区域性股权市场”，“大力发展普惠金融，让所有市场主体都能分享金融服务的雨露甘霖”。并且强调：“走活金融服务实体经济这盘棋，要加大对‘三农’的金融支持”，“更大力度推动解决企业尤其是小微企业、民营经济融资难、融资贵问题，减少和规范企业融资过程中担保、评估等方面收费。引导商业银行多措并举满足小微企业和民营经济‘短、小、频、急’的融资需求，助力民间投资，防止对一些信誉好、有市场的企业惜贷压贷抽贷”，要“加大对现代服务业、战略性新兴产业和传统产业改造升级的金融支持力度”。他还要求为“大众创业、万众创新”提供金融支持，提出“在降税清费减负基础上，要研究出台一批扶持创业创新特别是小微企业的政策措施”，“发挥财政资金杠杆作用，采取贴息、补助、创投基金等方式，撬动社会投入；完善投融资机制，大力发展风险投资、天使投资等投资方式，探索新型商业模式，多措并举帮助创业者解决资金困难问题”。①

2015 年，国务院印发的《关于扶持小型微型企业健康发展的意见》( 52 号文件 ) 提出了十项政策措施：第一，为了改善民生，促进就业，在用好现有中小企业专项资金、充分发挥其引导作用的同时，将小型微型企业纳入国家重点支持范围。第二，制定相关免征税政策，鼓励小型微型企业从事某些项目的投资，对于进口自用、国内又不能生产的先进设备，依法依规实行免征关税。第三，凡微型企业孵化园、科技孵化器、商贸企业集聚区等小企业投资于创业基地建设的，国家加大专项资金支持力度；凡大中型企业带动产业链上的小型微型企业，实现产业集聚和抱团发展的，国家给予鼓励和支持。第四，鼓励小型和微型企业吸纳就业困难人员就业，国家依据有关规定给予社会保险补

① 中共中央文献研究室．十八大以来重要文献选编（中）[M]．北京：中央文献出版社，2016：381-534.

贴；安排残疾人就业达到规定比例，或在职职工总数 20 人以下的小型和微型企业，国家实行免征残疾人就业保障金政策。第五，对于地方各级政府设立创业投资引导基金，支持小型和微型企业发展的，国家给予鼓励；积极引导和鼓励创业投资基金、天使基金、种子基金等基金项目，向小型和微型企业投资；凡符合条件的小型和微型企业，均可依规享受小额担保贷款扶持政策。第六，制定并继续完善小型和微型企业融资担保政策，引导政府支持的担保机构健康发展，鼓励其提高小型和微型企业担保规模，科学、合理地确定担保费用；根据实际需要，加大对小型和微型企业融资担保支持力度，拓展担保途径和方式，综合运用资本投入、创新奖励、业务补助、增量业务奖励以及代偿补偿等方式，引导金融企业和外贸综合服务企业等有关企业，为小型和微型企业提供融资服务。第七，鼓励国有和其他股份制大型银行，利用自身机构和网络布点优势，加大服务小型和微型企业金融专营机构的建设力度；通过制定国家政策法律等途径和方式，引导中小型银行重点加大对小型微型企业和区域经济发展的支持；引导银行业金融机构为小型和微型企业产品创新提供优良服务，鼓励其单独制订小型微型企业信贷计划；采取实际步骤和措施，推进民间资本依法发起设立中小型银行等金融机构。第八，鼓励小型微型企业接受高校毕业生，鼓励高校毕业生到小型和微型企业就业，到小型和微型企业就业的高校毕业生档案，可以由当地市、县公共就业人才服务机构免费保管。第九，创造有利于小型微型企业健康发展的营商环境，加快建立支持小型微型企业发展的信息互联互通机制，可以依托工商行政管理部门建立的企业信用信息公示系统，根据企业自愿申报原则，建立小型微型企业名录，以适当形式集中公开政府扶持政策、企业享受扶持政策信息；通过信息公开和共享，利用大数据、云计算、物联网、人工智能等现代信息技术，促进政府部门、银行、证券、保险等企业组织，为小型微型企业发展提供更有效的服务；建立小型微型企业发展动态数据库，加强对它们的跟踪调查与监测分析。第十，强化政府责任意识和管理职能，推进小型微型企业公共服务平台建设，加大政府购买公共服务力度，为小型微型企业提供免费的管理指导、市场开拓、技能培训、标准咨询以及检验检测认证等服务。

同年 8 月，国务院办公厅出台《金融支持小微企业发展实施意见》，提出了 8 项支持小微企业良性发展的措施：①确保实现小微企业贷款增速和增量的“两个不低于”。②丰富和创新小微企业金融服务方式。③强化对小微企业的增信服务和信息服务。④积极发展小型金融机构。⑤拓展小微企业直接融资渠道。⑥切实降低小微企业融资成本。⑦加大对小微企业金融服务的政策支持。⑧营造良好的小微企业金融发展环境。

2018年以来，中国小微企业获得的信贷支持力度不断加大，融资成本明显下降，金融服务覆盖面逐步拓宽，金融服务模式和产品不断创新，金融服务便利程度持续提高，适应小微企业特点的多元化融资渠道得到扩展。这些成效的取得，得益于不断完善的金融政策和支持体系。一是普惠金融组织体系建立健全，银行业金融机构优化资源配置、改进信贷管理机制、强化金融科技运用、创新产品服务，服务能力与水平不断提升；二是票据市场、债券市场、股权市场、创业投资等多层次融资市场融资体系不断完善；三是货币政策、差异化监管政策、财税激励等政策支持体系更加健全；四是保险机构、融资担保机构、地方风险补偿、征信体系等风险分担与信用增进机制逐步建立。

按照党中央、国务院的决策部署，中国人民银行、中国银保监会等部门准确把握小微企业平均生命周期短、首次贷款难、风险溢价高的客观规律，坚持商业可持续的市场化原则，加大逆周期调节，保持流动性合理充裕，组合运用信贷、债券、股权“三支箭”，精准发力，有效缓解小微企业融资难题。同时，相关部门加强统筹协调，发挥差别化监管和财税优惠等政策合力。

银行业金融机构组织和产品体系不断健全。大型银行充分发挥“头雁效应”，加大投入，降低成本；地方法人金融机构扎根当地，回归本源，多层次、广覆盖的小微金融服务组织机构体系逐步健全。银行业金融机构优化内部资源配置，疏通内部传导机制，改进信贷管理模式，运用金融科技手段，创新信贷产品和服务方式，服务小微企业的效率不断提升。小微企业金融服务的能力和水平显著提升。信贷投放持续增加，截至2018年末，我国小微企业法人贷款余额26万亿元，占全部企业贷款的32.1%，全国普惠口径小微企业贷款余额8万亿元，同比增长18%，增速比上年末高8.2个百分点；单户授信500万元以下小微企业授信户数同比增长35.2%。利率水平稳步下降。2018年以来，中国人民银行通过定向降准、定向中期借贷便利、再贷款、再贴现等方式向金融机构提供低成本资金，降低无风险收益率，营造有利于降低小微企业融资成本的货币金融环境，支持银行业金融机构将普惠型小微企业贷款利率保持在合理水平。银行业金融机构进一步完善成本分摊和收益分享机制，实施小微企业贷款内部资金转移定价等优惠政策，2018年第四季度，6家国有大型银行、18家主要商业银行普惠型小微企业贷款平均利率较第一季度分别下降1.11个和1.14个百分点。覆盖面不断拓宽，小微企业授信户数快速增长。截至2018年末，小微企业法人贷款授信237万户，同比增加56万户，增长30.9%；普惠小微主体授信1793万户，较2017年末增加467万户，增长35.2%。

多层次市场融资支持体系功能持续完善。票据市场制度体系不断完善，市场规模和参与主体不断扩大。截至2018年末，票据承兑余额9.4万亿元，同比上升 14.9%，其中，由中小型企业签发的银行承兑汇票约占 2/3。民营企业债券融资支持工具加速落地，促进债券市场融资功能有效发挥。债券市场通过推出民企债券融资支持工具、创新中小微企业融资产品，支持金融机构发行小微企业专项金融债、微小企业贷款资产支持证券等，为小微企业腾挪信贷资源，拓宽金融机构资金来源渠道，支持小微企业发展。截至 2018 年末，累计支持中小微企业注册各类创新债务融资工具 3917 亿元。2018 年，共支持 16 家银行业金融机构发行小微企业专项金融债券 1245 亿元，募集资金全部用于发放小微企业贷款，共支持 5 家银行业金融机构发行微小企业贷款资产支持证券 108 亿元。股权市场支持功能不断优化，多层次股权融资市场，天使投资、创业投资，国家中小企业发展基金等政府引导基金上下联动、协同发展的多层次资本市场支持小微企业发展的格局基本形成。中小板、创业板覆盖面继续扩大，新三板市场服务企业能力不断提升。截至 2018 年末，新三板共有 10691 家公司挂牌，其中小微企业占比超过 60%。区域性股权市场挂牌和展示企业达 12 万多家，其中绝大部分为小微企业。小额贷款公司、典当公司、融资租赁公司、互联网金融平台也为小微企业融资发挥了补充作用。

小微企业金融服务政策体系更加健全。实施定向降准、中期借贷便利等操作，加大再贷款再贴现支持力度，创设定向中期借贷便利（TMLF），充分发挥宏观审慎评估（MPA）引导作用。银保监会重点针对普惠型小微企业贷款提出“两增两控”考核目标，指导大中型银行建立健全“五个专门”的事业部专营机制，对符合条件的小微企业贷款适用优惠的风险权重和资本监管要求，对小微企业不良贷款明确监管容忍度，实施小微企业授信尽职免责制度。财税部门出台金融机构小微企业贷款利息收入免征增值税政策，成立国家融资担保基金，实施小微企业融资担保业务降费奖补政策。对贷款与担保损失或计提的损失准备金在所得税前扣除，对普惠金融发展提供专项资金支持等优惠措施，并优化了金融企业考核激励机制，增强其服务积极性；对小微企业与创投企业实行普惠性税收减免，降低了小微企业经营成本，增强了小微企业发展后劲。

风险分担和信用增进机制初步建立。创新保险机构产品，健全政策性融资担保体系，设立国家融资担保基金，强化地方政府融资风险分担和补偿机制。加快征信体系建设，金融信用信息基础数据库与市场化征信机构功能互补、错位发展，各级信用信息共享平台建设持续推进，失信联合惩戒机制不断完善。金融支持科技创新型小微企业力度持续加大。围绕科技创新型小微企业全生命周期不同阶段的融资需求，建立贷、债、投结合的投融资产品体系。创新投贷联动模式，加大创业担保贷款支持，开展知识产权质押贷款，拓宽多元化融资渠道，支持大众创业、万众创新。

2018 年，新修订的《中华人民共和国中小企业促进法》正式实施。小微企业融资担保体系、征信体系和公共服务体系建设进一步健全。取消银行账户开户审批试点，优化了企业开户服务。完善司法执行机制，推动中小企业应收账款质押融资，支持清理拖欠民营企业、中小企业账款等政策举措相继实施，小微企业营商环境不断优化，金融服务环境不断改善。

在支持农业发展方面，2018 年 1 月 2 日，中共中央、国务院发布《中共中央国务院关于实施乡村振兴战略的意见》（以下简称《意见》），自 2018 年 1 月 2 日起实施。《意见》指出，实施乡村振兴战略，是党的十九大作出的重大决策部署，是决胜全面建成小康社会、全面建设社会主义现代化国家的重大历史任务，是新时代"三农"工作的总抓手。《意见》还全面阐述了新时代实施乡村振兴战略的重大意义、实施乡村振兴战略的总体要求。《意见》对提升农业发展质量，培育乡村发展新动能；推进乡村绿色发展，打造人与自然和谐共生发展新格局；繁荣兴盛农村文化，焕发乡风文明新气象；加强农村基层基础工作，构建乡村治理新体系；提高农村民生保障水平，塑造美丽乡村新风貌；打好精准脱贫攻坚战，增强贫困群众获得感；推进体制机制创新，强化乡村振兴制度性供给；汇聚全社会力量，强化乡村振兴人才支撑；开拓投融资渠道，强化乡村振兴投入保障；坚持和完善党对"三农"工作的领导等方面的工作提出了具体要求。《意见》要求，举全党、全国、全社会之力，以更大的决心、更明确的目标、更有力的举措，推动农业全面升级、农村全面进步、农民全面发展，谱写新时代乡村全面振兴新篇章。

同年，中共中央、国务院印发了《乡村振兴战略规划（2018—2022 年）》，提出到 2020 年，乡村振兴的制度框架和政策体系基本形成，各地区各部门乡村振兴的思路举措得以确立，全面建成小康社会的目标如期实现。到 2022 年，乡村振兴的制度框架和政策体系初步健全。国家粮食安全保障水平进一步提高，现代农业体系初步构建，农业绿色发展全面推进；农村一二三产业融合发展格局初步形成，乡村产业加快发展，农民收入水平进一步提高，脱贫攻坚成果得到进一步巩固；农村基础设施条件持续改善，城乡统一的社会保障制度体系基本建立；农村人居环境显著改善，生态宜居的美丽乡村建设扎实推进；城乡融合发展体制机制初步建立，农村基本公共服务水平进一步提升；乡村优秀传统文化得以传承和发展，农民精神文化生活需求基本得到满足；以党组织为核心的农村基层组织建设明显加强，乡村治理能力进一步提升，现代乡村治理体系初步构建。探索形成一批各具特色的乡村振兴模式和经验，乡村振兴取得阶段性成果。其中专门用一章要求加大金融支农力度，要求健全适合农业农村特点的农村金融体系，把更多金融资源配置到农村经济社会发展的重点领域和薄弱环节，更好满足乡村振兴多样化金融需求。

（1）发展乡村普惠金融。深入推进银行业金融机构专业化体制机制建设，形成多样化农村金融服务主体。指导大型商业银行立足普惠金融事业部等专营机制建设，完善专业化的“三农”金融服务供给机制。完善中国农业银行、中国邮政储蓄银行“三农”金融事业部运营体系，明确国家开发银行、中国农业发展银行在乡村振兴中的职责定位，加大对乡村振兴的信贷支持。支持中小型银行优化网点渠道建设，下沉服务重心。推动农村信用社省联社改革，保持农村信用社县域法人地位和数量总体稳定，完善村镇银行准入条件。引导农民合作金融健康有序发展，鼓励证券、保险、担保、基金、期货、租赁、信托等金融资源聚焦服务乡村振兴。

（2）加快农村金融产品和服务方式创新，持续深入推进农村支付环境建设，全面激活农村金融服务链条。稳妥有序地推进农村承包土地经营权、农民住房财产权、集体经营性建设用地使用权抵押贷款试点。探索县级土地储备公司参与农村承包土地经营权和农民住房财产权“两权”抵押试点工作。充分发挥全国信用信息共享平台和金融信用信息基础数据库的作用，探索开发新型信用类金融支农产品和服务。结合农村集体产权制度改革，探索利用量化的农村集体资产股权的融资方式。提高直接融资比重，支持农业企业依托多层次资本市场发展壮大。创新服务模式，引导持牌金融机构通过互联网和移动终端提供普惠金融服务，促进金融科技与农村金融规范发展。

（3）继续通过奖励、补贴、税收优惠等政策工具支持“三农”金融服务。抓紧出台金融服务乡村振兴的指导意见。发挥再贷款、再贴现等货币政策工具的引导作用，将乡村振兴作为信贷政策结构性调整的重要方向。落实县域金融机构涉农贷款增量奖励政策，完善涉农贴息贷款政策，降低农户和新型农业经营主体的融资成本。健全农村金融风险缓释机制，加快完善“三农”融资担保体系。充分发挥好国家融资担保基金的作用，强化担保融资增信功能，引导更多金融资源支持乡村振兴。制定金融机构服务乡村振兴考核评估办法。改进农村金融差异化监管体系，合理确定金融机构发起设立和业务拓展的准入门槛。守住不发生系统性金融风险底线，强化地方政府金融风险防范处置责任。

### 2. 拓宽保险资金支持实体经济渠道

为了促进金融体制改革，2017 年第十二次全国人大第五次会议通过的《政府工作报告》中首次写入了“拓宽保险资金支持实体经济渠道”。根据中央部署和国务院要求，从 2017 年 4 月 27 日至 5 月 22 日，保监会接连下发了《关于保险业服务“一带一路”建设的指导意见》《关于保险业支持实体经济发展的指导意见》《关于保险资金投资政府和社会资本合作项目有关事项的通知》

和《关于债权投资计划投资重大工程有关事项的通知》(以下简称《通知》)。在不到一个月的时间内，保监会密集发布四个有关推进保险业支持实体经济发展的指导性文件，提出在风险可控的前提下，首先支持保险资金投资对宏观经济和区域经济具有重要带动作用的重大工程，并且明确了保险资金通过债权投资计划形式投资重大工程的支持政策，具体实施方式：一是优化增信安排，可在不增加实质性风险的同时，简化投资流程。这些项目应属国务院或国务院投资主管部门核准的重大工程，且偿债主体具有AAA级长期信用级别，主要涉及水利、能源、交通、高新技术及先进制造业等重点领域，对其债权投资计划投资可免于信用增级。二是提高注册效率，对投资“一带一路”建设、京津冀协同发展、长江经济带、脱贫攻坚、雄安新区建设等符合国家发展战略的重大项目，中国保监会建立专门的业务受理及注册绿色通道，并优先办理，以满足重大工程融资时间紧、效率要求高的需求。这不仅有利于疏通保险资金进入实体经济的渠道，而且从防控金融业存在“脱实向虚”的风险角度来看，也有利于金融业专注主业，向服务实体经济的本源回归，推动健全公司治理机制，规范管理层职权，坚持持续稳健的经营。

近年来保监会采取一系列政策措施，积极引导保险业充分发挥风险管理和保障功能，落实中央关于拓宽保险资金支持实体经济渠道的要求，促进了实体经济发展。“2016年，保险业为中国全社会提供风险保障2373万亿元人民币，赔付1.05万亿元。截至2017年3月末，保险资金通过债权投资计划、股权基金、信托等形式，直接投资国家重大基础设施建设以及养老社区、棚户区改造等民生工程，累计金额超过4万亿元。”重点领域改革全面实施偿二代技术标准和监管要求，商业车险改革全面铺开。针对一些保险公司偏好扩张规模、忽视提升服务能力和风险监管、资产负债严重错配和开展激进举牌收购等背离稳健经营原则、助长资金“脱实向虚”的行为，保监会强化规则建设，引导保险公司发展风险保障型、长期型储蓄业务，扭转产品短期化倾向，加快发展以首台（套）重大技术装备保险为重点的科技保险，有序放开短期出口信用保险市场，大力支持安全生产、医疗安全、校园安全等领域发展责任险，积极拓展企业年金、职业年金、基本养老保险基金市场。健全保险产品信息公开制度，建立社会监督机制。

### 3. 推动融资租赁健康发展

进入新时代以来，中国融资租赁业的发展不断加快，但在市场规模、企业竞争力得到提升的同时，融资租赁对国民经济各行业的覆盖面和市场渗透率仍然远低于发达国家水平，行业发展还存在管理体制不适应、法律法规不健全、发展环境不完善等突出问题。因此，中央提出了加强行业统筹管理、建立内外统一的融资租赁业管理制度和事中事后监管体系，鼓励融资租赁公司积极服务“一带一路”、京津冀协同发展、长江经济带等国家大战略要求，在飞机、船舶、工程机械等传统领域做大做强，积极拓展战略性新兴产业市场。加快发展中小微企业融资租赁服务。同时，国务院办公厅印发了《关于加快融资租赁业发展的指导意见》，要求加快改革制约融资租赁发展的制度层面的问题，加快转变政府职能，完善行业管理体制和相关制度；推动重点领域融资租赁发展，推动产业转型升级，完善小微企业融资租赁服务体系，鼓励发展跨境租赁；鼓励融资租赁创新发展和丰富经营模式，支持发展配套产业，加快解决企业核心竞争力不足问题；健全融资租赁监管体制，强化事中事后整个过程监管，促进行业监管和行业组织自律紧密结合。同时，结合当前中国的实际情况，制定了建设法治化营商环境、完善财税政策、拓宽融资渠道、完善公共服务体系、大力培育人才等政策措施。

## （五）大力发展普惠金融、科技金融、绿色金融

普惠金融和绿色金融是金融服务实体经济的短板，发展普惠金融和绿色金融直接关系国计民生，是党的新发展理念在金融领域的具体体现，也是近年来党中央深化金融改革、完善金融体系的重要发力点。党的十八大向全党、全国人民提出了全面建成小康社会，全面提高人民生活水平，建设资源节约型、环境友好型社会的奋斗目标。为了实现这一目标，需要有效推进金融改革和金融业健康发展，因此党的十八大之后，中央又相应地提出了发展普惠金融、科技金融、绿色金融等思想。

### 1. 发展普惠金融

普惠金融一词，英文表述为“Inclusive Fiancial System”，2005 年联合国宣传小额贷款时首先使用该词，后被联合国和世界银行正式采用。其本意为能够有效地全方位地为社会各阶层和群众提供服务的金融体系，实际则指让所有市场主体和公民个体都能平等地享受金融服务，更有效地支持实体经济发展。普惠金融概念最早于 2006 年被引入我国，胡锦涛同志在墨西哥 G20 峰会上指出：“普惠金融问题本质上是发展问题，希望各国加强沟通和合作，提高各国消费者保护水平，共同建立一个惠及所有国家和民众的金融体系，确保各国特别是发展中国家民众享有现代、安全、便捷的金融服务。”习近平总书记更是强调，要深化金融供给侧结构性改革，强化金融服务功能，找准金融服务重点，以服务实体经济、服务人民生活为本；要建设普惠金融体系，加强对小微企业、“三农”和偏远地区的金融服务，推进金融精准扶贫。发展普惠金融，既是服务实体经济、服务人民生活的落脚点，也是金融供给侧结构性改革的重

要任务。

党中央、国务院一直重视普惠金融发展，2013 年 11 月 12 日，中共十八届三中全会通过了一项重要决定，即《中共中央关于全面深化改革若干重大问题的决定》(以下简称《决定》)，郑重地把“发展普惠金融，鼓励金融创新，丰富金融市场层次和产品”写入了党中央规范性文件。翌年 3 月，李克强总理在《政府工作报告》中更明确地为发展普惠金融作了解释，他说：“让金融成为一池活水，更好地浇灌小微企业、‘三农’等实体经济之树。”2015 年 10 月，党的十八届五次会议通过的《中共中央关于制定国民经济和社会发展第十三个五年规划的建议》进一步明确要求：“发展普惠金融，着力加强对中小微企业、农村特别是贫困地区金融服务。”2016 年 3 月，第十二届全国人大四次会议通过的《政府工作报告》强调“大力发展普惠金融”。2017 年 3 月，十二届全国人大五次会议通过的《政府工作报告》不仅要求发展普惠金融，而且提出“鼓励大中型银行设立普惠金融事业部，国有大型银行要率先做到，实行差别化考核办法和支持政策，有效缓解中小微企业融资难、融资贵问题”。同年 7 月，在北京举行的全国金融工作会议再次强调：“要建设普惠金融体系，加强对小微企业、‘三农’和偏远地区的金融服务，推进金融精准扶贫，鼓励发展绿色金融。”

随着国内外经济形势的变化，普惠金融更加受到党中央、国务院的高度重视，并得到市场主体、社会大众的高度关注。为推进普惠金融发展，增强所有市场主体和广大人民群众对金融服务的获得感，国务院制订了《推进普惠金融发展规划(2016—2020)》(以下简称《规划》)。《规划》提出的原则是“健全机制、持续发展，机会平等、惠及民生，市场主导、政府引导，防范风险、推进创新，统筹规划、因地制宜”；坚持借鉴国际经验与体现中国特色相结合、市场主导与政府引导相结合、完善基础金融服务与改进重点领域金融服务相结合，不断提高金融服务的覆盖率、可得性和满意度，使最广大人民群众公平分享金融改革发展的成果。

继续引导和支持商业银行特别是大型商业银行设立普惠金融事业部，依法稳妥推进农村“两权”抵押贷款试点，发挥贷款保证保险、融资担保等“四两拨千斤”作用，撬动更多资金投向小微企业、“三农”、扶贫开发等领域。2020 年，建立与全面建成小康社会相适应的普惠金融服务和保障体系。该体系包括：①健全多元化、广覆盖的机构体系。发挥现有银行机构功能，规范新型机构运作，发扬保险公司保障优势。②创新金融产品和服务手段。提倡金融机构产品和服务方式创新，提升金融机构运用科技的能力和水平，促进普惠金融发展。③推进金融基础设施建设。改善农村支付环境，加强普惠金融信用信息体系建设，加快建立健全普惠金融统计体系。④完善法律法规体系。解决普惠金融法律制度不健全问题，制定普惠金融服务主体法律规范，完善普惠金融消费者权益保护法，促进普惠金融有序健康发展。⑤发挥政策引导和激励功能。解决货币信贷政策不完善问题，建立差异化的金融监管激励机制，落实国家财税政策，强化地方相关职能。⑥加强教育、保护消费者权益。有组织、系统地宣传金融知识，在公众中树立金融风险意识，依法保护金融消费者权益。⑦组织保障和推进实施。加强组织保障，开展试点示范，加强国际交流，实施专项工程，健全监测评估。

以“政府引导和市场主导”相结合为基本经验，中国普惠金融在账户普及率、储蓄普及率、小额支付和信贷等方面都取得了明显成效，多层次广覆盖的普惠金融机构和普惠金融产品体系基本形成。截至 2018 年末，5 家国有大型银行均已完成普惠金融事业部挂牌，建立了适应普惠金融服务需要的事业部管理体制，并在此基础上进一步形成各具特色的普惠金融服务模式。中国银行在 2018 年重新整合中小企业部和普惠金融事业部，组建新的普惠金融事业部，在 36 家一级分行全部成立普惠金融事业分部，在二级分支行成立普惠金融服务中心，将全行营业网点作为普惠金融基础服务网点。中国银行还与中银富登村镇银行、中银消费金融公司形成了“1+2”的普惠金融服务模式。建设银行搭建三级垂直组织架构，将普惠金融服务机构向省、市级分行以及县域、乡镇延伸，全部 37 家一级分行、超过 300 家二级分行设立普惠金融事业部，并在网点机构尚未覆盖的县域农村设立助农金融服务点“裕农通”15.1 万个，覆盖全国 31 个省（自治区、直辖市），服务农户超过 1100 万户。10 家股份制银行在总行设立普惠金融事业部或服务中心。如民生银行采用扁平化运作模式，在总行层面成立普惠金融事业部，实行矩阵式事业部体制，协调、推进全行小微金融业务；在分行层面，成立小微企业金融事业部分部，通过小微金融中心（支行）、小微便利店等专业化服务网点，提高小微金融的覆盖率与可得性。地方法人金融机构充分利用贴近基层的天然优势，持续扩大服务半径，金融服务触角不断向下、向小、向农延伸，有效拓展金融服务广度。截至 2018 年末，农村商业银行从 2017 年的 1262 家增加至 2018 年的 1427 家，村镇银行从 2017 年的 1562 家增加至 2018 年的 1616 家，银行业网点乡镇覆盖率达到 95.9%，较好地发挥了农村金融机构普惠金融的作用。如北京银行设立 47 家科技、文创及小微特色支行，2 家文创专营支行，11 家“信贷工厂”，推动小微业务专职专业化运营，并设立首家银行系统创客中心，累计服务民营小微企业超 10 万家。

### 2. 发展科技金融

近年来，大数据、分布式记账、云计算和人工智能等高科技推动我国金融创新迅猛发展，催生了互联网支付、网络借贷、股权众筹融资、智能投顾等新业态。金融科技发展迅速，无论是运用大数据、人工智能创新金融服务还是对数字货币的研发探索，都体现了金融与科技深度融合的趋势，对实体经济和金融体系产生了深刻影响。

2017 年，金融稳定理事会（FSB）将“金融科技”（Fintech）概括为通过技术手段推动金融创新，形成对金融市场、机构及金融服务产生重大影响的业务模式、技术应用以及流程和产品。关于科技金融的内涵，著名学者赵昌文教授认为，科技金融是科技和金融的有效融合，“是促进科技开发、成果转化和高新技术产业发展的一系列金融工具、金融制度、金融政策与金融服务的系统性安排，在这个安排中，那些能够提供金融资源的主体包括政府、市场、企业、社会中介机构等，他们在科技创新的融资活动中形成了一个体系，并成为国家科技创新体系以及金融体系的重要部分”。房汉廷教授根据熊彼特和佩雷斯的有关研究，对科技金融的本质作了如下概括：“第一，科技金融可视为一种创新活动，它是企业家将科学和技术转化为商业活动过程中的融资行为；第二，如果说技术革命是驱动新经济发展的引擎，那么金融是新经济发展的‘燃料’，科技与金融的融合则改变了新经济增长模式；第三，科技与金融结合就是科学技术被资本化的过程，也就是科技被资本孵化，演变为一种财富创造工具的过程；第四，科技与金融结合是金融资本有机构成被提高的过程，即‘同质化的金融资本通过科学技术异质化的配置，获取高附加回报的过程’。”

从发展趋势看，近十年来金融科技的发展，一方面突出表现为各种新型支付工具的兴起，以互联网平台和通信公司为代表的技术类企业涌入全球金融服务市场；另一方面金融机构积极使用自动化和去中心化等技术，提高内部经营效率和金融服务质量。从技术维度看，各类计算机技术在支付结算、存贷款、风险管理和投资咨询领域的应用已达到前所未有的高度。巴塞尔银行监管委员会（BCBS）总结了国际金融科技活动最为活跃的四个领域：一是支付结算类，如移动钱包、数字货币等；二是存贷款与资本筹集类，如网络借贷、股权众筹等；三是投资管理类，如智能投顾；四是金融市场基础设施类，如客户身份认证、分布式账户、云计算等。

2015 年，中央经济工作会议通过分析国际国内经济形势，认为当前和今后一个时期我国经济发展的大逻辑是认识、适应、引领经济发展新常态，并就科技创新和金融创新问题提出：“要支持企业技术改造和设备更新，降低企业债务负担，创新金融支持方式，提高企业技术改造投资能力。培育发展新产业，加快技术、产品、业态等创新。”2016 年 7 月 28 日国务院印发《“十三五”国家科技创新规划》，该规划在第十七章第三节“促进科技金融产品和服务创新”中指出：“深化促进科技和金融结合试点，建立从实验研究、中试到生产的全过程、多元化和差异性的科技创新融资模式，鼓励和引导金融机构参与产学研合作创新。在依法合规、风险可控的前提下，支持符合创新特点的结构性、复合性金融产品开发，加大对企业创新活动的金融支持力度。选择符合条件的银行业金融机构，为创新创业企业提供股权和债权相结合的融资方式，与创业投资机构合作实现投贷联动，支持科技项目开展股权众筹。充分发挥政策性银行作用，在业务范围内加大对企业创新活动的支持力度。引导银行等金融机构创新信贷产品与金融服务，提高信贷支持创新的灵活性和便利性，支持民营银行面向中小微企业创新需求的金融产品创新。加快发展科技保险，鼓励保险机构发起或参与设立创业投资基金，探索保险资金支持重大科技项目和科技企业发展。推进知识产权证券化试点和股权众筹融资试点，探索和规范发展服务创新的互联网金融。建立知识产权质押融资市场化风险补偿机制，简化知识产权质押融资流程，鼓励有条件的地区建立科技保险奖补机制和再保险制度。开展专利保险试点，完善专利保险服务机制。推进各具特色的科技金融专营机构和服务中心建设，集聚科技资源和金融资源，打造区域科技金融服务品牌，鼓励高新区和自贸试验区开展科技金融先行先试。”

金融科技的发展推动了普惠金融，在便利金融交易、满足多元化投融资需求、提升金融服务质量、提高资源配置效率方面发挥了积极作用，但也暴露出一系列问题，对维护金融业稳健运行带来挑战。金融科技使金融机构、科技企业和金融市场基础设施间的联系更加紧密，三者之间任何一环出现问题，都可能被迅速放大并形成系统性风险。此外，金融机构在通过自动化和人工智能等技术降低成本的同时，底层算法和操作的趋同可能导致金融市场价格大幅波动，造成风险叠加共振，加剧金融体系的顺周期性。

金融科技的发展会影响宏观调控政策的有效性。一是各类金融科技创新增加了货币金融的统计复杂性，尤其是一些金融产品和业务事实上具有期限转化功能，从而影响货币政策的传导。二是缺乏监管的网络借贷容易将资金引向落后产能和限制领域，不利于信贷政策发挥作用。三是部分科技公司拥有支付清算、征信和金融资产交易平台等金融基础设施，对相关领域的规则制定、准入退出等产生影响。

金融科技的发展还会对现行金融监管形成挑战。由于互联网监管环境相对宽松，部分互联网金融业务游离于金融监管之外或利用现有分业监管的空白进行套利。例如，部分大型互联网企业通过新设机构、控股或参股金融企业等方式，已演化为事实上的金融控股集团，但其本身并不直接受到监管。其中，一些互联网企业以单纯获取金融牌照为目的，将所控金融机构作为资本运作平台，追逐高额金融投资回报，偏离服务实体经济的轨道。

金融科技的发展还有可能存在信息安全隐患。金融科技在帮助金融机构进一步了解客户的同时，也可能带来信息过度收集、滥用和泄露等社会问题。此外，部分机构掌握了海量消费者数据，垄断整个信息链条，一旦发生数据泄露或遭受网络攻击，甚至可能对整个国家的数据安全造成威胁。

针对上述问题，我国在完善金融科技监管框架方面采取了一些措施。2015 年 7 月，中国人民银行、工业和信息化部、公安部等十部委联合发布《关于促进互联网金融健康发展的指导意见》，同年 12 月，中国互联网金融协会成立。2016 年 4 月，国务院办公厅出台《互联网金融风险专项整治工作实施方案》。2017 年 8 月，网联清算有限公司成立，把支付宝、财付通、京东支付等第三方支付机构的网络支付业务纳入集中统一清算管理。此外，金融管理部门就第三方支付、网络借贷、股权众筹、网络保险等领域陆续出台规定。

借鉴相关国际经验并结合我国实际，下一步，我国应积极完善监管框架，积极推进金融科技创新试点，强调功能监管，提升监管科技，在尊重市场原则、鼓励创新的同时，积极有效防控金融风险。

（1）完善现有政策法规，改进监管框架，加强消费者保护。一是制定完善金融科技公司、互联网金融等新型金融业态的法律法规，明确经营范围、准入标准、监管规则、法律责任等。二是将互联网科技企业控股形成的互联网金融控股集团以及金融市场基础设施、金融机构第三方技术服务商纳入监管范围，适用相关监管标准，确保金融市场安全。三是研究现有金融消费者保护机制适用于互联网金融业务的有关问题，明确风险补偿机制和风险处置机制。

（2）按照实质重于形式的原则实施功能监管，坚持和落实金融牌照制度。深入识别技术创新的金融业务本质，统筹考虑机构许可和业务许可，只要从事金融业务，就应当按照业务属性，获得该行业金融监管部门的许可，未经许可不得从事存贷款、证券、保险、资产管理、支付结算、征信、金融资产交易等各类金融业务。对任何未经许可开展金融业务的，应加强查处，提高违法成本。

（3）积极推进金融科技创新试点，规范促进金融科技健康发展。结合我国金融市场特点，鼓励金融机构或科技企业在合法合规的前提下，积极开展金融业务、产品、流程和模式创新，确保科技创新业务在提升金融服务实体经济效率的同时规范发展。

（4）推进监管科技稳步发展，提升监管能力，加强系统性风险分析与防范。持续动态跟踪金融科技创新的业务发展及风险变化，对金融体系具有重大影响的金融科技机构和业务要加强风险监测和分析，不断提升监管效能。加强金融监管中的大数据运用，推动新技术在构建金融综合统计体系中的运用，确保系统性风险可度量、可穿透、可监控。

3. 发展绿色金融

关于绿色金融的定义，《中国人民银行财政部发展改革委环境保护部银监会证监会保监会关于构建绿色金融体系的指导意见》作了如下解释："绿色金融是指为支持环境改善、应对气候变化和资源节约高效利用的经济活动，即对环保、节能、清洁能源、绿色交通、绿色建筑等领域的项目投融资、项目运营、风险管理等所提供的金融服务。"实质上，绿色金融主要是针对金融部门和政府金融监管部门讲的，它要求金融部门树立现代生态文明意识，在投融资决策中不能只考虑投融资成本和回报，还应充分考虑投融资行为对环境的潜在影响，尤其应把与环境条件相关的潜在风险融入银行经营活动考量范围之中，切实重视生态环境保护和环境污染治理，采取积极有效措施引导社会经济资源健康流动，从而在经济发展新常态下，保障经济社会可持续发展；要求金融监管部门依法依规和实际需要，充分有效地履行监管金融活动的职责。

重视发展绿色金融是党中央绿色发展理念的具体体现，通过市场化的手段将生态环境影响的外部性内生化，来达到减少污染性经济活动的目标，是发展绿色金融的基本逻辑和思路。国家《十三五规划》纲要明确提出"构建绿色金融体系"的宏伟目标。2015 年党中央和国务院首次在规范性文件中使用绿色金融概念。这一年的 9 月，中共中央和国务院印发《生态文明体制改革总体方案》，其中第四十五条为"建立绿色金融体系"。该方案提出国家以财政贴息等方式推广绿色信贷，鼓励各类金融机构加大绿色信贷发放力度，明确贷款人环境保护职责和尽职免责条件；设立绿色股票指数、发展相关投资产品，鼓励对绿色信贷资产实行证券化；支持以市场化运作方式设立各类绿色发展基金；建立上市公司环保信息强制性披露机制；完善对节能低碳、生态环保项目担保机制；在环境高风险领域建立环境污染强制责任保险制度；推动绿色金融领域国际合作等。《十三五规划》建议明确提出："支持绿色清洁生产，推进传统制造业绿色改造，推动建立绿色低碳循环发展产业体系，鼓励企业工艺技术装备更新改造。发展绿色金融，设立绿色发展基金。"2016 年的《政府工作报告》也使用了"绿色金融"概念，要求"大力发展普惠金融和绿色金融"。2017 年的《政府工作报告》再次强调"大力发展绿色金融"，同年 7 月召开的全国金融工作会议进一步强调发展绿色金融。

2016 年 8 月 31 日，经国务院同意，中国人民银行、财政部、国家发展改革委、环境保护部、银监会、证监会、保监会七部委共同发布了《关于构建绿色金融体系的指导意见》(以下简称《意见》),提出了中国绿色金融政策框架的顶层设计。从政策角度讲,明确“绿色”标准是前提,推动可持续发展是关键,探索绿色金融创新是重点,顶层设计与基层探索相结合是方法,切实防范风险是底线。下一步,需要鼓励绿色信贷、绿色债券等绿色金融产品创新发展,开发碳金融等市场化产品,推动行业环境风险压力测试,为绿色投融资提供环境风险量化工具,鼓励和支持有条件的地方通过专业化绿色担保机制、设立绿色发展基金等手段撬动更多的社会资本投资于绿色产业。此外,要发展绿色指数及相关产品,推动强制性绿色保险制度以及建立强制性环境信息披露制度。应探索建立全国统一的碳配额交易市场,在这样的市场架构下,一些地区,如新疆就可以发展清洁能源和碳汇产业,并通过统一的碳配额交易市场转让碳配额,通过市场化的方式获得经济发展的资金。

发布《意见》的目的在于动员和激励更多社会资本投入绿色产业,更有效地抑制污染性投资,尽快构建绿色金融体系,推动金融服务向环保、节能、清洁能源、绿色交通、绿色建筑等领域倾斜,加快我国经济向绿色化转型,以便促进环保、新能源、节能等领域的技术进步,培育新的经济增长点,提升经济增长潜力。《意见》结合中国国情,提出的支持和鼓励绿色投融资的激励措施包括:通过设立国家绿色发展基金、再贷款、专业化担保机制、绿色信贷支持项目财政贴息等措施,支持绿色金融发展。

《意见》充分肯定了证券市场支持绿色投资的重要作用,主张统一绿色债券界定标准,鼓励符合条件的绿色企业上市融资和再融资,鼓励符合条件的机构发行绿色债券,支持开发绿色债券指数、绿色股票指数以及相关产品,推动建立健全上市公司和发债企业强制性环境信息披露制度;要求发展绿色保险和环境权益交易市场,提出按程序推动制定和修订相关法律或行政法规,推动在环境高风险领域建立环境污染强制责任保险制度,鼓励和支持保险机构创新绿色保险产品和服务,参与环境风险治理体系建设,推动建立排污权、用能权、用水权等各类环境权益交易市场,发展各类环境权益融资工具。同时,支持地方发展绿色金融,要求有条件的地方政府通过放宽市场准入、完善公共服务定价、实施特许经营、落实财税和土地政策、建立专业化绿色担保机制、设立绿色发展基金等途径和手段,撬动更多社会资本投资绿色产业,并要求广泛开展绿色金融领域国际合作,在二十国集团(G20)框架下推动全球形成共同发展绿色金融的理念。

建设绿色金融体系是一项长期、艰巨的历史任务,需要在提高绿色项目投资回报率和融资可获得性的同时,降低污染型项目投资回报率和融资可获得性。也就是说，在解决绿色项目融资难、融资贵问题的同时，也须让污染项目变得融资难、融资贵。这样才能引导投融资向绿色项目倾斜流动，进而改变投资结构，使投融资项目转向绿色产业领域。建立绿色金融体系，需要发展绿色产业基金、绿色贷款贴息、绿色股票指数，强制上市公司和发债企业披露环境信息，建立绿色债券市场、绿色担保机制，建立环境高风险领域的强制性绿色保险制度，银行开展环境压力测试，明确规定金融机构环境法律责任，推动绿色金融领域的国际合作等。在这些领域，我国在一些方面已经有了相应政策措施、制度规范，或开展了与相关国际组织、区域组织的合作，但也存在一些缺陷。

综上所述，党中央对于发展普惠金融、科技金融和绿色金融的理论探讨，还处于初始阶段。在现实中由于普惠金融、科技金融和绿色金融的发展很不平衡而且暴露出许多问题，党中央大力推进普惠金融和绿色金融的态度更加明朗和坚决，发展科技金融的态度则显得比较审慎，而且与明确主张“大力发展普惠金融和绿色金融”相比，从未明确提出要“大力发展科技金融”。自 2015 年以来，中央多次强调“规范发展互联网金融”，2016 年、2017 年李克强总理在全国人大所做的《政府工作报告》都提出规范发展互联网金融问题，尤其是 2017 年的《政府工作报告》指出：“当前系统性风险总体可控，但对不良资产、债券违约、影子银行、互联网金融等累积风险要高度警惕[①]。”由于金融科技发展迅速，金融监管技术和水平相对滞后，金融机构专业能力与金融监管机构专业能力不相匹配，加之经济社会发展对发展普惠金融、科技金融和绿色金融的渴求程度存在差异，从而也影响了中央在金融发展理论上的态度和探讨。

### （六）扩大金融对外开放，积极参与全球金融治理

2008 年国际金融危机爆发以来，世界经济长期处于低迷状态，贸易保护主义抬头，经济全球化出现波折，高杠杆、高泡沫等金融风险仍在累积，货币政策负面外溢效应增强，金融市场反复动荡，贫富差距、南北差距问题更加突出。过去几十年，虽然世界各国已经深度融入国际金融经济体系，国际经济力量对比发生了深刻变化，国际金融市场亟须增强抗风险能力，而由发达国家主导的全球治理体系已经不能反映新的世界经济格局，全球金融治理机制不能适应国际需求的变化，难以有效解决国际金融市场频繁动荡、资产泡沫累积等问

① 国务院研究室编写组．十二届全国人大五次会议政府工作报告辅导读本［M］．北京：人民出版社，中国言实出版社，2017：18.

题。面对这些问题和挑战，完善全球金融经济治理，维护全球金融经济安全、稳定和发展，构建人类命运共同体，已经成为世界各国的共同使命，尤其对于发达国家和世界大国来说，比以往任何时候都更加需要有担当精神。正是在这种背景下，党的十八大以来，以习近平同志为核心的党中央提出“构建人类命运共同体”“完善全球经济金融治理”的理念，引起国际社会高度关注和认同。

1. 坚持开放创新、包容互惠的发展理念

在经济全球化、社会信息化进程中，各国之间既存在矛盾，也存在共同利益，而总的趋势是各国经济联系日益加强、相互依赖程度日益提高，各国国内经济规则趋于一致，各种多边或区域组织对世界经济协调和约束作用日益强化。所以习近平总书记指出：“经济全球化、社会信息化极大解放和发展了社会生产力，既创造了前所未有的发展机遇，也带来了需要认真对待的新威胁、新挑战。”

面对这些威胁和挑战，一是需要建立世界各国平等相待、互商互谅的伙伴关系，坚持世界的前途命运必须由各国共同掌握。世界各国不分大小，一律平等，不能以大压小、以强凌弱、以富欺贫。坚持多边主义，反对单边主义和贸易保护主义；坚持奉行双赢、多赢、共赢的新发展理念，扔掉我赢你输、赢者通吃的旧思维。强调大国之间相处，关键是不搞冲突、不搞对抗，奉行相互尊重、合作共赢的方针；大国与小国相处，关键是平等相待、以诚相待，坚持践行正确的义利观，奉行义利兼顾、义重于利的方针。二是需要营造公道正义、共建共享的安全格局。认清经济全球化时代，各国安全相互关联、彼此影响的国际形势，必须要摒弃一切形式的冷战思维和霸权主义，树立国际大家庭所有成员共同、综合、合作、可持续安全的新观念。三是需要谋求开放创新、包容互惠的发展前景。2008 年爆发的国际经济金融危机表明，放任资本逐利，其结果将会引发新一轮危机。缺乏道德的市场，难以撑起世界繁荣发展的大厦。大家一起发展才是真发展，可持续发展才是好发展。四是需要促进和而不同、兼收并蓄的文明交流。文明相处需要和而不同的精神，我们要尊重各种文明，坚持平等相待、睦邻友好、互学互鉴、取长补短、兼收并蓄，积极推动人类文明进步，实现它们的创造性共同发展。五是要保护生态环境，尊崇自然，构建绿色发展生态体系。解决好工业文明带来的矛盾，以人与自然和谐相处为目标，实现世界“绿色、低碳、循环、可持续发展”。

习近平总书记还指出：“二十国集团承载着世界各国的期待，使命重大”，应“倾听各方利益诉求”,“落实 2030 年可持续发展议程，促进包容性发展”[①]；

① 易纲. 完善全球金融治理 促进世界经济增长［N］. 人民日报，2016-10-25（07）.

“深化在联合国、亚太经合组织、二十国集团等多边机制以及重大国际和地区问题、全球性挑战上的沟通和合作”。[①]他代表中国政府向全世界庄严承诺：中国将始终做全球发展的贡献者，坚持走共同发展、共同繁荣的道路，继续奉行并坚守互利共赢的开放战略，将自身发展经验和机遇同世界各国分享，欢迎各国搭乘中国发展的“顺风车”，一起实现共同发展。

### 2. 完善全球经济金融治理，提高全球金融市场稳定性

习近平总书记指出：“国际金融危机也不是经济全球化发展的必然产物，而是金融资本过度逐利、金融监管严重缺失的结果”[②]，我们应该“不断完善国际货币金融体系，优化国际金融机构治理结构”，“完善全球金融安全网”。因为只有完善的国际货币金融体系，才能够及早识别风险、防范危机，能够更有效地支持实体经济、促进世界经济增长，有利于维护全球金融市场稳定，提高世界经济抗风险能力。

长期以来，为了构建更加完善、更加稳定、更加有韧性的国际货币金融体系，中国政府做了不懈的努力，并从五个方面推动全球金融治理：一是推动扩大特别提款权（SDR）的使用。SDR 有助于增强国际货币体系的稳定性和韧性，具有分散风险的优点，SDR 计价债券有利于促进国际货币体系多元化，购买 SDR 计价资产等于是资源配置多元化。二是推动全球金融安全网建设。由于全球金融安全网涵盖的范围十分广泛，涉及储备资产、央行货币互换、区域融资安排、多边融资安排等安全保障机制，健全的全球金融安全网能为经济提供缓冲，推动各国采取调整和改革措施，防范和化解危机，在发生问题时，能够统筹协调，动员各方力量，防止部分危机向全球金融体系扩散和蔓延。三是完善主权债务重组机制。中国政府积极促进构建公平、规范、高效的主权债务重组机制，强化债务重组时的“少数服从多数”原则；支持扩大巴黎俱乐部成员范围，平等保护各成员国正当权益，鼓励和支持讨论主权债问题解决方案，积极推动为债权人提供协调立场平台，以便确保在发生主权债务重组时，能够最大程度地收回债权。四是推动国际货币基金组织份额和治理结构改革。坚持公平参与、权利平等原则，推动国际货币基金组织改革，提高新兴市场经济体、发展中经济体的发言权和代表性，增强其在国际货币基金组织中的份额。五是健全资本流动监测机制，制定完善的资本流动应对措施，密切监测、有效应对金融体系的潜在风险和脆弱性，提高金融风险预警、风险预防的

---

① 中共中央文献研究室．十八大以来重要文献选编（中）[M]．北京：中央文献出版社，2016：690.

② 欧阳卫民．做好新时期金融工作的根本遵循［N］．人民日报，2017-04-25（7）.

应对能力和水平。构建和完善包括财政政策、货币政策、审慎监管政策、结构性改革政策等在内的宏观金融稳定框架，积极努力平衡金融体系顺周期波动，采取有效对策和措施，防止宽松的外部流动性对国内金融乃至社会经济带来负面效应。

## 三、后疫情时代的伦理应对

从 2019 年底爆发的新型冠状病毒肺炎疫情是一个非常典型的黑天鹅事件，当前，新冠肺炎在全球加速蔓延，经济全球化面临诸多挑战，它从供给与需求两端给全球经济、社会及金融系统均带来了严重的冲击，不仅全球性经济陷入衰退不可避免，世界政治经济格局也将因此发生明显改变。全球疫情扩散速度明显加快。综合外媒报道和数据统计，截至北京时间 2020 年 4 月 1 日，全球新冠肺炎累计确诊病例已超过 80 万例，美国、意大利确诊人数均超过 10 万人。疫情快速扩散给美国经济带来重大冲击，美股已跌回特朗普上台前的水平，美国 3 月申请失业救济人数猛增至 328 万人，市场研究机构 IHS 预测北美、欧洲、拉美地区全年汽车产量将减少 1400 万辆，美国国内疫情的演变将对全球经济和金融产生重大影响。

目前，民粹主义兴起所带来的逆全球化现象开始抬头，新冠疫情更是对“二战”后全球化的一种考验，人类自经济全球化以来尚未遇到过由传染病疫情所造成的全球性重大冲击。与以往的经济、金融危机由某些重大经济或金融问题所引发，危机持续时间长、恢复慢等特点明显不同，由疫情引发的危机使经济社会系统出现突然停滞，经济在短时间内出现断崖式下跌，这种断崖式下跌的短期负面冲击要远比以往的经济、金融危机更剧烈，可能会对全球经济、金融系统产生明显的中期或长期影响，所以不仅在疫情过后的经济社会复苏方面仍存在诸多不确定性因素，疫情应对是否得当对经济的中长期影响也会明显不同。与金融危机不同的是，这次疫情不是经济体系内部某一个重要的环节出了问题，而是整个世界经济运行的环境被改变了，使得经济停摆。这种停摆不是说疫情过去之后就可以很快恢复的，这种停摆的深度与广度已经造成了经济体系内部结构的破坏，包括产业链的切断等。为控制疫情扩散，各国对物理边界的管控力度明显加强。法国、德国、瑞士、奥地利等对与意大利的边界实施适度管控，美国也开始实施与加拿大边界的管控，并计划派驻军队。传统边界意识的复苏，以及风险防控需求的提高，都会使这些国家国内的民粹主义思潮进一步抬头，美国更会以全球化降低了其抗风险能力为由，加速推进制造业回归进程，这些会对全球化造成更大冲击。此次疫情过后，受全球供应链变化及逆全球化思潮影响，全球货物贸易中的中间品贸易比重是否会出现增长停滞甚至下滑，服务贸易领域是否会成为贸易保护的新领域等问题都值得深入观察和思考。自特朗普政府推行“美国优先”政策以来，美国已先后退出 TPP、巴黎协定、联合国教科文组织、伊核协议、中导条约、联合国武器贸易条约等国际协议，并使世贸组织上诉仲裁机构瘫痪，同样，“美国优先”政策也使得全球诸多治理机制难以达成有效共识。

疫情对经济的冲击是巨大的，这不仅因为它是对供给和需求两端同时冲击的，更重要的是，抗疫的逻辑与经济活动的逻辑是相悖的，疫情持续时间越长，对经济的冲击越大，经济偏离正常轨道的可能性就越大。在这个意义上，金融危机仅是疫情发展的后果之一。已经可以看到，疫情对经济的影响不仅在于短期的冲击，长期来看冲击使得经济的自愈能力变得十分之差，若疫情的持续时间超出目前预期，全球实体经济都会处于非常低迷的状态，金融市场的动荡也会此起彼伏。在这样的大背景下，疫情会对中国的现代化进程产生哪些影响，面对世界整体政治经济形势的不确定性所带来的外部冲击的加大，中国应采取哪些措施来应对疫情带来的挑战，金融体系如何发挥应有的作用以确保经济金融安全并努力帮助国家转危为机，值得仔细推敲。

围绕这一目标，以下几个方面的关键变革有望成为新时代金融发展改革的主线。

### 1. 贯彻以人民为中心的发展理念，以金融现代化助推中国梦

党的十九大报告明确指出，我国社会主要矛盾已经从“人民日益增长的物质文化需要与落后的生产之间的矛盾”，转化为“人民日益增长的美好生活需要和不平衡不充分的发展之间的矛盾”，我国经济已经由高速增长阶段转向高质量发展阶段。社会主要矛盾以一种集中、凝练、典型的形式，反映了社会发展的基本关系、核心要素、关键问题，是社会发展的一面镜子。新时代主要矛盾的转化，标志着社会主义初级阶段进入新的发展阶段，准确把握我国社会主要矛盾发生变化的新特点，是深入理解习近平新时代中国特色社会主义思想的核心问题。这既是对我国 40 年来改革开放的历史性成就和变革的深刻总结，更是对未来中国发展方向、发展目标的精准定位，主要矛盾转化意味着中国将在经济发展模式、经济增长、经济体制、收入分配、宏观调控、资产配置等方面发生重大转变。

新时代，我们应更加注重经济发展的质量，以人民的美好生活需要为经济发展的核心目标和根本动力，立足自身，苦练内功，坚持创新、协调、绿色、开放、共享五大发展理念，统筹推进经济建设、政治建设、文化建设、社会建设、生态建设“五位一体”中国特色社会主义总体布局。在新时代的全体系改

革开放中，金融现代化将成为我国治理体系与治理能力现代化的重要支撑：一方面，金融将发挥支持乡村振兴和高端制造的关键作用，并作为服务业改革的核心；另一方面，金融将成为推动国际产能合作和主权信用输出的重要抓手，并引领“全面开放新格局”。在从富起来到强起来的新时代，金融对于中国经济的战略意义和全局地位进一步凸显：金融现代化将发挥好配置资源的作用，与政治、经济、文化、社会、生态的“五位一体”建设相匹配，并着眼于关键领域和薄弱环节，系统性地修复定价扭曲，落实“金融的天职，金融的宗旨”；金融现代化将切实降低实体经济成本、保障风险可控，有效利用、保护改革开放以来靠辛勤劳动所积累的国民财富，消除金融体系内的资金空转，引导资本脱离过剩产业，流向实体经济的新兴领域，有效降低地方隐性债务，体现出“为实体经济服务也是防范金融风险的根本举措”。正如习近平所说，金融活，经济活；金融稳，经济稳。经济兴，金融兴；经济强，金融强。经济是肌体，金融是血脉，两者共生共荣。我们要深化对金融本质和规律的认识，立足中国实际，走出中国特色金融发展之路。习近平指出，深化金融供给侧结构性改革必须贯彻落实新发展理念，强化金融服务功能，找准金融服务重点，以服务实体经济、服务人民生活为本。要以金融体系结构调整优化为重点，优化融资结构和金融机构体系、市场体系、产品体系，为实体经济发展提供更高质量、更有效率的金融服务。要构建多层次、广覆盖、有差异的银行体系，端正发展理念，坚持以市场需求为导向，积极开发个性化、差异化、定制化金融产品，增加中小型金融机构数量和业务比重，改进小微企业和“三农”金融服务。要建设一个规范、透明、开放、有活力、有韧性的资本市场，完善资本市场基础性制度，把好市场入口和市场出口两道关，加强对交易的全程监管。要围绕建设现代化经济的产业体系、市场体系、区域发展体系、绿色发展体系等提供精准金融服务，构建风险投资、银行信贷、债券市场、股票市场等全方位、多层次金融支持服务体系。要适应发展更多依靠创新、创造、创意的大趋势，推动金融服务结构和质量来一个转变。要更加注意尊重市场规律、坚持精准支持，选择那些符合国家产业发展方向、主业相对集中于实体经济、技术先进、产品有市场、暂时遇到困难的民营企业重点支持。

金融现代化的深层内涵在于服务中国经济转型，扩大金融业开放是中国对外开放的重要方面，将在倒逼国内改革、解决开放不充分问题、获取全面市场经济地位等方面发挥重要的作用，进而服务于新时代中国经济整体转型的需要。过去四十余年的对外开放解决了中国经济起飞过程中稀缺的资本、技术等问题，让中国制造成为全球产业链的重要组成部分，但也催生出不少结构性矛盾。以金融开放为抓手，不仅有助于实现“金融活、经济活；金融稳、经济稳”的目标，也是中国金融业进一步融入全球金融业的必然需要，更关系到全方位开放的顶层设计、要素市场化改革、经济结构转型、国家整体安全等。通过在金融领域与国际接轨，实现市场准入、国民待遇、负面清单等高标准，将倒逼国内改革，为中国获得全面市场经济地位奠定坚实基础，也将推动中资金融机构强化竞争和风险意识，助力其发展转型。进一步深化金融对外开放，不仅有助于国内金融市场的发展，也有利于人民币在不同领域的国际使用。在扩大金融开放的助力下，资本输出和金融市场交易将渐次取代国际贸易，成为人民币国际化的主引擎。总体来看，金融开放顺应了从跟随到引领的大国崛起之路，依托于人民币国际化和“一带一路”建设等机遇，金融将成为中国与世界深度融合的纽带。最终，在以市场经济规则为核心的全球经贸体系中，中国也将受到各方认可，获得全面市场经济地位。

2. 以金融监管改革引导金融市场的现代化建设

党的十九大以来，中国经济金融体系改革进入快车道，监管体制改革和政府机构改革也大步向前。一方面，中国金融顶层设计对于监管范围、内容、力度相应地扩张和强化以及监管标准的进一步统一，正在配套补齐制度短板、填补监管空白。比如，原银监会和原保监会的合并，有利于统一监管标准、消除监管套利，进一步提高中国金融体系的有效性和稳定性。另一方面，一系列金融新政的出台致力于打破“刚性兑付”，挤出无风险利率中的虚高水分。同时，推动穿透式监管全覆盖、治理市场乱象，使投资风险与收益合理匹配。在推进金融现代化、完善金融治理体系的进程中，金融监管改革还应进一步提速优化，更进一步加强和提升金融为实体经济服务的有效性，加强对金融资本的宏观调控和引导、对金融风险的把控，实现由市场追随者到引导者的质变，培育秩序与自由统一、效率与稳定兼顾的金融市场。

第一，更新金融监管思维，适应市场化改革方向。一方面，强化金融监管动态思维。全球金融态势起伏不定、中国改革持续深化，中国金融市场不可能保持静态。监管是为了使市场有序发展，有序包括了有秩序、有步序。有秩序是指市场应当在何种均衡点上发展；有步序是指当今的均衡点要和现阶段的优劣势相匹配。从短期看，是让市场在框架内根据目标均衡点动态平衡。从长期看，是根据历史发展的阶段，不断调节整体机制，根据新时期的目标平衡点，实现动态平衡，进而形成市场可持续的良性发展状态。全球金融业务规则和环境在不断改变，金融市场的均衡也随之改变。金融市场监管需要深化改革，顺应时势，以动态均衡为监管理念，不惧创新甚至鼓励和先行创新。战略定位要有前瞻性，风险管控要有预警性，先于市场而动制定监管规则。另一方面，强化金融监管底线思维。监管目标事实上决定了市场的定位底线。要坚守不发生系统性、区域性风险的底线，中国金融市场风险可控，但随着国内经济增速放缓，金融领域中的各类风险隐患不容轻视；要坚守法规和伦理底线，法律法规和伦理道德是一条高压线，对于可能引发风险的违规行为要坚决杜绝；要坚守消费者保护底线，消费者保护的底线是维护金融消费者对银行业机构和银行业市场的信心，尤其是必须避免发生重大的、群体性的消费者投诉和危机事件；要坚守支持实体经济发展底线，支持实体经济发展既是金融机构责无旁贷的任务，也是金融业赖以生存和发展的基础。

第二，推新金融监管措施，丰富金融监管的市场实践。一方面，以强化金融监管的有效性为首要任务。完善金融监管，应当将重心放在提高监管水平上，合理把握管制力度，鼓励、引导金融机构紧紧围绕实体经济的需要，进行市场创新、产品创新、服务创新和管理创新，从而不断增强金融业的综合实力、国际竞争力和抗风险能力。要把握住全球化中的战略机遇，在更大范围、更高层次上实现资源优化配置，提高金融业的国际竞争力。同时，切实加强和改进对复杂形势下重点领域、系统性、区域性金融风险的防范，确保金融体系安全稳健运行。要准确把握风险防控的重点，高度重视潜在的信用风险和流动性风险，加大对地方政府融资平台、房地产、“影子银行”等重点行业、领域、地区风险的监控，密切关注各类风险的趋势性、方向性变化；进一步健全系统性金融风险防范预警体系、评估体系和处置机制，加强风险提示和预警，力求做到对重点领域、系统性、区域性风险早发现、早干预、早处置。另一方面，需要建立科学、适度的资本监管制度。次贷危机中，发达国家部分私人金融机构过分逐利的冒险活动给纳税人带来了沉重的负担，我们应根据国情，更多地考虑资本要求的合理性和适度性。

第三，对金融创新“疏”“堵”并举，有序释放市场活力。对于金融市场的现代化建设而言，金融创新始终是一把“双刃剑”。如何平衡由其带来的风险隐患和市场活力，将是未来金融监管的核心之问。对此，以下几点可以作为参考；一是为金融创新提供更为有力的引导，确保金融机构开发的金融产品符合实体经济发展需要、与自身的风险控制水平相协调，遏制创新主体过分逐利的冲动。特别是要鼓励金融机构将金融创新引入风险管理，发挥衍生工具和证券化等创新产品风险“吸收器”和市场动荡“减震器”的作用。完善创新产品的信息披露制度，动员更多的市场主体参与到对金融创新的风险监控之中。二是为金融创新提供更大的空间和更安全的保障。金融监管应对金融创新有更大的“包容性”，可通过鼓励综合化经营、推进利率市场化等放松对创新主体的约束；通过发展包括资产支持类证券、股指期货等在内的衍生品市场，延伸金融机构的创新边界。建立宏观审慎的监管制度，防范系统性风险对金融创新的冲击；鼓励金融机构健全风险管理制度，提高对创新产品风险——收益的评估水平。三是以金融文化建设为保障。构建与新时代发展相呼应的金融文化，是金融业保持稳定、发挥作用的前提和基石。金融业的日新月异、金融市场的瞬息万变，令现行法律体系出现一些未能覆盖但又亟须法制保障的立法盲区。由于中国各类金融大法的立法和修改周期过长，各类监管机构只能根据创新的要求，运用临时制度和政策对原有法律采取“打补丁”的方式来应对。应进一步发挥伦理文化的作用，一方面加快立法和修法进度，积极规范科学完备的法规体系，通过废除、修改、补充和制定等手段，及时对现有的金融监管法律、法规和规章等进行清理和重建；另一方面通过积极构建、培养和形成新时代金融伦理文化体系来加强金融稳定的长效机制，完善中国金融监管体系。

3. 以金融安全夯实民族复兴的力量基础

在第五次全国金融工作会议上，习近平总书记指出，金融安全是国家安全的重要组成部分。近年来，针对全球贸易博弈和国际金融市场波动的持续加剧，中国金融安全从技术层面上升至治国理政的战略层面，“金融稳、经济稳；金融强、经济强”的发展目标逐步确定。当前，从党的十九届四中全会的新起点出发，面对更加复杂的国际金融环境，我们认为，保障金融安全将成为完善金融治理体系的核心内容之一，从而为国家治理体系提供安全保障，为民族复兴夯实力量之基。

第一，金融安全是国家安全的重要支撑。首先，金融是调整资源配置、支持国家安全的高效利器。在过去 30 多年市场经济体制改革中，金融的改革、开放与发展，有力地发挥了协调利益关系、优化资源配置的优势，是国家利益最大化的关键支持力量，维护和促进了中国国家安全。随着改革开放走向“深水区”，更多的风险不可避免，充分发挥金融在资金供给、效率供给、信息供给、政策供给方面的多渠道功能，为国家安全领航、护航是新时期中国的客观选择。其次，多元化融资体系为维护国家安全输送资金支持。多元化融资体系能够为一国文化产业、军工产业、高新技术产业、“走出去”产业、环保产业的发展提供持续稳定的资金支持，巩固提升文化软实力、军事硬实力、科技新实力以及经济远航能力和可持续发展能力。对于国家安全而言，在多元化融资体系的培育之下，多层次、多领域的金融创新也是提升各项子系统运行效率的重要途径。

此外，多维度金融数据为维护国家安全提供关键信息。对于天然具有数据属性的金融业而言，能够通过多维度金融数据为维护国家安全提供关键信息。金融账户的开设与变动信息为国家安全系统提供重要监测对象；金融账户的异常资金流动为维护国家安全提供预警信号；金融市场上相关资产价格的重大变化也为维护国家安全提供关键信息。此外，随着金融机构将大数据转化为信息和知识的速度与能力不断提升，通过对大数据的分析、挖掘和应用以及整合金融机构业务经营及内部系统数据、社交媒体网络行为数据和各种外部公共数据，可以为信贷征信提供风险评估，判断金融环境变化及发展趋势。更重要的是，还能为反洗钱、反欺诈等提供重要的预警信息，为提前应对安全隐患提供支持。

第二，金融安全是民族复兴的主要基石。全球化不仅意味着生产要素的流动跨越国界，还意味着各国政策的影响相互交叉。金融安全的核心是国家利益，每个国家追求自身利益最大化的过程不可能是自发统一和协调的，而是充满了对立和冲突。因此，全球化背景下的金融安全博弈，是一种非合作的多重博弈，过程复杂。混乱和无序是国际金融运行的本质和常态，有序是短暂的，混乱是长期的，国际金融秩序的发展就是在“长期混乱→短期收敛于有序→长期混乱”的过程中实现的。2018~2019 年，伴随全球地缘冲突升级，国际金融市场振荡加剧，正是这一规律的体现。在混乱的国际金融博弈中，如果失去金融安全保障，将难以实现国家利益的帕累托最优，在长期受制于人的情况下，一国很容易不知不觉就掉入了“温水煮青蛙”的困境。谁占据先机，谁主导格局，谁就能获得更有利的发展契机，博弈论中的斯塔克伯格模型就已论证了乱中有为对于占据先行者优势的重要性。

就中国而言，国家金融安全的关键在于防范系统性金融风险，确保金融充分支持实体经济，并以此作为实现中华民族伟大复兴“中国梦”的主要基石。从技术上看，国家金融安全的底线包括以下内涵：一是金融体系不爆发系统性风险，金融体系对实体经济的资金融通主要功能不被抑制；二是国家物价稳定，CPI 同比增幅长期不超过警戒线；三是国家主权货币币值稳定，兑换主要国家货币汇率不发生巨幅波动；四是国际资本流动顺畅但不过度，不发生大进大出风险；五是银行业运转正常，不良率不超过资产利润率；六是政府和企业负债保持适度，债务风险可控，不发生企业废债风潮和主权债务违约事件；七是金融市场流动性充足，不发生支付危机，货币资金价格不过度波动；八是金融改革对金融机构整体的冲击有限，即便利率市场化等因素导致行业竞争加剧，系统重要性的金融机构也不出现亏损；九是民营金融机构和互联网金融等新生金融力量有序进入市场，不发生非理性的恶性竞争；十是保险行业和证券市场稳定发展，不发生恶性道德风险事件和突然性的股市崩盘。

伦理文化在应对危机方面有着不可替代的作用，在习近平新时代伦理思想的指导下，我们可通过以下几点来推进我国的金融现代化建设，推进国家治理体系和治理能力现代化。

### （一）加强政府引导和财政投入，建立金融安全的伦理文化屏障

金融危机和经济危机正在改变着世界，也改变着中国，世界和中国都正在迎来一个崭新的后危机时代。金融危机就其表象来看是经济事件，但隐藏在内部的深层次原因一定是背后的伦理原则和价值观念。正如著名经济学家韩秀云所指出的那样，导致美国金融海啸的真正祸根，并不是华尔街的金融创新或者次贷危机，而是美国的毫无节制的消费文化和私利至上的文化，而归根结底是美国至上的思想和文化。也正是美国文化的驱动力，才导致竞争趋利行为催生了今天层出不穷的赚钱、圈钱、借钱甚至送钱等无所不用其极的手段的出现。次贷问题只不过是金融海啸的导火索而已。也正如温家宝总理在剑桥演讲时所指出的那样：有效应对这场危机，还必须高度重视道德的作用。道德缺失是导致这次金融危机的一个深层次原因。因此，建立国际金融新秩序，必须实行理念创新，树立伦理文化保护的理念。理念创新是发展的活力源泉，也是金融风险防范和金融安全的重要活力源泉。要通过伦理文化保护理念创新，实现伦理文化保护的制度创新和机制创新，实行有中国特色的伦理文化保护战略，进一步提升金融风险防范和金融安全保障的能力。

后危机时代的反思，越发使世人认识到了过度的自私和贪婪的反伦理行为是当今金融危机发生的深层次原因，必须清醒地看到重塑道德伦理文化对于当前维护金融安全、确保经济健康可持续发展的重要性和迫切性。在中国这样一个具有悠久历史文明的东方大国，伦理思想是传统文化的一个重要组成部分，可以说整个社会文化都呈现伦理型的特点。正如彼得·圣吉在中文版《第五项修炼——学习型组织的艺术和实务》的序言中特别指出的那样：“你们（中国）的传统文化中，仍然保留了那些以生命一体的观念来了解万事万物运行的法则，以及对于奥秘的宇宙万物本原所体悟出极高明、精微和深广的古老智慧结晶。”由于种种原因，中国在近现代历史上经历了长时期的低谷后，20 世纪 70 年代末开始的改革开放推动了中国社会主义市场经济的进程，中国迅速在世界东方崛起。改革开放和社会主义市场经济宣告了中国的崛起是和平的崛起，既表现为经济能力的巨大提升和社会繁荣进步，更重要的是表现为中国传统优秀伦理文化的全面复兴，相伴随的是中国人的道德人格的提升以及道德实践能力的增强。“一场百年不遇的危机”必将对中国经济的结构性调整，以及传统道德复兴和现代道德建设产生深刻的影响。近代以来，在资本主义强势物质文化及其竞争思维的影响下，包括中国在内的发展中国家，在现代化进程中目光一度西向甚至西化，以致出现了许多“移植性灾难”，走了弯路。也同样是“一场百年不遇的危机”给予世人以警醒：范式不能照搬—— 一个国家走什么样

的道路，应该由这个国家的人民自主选择，应该是基于国情的历史性考量；伦理不能缺失——经济社会发展必须建立在伦理道德和文明进步的基础之上。

我们在重新认识文化力对于经济社会的重要意义的时候，更应该把这次金融危机和经济危机看作是一种警戒，视为重塑价值观念、伦理原则的信号，在重新确立、回归优秀传统伦理文化和弘扬社会主义文化的努力中，构建并发挥中华民族优秀传统伦理文化力的正能量，才能有效地防范和抵御金融风险，更好地保障国家金融和经济安全。我国政府在对中华优秀传统伦理文化的继承和发扬方面一直都很重视，但就当下我国的发展实际需要来看，仍需要加强政府在全社会范围内的积极主动宣传和引导，加大财政在基础教育的普及和推广、投资者保护、社会信用评级体系建设等方面的投入和支持力度，积极培育和弘扬以“爱国、创新、包容、厚德”为代表的有利于我国经济和社会和谐、稳定、可持续发展的先进社会主义伦理文化。

基于伦理文化保护的理念创新过程，实质上也是一种经营理念上的“道德转向”过程，就是要用人本、爱国、和谐、中庸、忠孝、合作、包容、诚实守信、勤俭节约等道德伦理精神，来约束和克制经济活动中的弄虚作假、尔虞我诈、自私贪婪、无度竞争等不道德行为以及现实中存在的商业贿赂、权钱交易等反伦理行为。经济主体的种种不道德行为的存在，是关系到企业信誉、客户信任以及金融企业乃至整个金融经济体系能否建立稳定可持续发展的长效机制的重大问题，因此，金融发展理念创新的一个很重要的内容，就是要实行经营理念上的“科学化”和“伦理化”。

基于伦理文化保护的理念创新，除了中国优秀伦理道德的弘扬和进一步确立之外，从后危机时代市场经济发展的实际需要出发，还要在金融活动过程、实行经营理念上的“科学化”和“伦理化”以及坚持市场经济基本原则的同时树立以下基本理念：

第一，伦理文化建设成本最小化。成本最小化是市场经济的基本要求，也是节约美德的体现，它应该包括相关过程所支出的所有成本费用。防范风险的一切行为包括企业伦理文化建设，都要耗费一定数量的人、财、物等管理成本，这些费用支出都应该属于成本因素，因此，企业必须在坚持物质成本最小化的同时，努力用较小的伦理文化建设费用支出，来规避未来较大的不确定的道德风险。

第二，规章制度严肃化和人性化的统一。科学的规章制度是企业运营效率和效益的可靠保证，但是严格的规定又可能限制人的主观能动性和创造性。以人为主体的经济活动，必须贯彻以人为本的伦理原则。而且，以人为本又是充分发挥人的主观能动性和创造性的现代管理原则要求。因此，实行规章制度严肃化和制度人性化的有机统一，是基于伦理文化保护的理念创新的一个基本要求。

第三，手段合规化与道德伦理化的统一。市场行为的规范必须依靠法律法规的支持和维护，一切经营手段都必须以不违背法律法规为前提。市场行为又必须坚持诚实守信的伦理原则，尔虞我诈、弄虚作假的种种不道德行为，不仅会破坏正常的市场秩序，突破法律法规的界限，也造成腐败和堕落而引致风险的发生。但是，强调市场行为的道德伦理要求，又绝对不能以防范和规避道德风险为由，制定出一些与现行法律相反的规定。所以，必须树立手段合法化与道德伦理化相统一的创新理念。

第四，风险防范意识日常化和伦理教育正常化的统一。经济活动以及金融过程中的风险不是一种偶然发生的现象，而是经常性的和长期存在的，要认识到防范金融风险和经济风险是一项长期的任务。道德风险是人性中丑陋和消极面的外溢性行为，道德伦理的潜移默化性决定了不可能依靠自觉性来自我消除自身的劣根性，需要教育来灌输和确立正确的伦理道德。因此，必须树立风险防范意识经常化和伦理教育正常化相统一的创新理念。

第五，坚持经济利益和社会责任相统一的创新理念。追求经济利益最大化是经济活动的根本目标，是一种与生俱来的和无可厚非的要求。但是，对于经济利益的追求，绝对不能偏离社会发展的轨道，不能背离人的全面发展的本质规定。因为，经济活动是以人为本的活动，如果使用非道德的手段攫取利益，无所不用其极地去争取一己私利，那么这种利益最大化的实现就违背了人类社会发展的根本宗旨。企业在追求自身利益最大化的同时，必须履行应有的社会责任，不能认真履行社会责任的企业，同不能诚实经营的企业一样，都是不能继续发展的。因此，市场经济新时期的一个根本要求就是，必须坚持经济利益和社会责任相统一的创新理念。

第六，坚持理论创新和实践发展相统一的理念。坚持理论和实践相统一，不能认为是一种普遍了解的原则，更不能简单地看作一种老生常谈。实践是一个动态过程，理论必须随着实践的发展而发展。因为，“金融海啸”已经改变了世界，建立国际金融新秩序的实践，以及加强金融风险防范和国家金融安全的实践，在新的历史时期提出了新的要求。新的实践要求必须有新的理论指导，必须进行理论创新，才能适应新实践的需要。要建立稳定的金融体系和国际金融新秩序，都必须有新的金融理论来支持。金融理论创新首先是一种思维系统，它涉及货币政策、金融监管、微观金融行为和涉外金融因素等各个方面的理念创新。金融理论创新过程要求优秀的传统伦理道德与当代的和平发展以及合作共赢理念的有机融合。

## （二）基于伦理文化的金融安全制度创新

创新是发展的灵魂。制度安排是发展的基础和实践的保障。中国金融业今天所取得的举世瞩目的成就，一个很重要的原因，就是在40多年的改革开放过程中不断地实行金融制度创新，逐步地建立起了一整套有中国特色的金融制度安排。在后危机时代，反思“金融海啸”的经验教训，建立国际金融新秩序的历史任务，提升金融风险防范能力和保障国家金融安全的现实需要，都要求我们必须进行基于伦理文化保护的金融制度创新。

后危机时代，中国伦理文化保护的制度创新，一方面要在克服现有金融制度安排的缺陷或者漏洞中加强道德伦理因素的保护，另一方面要有与时俱进的制度创新，才能不断完善有中国特色的金融制度安排。

### 1. 克服“市场化悖论”，加强伦理文化保护

中国的社会主义市场经济经历了30多年的高速增长，有许多领域的改革已经进入深水区，金融领域所表现出来的枢纽作用使其进一步深入改革成为首当其冲。在金融改革中的制度安排上，进行市场化改革是重点也是难点，它将决定着金融的健康运行和支持经济持续发展的作用。在过去30多年的改革开放过程中，中国金融改革过程的制度安排存在着明显的“市场化悖论”，以市场配置资源为主是市场经济的要求，也是市场经济条件下金融制度安排的基本要求，国家对于金融长期保持的控制甚至垄断有悖于市场经济健康发展的要求，这种兼顾双重目标的取向造成了极大的不确定性和改革风险，也是我国金融风险时发的重要根源之一。

我国经济目前面临来自通货膨胀以及经济下行的威胁，解决现在短期的失衡问题，促进长期的可持续发展，就必须转变经济发展方式。实施金融市场化改革的金融制度创新，是实现经济发展方式转变的保证。但是，历史的经验教训说明，市场化过程中的金融制度安排，如果缺少了相应的伦理文化保护，就可能发生道德沦丧，产生金融腐败，进而使金融制度安排失灵和走向歧路，最终会引起金融危机的爆发，因此必须重视金融市场化改革以及金融制度创新中道德伦理因素的融入和有机结合。加强金融监管、利率市场化、人民币可自由兑换、外汇储备管理和民营金融等深度改革，构建逆周期的金融宏观审慎管理制度框架，是下一步我国金融体制改革和金融制度安排的重点和难点。因此，基于伦理文化保护的金融制度创新，必须贯穿这些改革和制度安排任务的全过程，金融监管中的以人为本原则、金融产品定价和利率市场化中的国情考量、人民币可自由兑换中的历史人文因素考虑以及民营金融发展的规范化、合理性和阳光性要求，都是金融制度创新必须认真研究的重要内容。

克服“市场化悖论”，加强伦理文化保护制度建设的基本要求：一是要克服计划经济的行政管理方式，加强金融企业的合规性管理。金融企业通常具有高负债率、高风险性等特点，因此又被认为是一种经营风险的经济组织，计划经济条件下形成的国家垄断式的、行政命令式的管理方式是不可能适应这种风险管理的需要的。虽然说，通过 40 多年的改革开放，我们在金融管理的制度安排上已经较大地改变了国家垄断式的、行政命令式的管理方式，但是长期以来形成的“路径依赖”以及渐进式的改革，使得我们的金融管理制度安排至今还存在国家垄断式的、行政命令式的“市场化悖论”的表现。“金融海啸”中所折射出来的种种金融腐败、道德沦丧行为，是对合规管理的扭曲，它从另一方面提醒我们，国家垄断式的、行政命令式的管理方式和非道德的管理行为，都是不符合合规管理要求的，都有可能导致金融风险的发生。巴塞尔委员会把合规风险定义为“银行因没有遵循适用于银行经营活动的法律、监管规定、规则、相关自律性组织制定的标准和行为准则可能导致法律制裁、监管处罚、重大财务损失、声誉损失的风险”。合规管理，就是按照市场规则的管理，一般包括：市场行为准则的管理、保证竞争过程的公正性的管理、协调管理利益冲突的管理、公平对待消费者的管理，反洗钱管理、反恐怖融资和税收方面的管理。因为，随着市场实践条件的不断变化，金融监管规定以及法律、规则的内容也会随之不断地发生变化，合规管理也因此成为一个不断革新的过程，对合规管理的要求很高，要求在加强公司合规文化建设中，定期评估合规性风险管理的有效性，不断改进合规管理的内容和方式方法。

二是要在以人为本原则的指导下，建立公正和谐的公司内部生态机制。以人为本思想是中国传统伦理文化对世界的一个重要贡献，早在春秋战国时期的大思想家管子，在人类思想史上第一个明确提出了以人为本的概念，并且成为几千年中国封建社会持续发展的一个根本的管理原则。以人为本也是现代市场经济管理的一个经典原则，是现代市场经济管理实践的结晶。但是，在西方的古典管理中，人仅仅被当作一种“会说话的工具”而被列入生产要素之一，古典经济学家的“经济人”假设又规定了人的自私性，制约了人的积极性、主动性和创造性的发挥，有碍经济社会的健康发展。尽管在后来长时期的市场经济发展中，“人本管理”最终战胜了泰勒的“科学管理”，“社会人”假设的出现宣扬了道德伦理，但是，“经济人”的利己性假设所培育的利己主义的资本主义思维方式和无德贪婪的攫取利益的方式，还是一次又一次地引发了经济危机和金融危机。“人本管理”原则以及“社会人”假设，要求以人为中心来进行经营管理活动，要尊重人格、重视人才，和谐团结，注意发挥人的积极性、主动性和创造性，才能实现经营管理的最佳效率和效益。因此，公平待遇、尊重人格、重视人才、关爱健康、支持学习和升迁、重视安全和福利，是建立公正和谐的公司内部生态机制的主要任务。

三是要培育“适度消费”的伦理原则。生产和消费是一对矛盾的统一体。经济社会的健康发展，要求我们必须正确地处理好生产和消费之间的关系。生产决定消费，但是消费增长即存在新的需求是拉动发展的重要力量。生产和消费的关系需要双向调节，一方面要通过改进技术、发展生产，为消费水平的提高创造强大的物质基础；另一方面又要通过消费的提高来促进生产的发展。但是，绝对不能为了高消费而提倡超过支付能力的消费。那样的结果只会损害经济基础；更不能提倡追求享乐的超前消费、奢侈消费。像美国精神在“经济人”的利己性假设的长期熏染下形成的极端利己主义和超前享乐的追求，以致引发了一次又一次的金融危机乃至“金融海啸”。“适度消费”既是勤俭节约美德的要求，也是基于历史的经验教训的明智选择。适度消费的制度安排，需要道德调节，需要依靠伦理文化的力量。

四是要有全方位的协同努力。金融活动涉及多元主体，因此，加强金融伦理建设，进行基于伦理文化保护的金融制度创新，不仅需要国内的共识和上下一致的努力，而且还需要各国政府与金融行业达成共识，以及相关国际组织的共同努力。首先，要在维护全球金融稳定和建立国际金融新秩序的努力中，从国际层面的金融制度中安排确立新的金融伦理规则，诚实守信、公平公正、和平、合作、发展和共赢应该成为基本理念和核心内容。其次，在历史的反思和加强国际交流中，推动各国政府大力加强金融信用体系建设，带头使用相关的信用数据产品，运用信息化技术加强征信数据的开放与共享；加大对金融市场的监管力度，认真履行职责，维护公平的金融市场秩序。再次，充分发挥现代传媒的作用，大力推进诚信宣传与教育，营造共建金融伦理的浓厚氛围。最后，强化各类金融主体的伦理意识与伦理精神，加强对员工的金融伦理教育，加强行业自律和制定相关金融伦理细则，等等。

### 2. 金融道德风险防范制度安排的理论模型

防范金融道德风险必须有总体考虑，要有全面谋划和顶层设计，要有序进行、有效推进。反思金融危机和经济危机的经验教训，金融道德风险防范的理论模型可以由教育、制度、自律等基本制度安排以及相应的激励机制的有机结合构成，教育是基础，制度是根本，自律是关键，相应的激励机制则是制度安排实现的保证。通过法律法规的支撑和伦理文化的力量形成一体化的“全方位协同”防范系统：一是要加强教育体系建设，一方面加快金融知识的普及与推广，加强投资者的自我保护与风险防范意识，另一方面通过常态化的伦理文化教育，树立整个金融市场体系的道德伦理品质，以培育金融主体思想行为的免疫能力和提升积极性、主动性、创造性；二是要加强风险防范制度体系建设，通过激励机制的运用，充分发挥伦理文化的力量，以产生吸引力和提升主动性；三是要加强自律体系建设，通过道德教育和激励，加强监管的力度和效率，提升自我约束和自觉行动的能力和提升创造性，由此联合各方面的积极因素和调动一切可能的正能量，形成“全方位协同”防范系统。在“全方位协同”防范系统的建设过程中，首先要坚持统筹兼顾的考量，各个体系要在兼收并蓄的基础上，尽可能做到内容科学、系统完善；其次要注重执行力的机制设计，强调协同努力，形成合力，才能更有效地防范金融风险、保障金融安全。

（1）教育体系建设是“全方位协同”防范系统的基础性制度安排。在教育体系建设中，包括伦理文化教育的嵌入和融合。要通过全方位的努力形成合力，首先必须要重视教育的基础性制度安排。市场经济过程中发生的种种败德行为，“经济人”的利己性假设所培育的利己主义的资本主义思维方式和无德贪婪地攫取利益的方式起到了很大的作用，但是归根结底还是人性脆弱和劣根性的外泄所致，外部影响条件只是起到了一种催化剂的作用，经济主体自身的劣根性才是造成败德行为的决定性因素。人性的脆弱和人的内在的劣根性是不可能自行消除的，必须依靠外力的作用去改变和克服。人的思想行为要受到社会生活的各种影响，思想教育是一种能够深刻影响人的思想行为的重要方式，所以，古今中外所有的国家都把教育作为立国之本。因此，基于伦理文化保护的制度建设，必须加强教育体系建设，重视发挥思想教育的作用，通过科学的、常态化的道德教育，逐步让人们树立良好的道德品质，才能不断地加强经济主体的道德规范，全面提升防范道德风险的能力。

思想教育是个宝，共建还是看实效。在改革开放过程中受西方拜金主义的影响和侵蚀，以致我国社会中产生了这样一种认识——“理论是虚的，理想是远的，教育是软的，权力是硬的，钞票才是实在的”，这是一种信仰失位的现象，必须引起我们的高度重视，同时这也从另一方面提醒我们加强思想教育的重要性。当然，纯粹的“道德教化”是虚幻的，要把思想教育工作落到实处，用马克思主义的基本原理结合改革开放成绩卓著的现实进行生动、直观的教育，才能逐步地帮助人们树立科学发展观和对于和谐社会主义的信仰。在思想教育中，缺乏针对性、实效性的形式化也是不可取的，官话、大话、套话、空话更是要不得的，而那种言行不一、“学而不信”“学而不用”“会上讲道德，会下败坏道德”的行为更是必须要予以清除。

检讨道德教育存在的薄弱环节，面对市场经济带来的挑战，需要我们进一步完善道德宣教工作格局，切实增强教育的针对性、系统性和实效性，从全民教育、行业教育、职业教育、企业文化建设等各个方面，全方位地构建伦理文化防线，并且和全民遵纪守法的纪律、法律防线的构建相互配合，以形成金融风险防范的巨大合力。

加强道德教育，构建全方位的伦理文化防线的基本要求是：第一，要千方百计地扩大教育对象的领域、范围和参加人数。要努力实行全民伦理文化教育，逐步把道德教育纳入社会教育和国民教育体系，从幼儿教育抓起，涵盖人生的全部过程，才能广泛地树立和提高道德伦理品质。示范性的效应是巨大的，领导的榜样是最有说服力的。因此，要以党员干部特别是领导干部的道德教育为重点，以"八荣八耻"原则为基本要求，充分发挥党员干部的模范带头作用，推动道德文化进入家庭、农村和社区，全面提高国民道德水准，在全社会形成讲文明、讲道德、诚实守信、扬善惩恶、倡廉敬贤、勤俭节约的大环境，才能建立良好的金融生态。第二，教育内容要丰富多彩，主题要鲜明，有选择地、有主题地编写专题教育教材，重点选用中国传统伦理文化的优秀内容，也可以选择一些世界各国在实践中被证明有益的道德伦理观念；同时，要注意结合实际情况以及教育对象的思想实际，不断丰富和提升教育内容，综合性地开展一般的道德教育、职业性的道德教育以及社会公德教育，推动教育效果的不断提高。第三，教育形式要活泼生动，不要"一言堂"和说教式的灌输，努力改变单一的灌输式教育模式，采用群众喜闻乐见的方式，广泛运用演说、研讨、戏剧、小品、相声、电影电视、报纸杂志、互联网等多种载体，努力进行贴近生活、贴近群众、贴近社会实际的生动活泼、丰富多彩的教育，增强教育的吸引力、感染力和说服力，加强人文关怀，开展心理疏导，全面提高人们的生活质量和精神境界。特别要注意发挥新闻媒体的优势，加大新闻宣传教育力度，形成讲道德的良好舆论氛围。第四，教育理念要新、起点要高。要根据现代社会的特性和人性的现代化特点，从以人的抽象化、理想化的人格为本，到以人的自由而全面发展为本，以培养充满活力、和谐发展的人，真正实现人的个人价值与社会价值的统一。

（2）金融风险防范制度安排是一项复杂的系统工程，大体上包括金融组织、金融结构、金融模式、金融管理、金融产品和服务等多方面的内容，需要分门别类地逐一进行设计选择，更要求在金融实践过程中不断地充实、更新、丰富和发展，才能形成"全方位协同"防范系统的根本性支撑。这一个庞大的系统工程的完成，需要国家层面的团队以及上下左右的协同努力，本章首先要阐述的是"全方位协同"防范系统理论模型的基本内容，在下面的部分还要对风险防范制度安排的主要内容和基本要求进行初步的分析。

特别需要指出的一个重要问题是，在所有风险防范制度的设计选择中，都要重视和加强制度安排过程的去伪存真、破旧立新。新制度经济学认为，制度是一个社会为了决定人们的相互关系而人为设定的一些制约。制度是一整套规则、应遵循的要求和合乎伦理道德的行为规范，用以约束个人的行为。加强制度建设中的伦理文化要求，是对金融制度安排的丰富和补充，可以发挥制度本身和伦理文化的双重力量，来加强金融主体的行为规范，所以也是防止和遏制道德风险的根本性途径和有效措施。在现实中，当金融体系的制度安排鼓励人们更多地从事破坏性的行为而不是建设性的行为的时候，道德风险就出现了。在金融风险防范过程中，制度安排起着极其重要的作用。金融风险有许多是源于滥用权力，是权力腐败的结果，所以要把权力关进制度的笼子里。《三国志》有言，“扬汤止沸，弗如灭火去薪”，同样，用釜底抽薪的办法，也是解决道德风险问题的好办法，依靠制度建设来防范道德风险，从理论和实践上来说，都是一种釜底抽薪的好办法。

我国的金融制度安排已经取得了很大的成就，改革开放对于国民经济高速发展的支撑作用以及在应对金融危机中的显著成绩，就是最好的证明。但是，后危机时代的反思告诉我们，现有金融制度体系中还存在缺陷，因此也产生了一些问题和风险因素。违反道德准则的风险行为在现实中主要表现有：失公风险、失信风险、失真风险、失序风险、失节风险、失职风险等，而诱发道德风险的原因，又是由于制度的失位、缺失、错误、时空差、模糊、可操作性差、执行力不够等缺陷，为道德风险的生成留下了制度空间。这些缺陷、问题的存在和出现，既是计划经济体制下产生的国家垄断、行政命令方式的一种“路径依赖”，也是经济社会转型时期道德迷失的深层次原因，因此可以说是一种“滞后”性制度安排。其主要表现在三个方面：第一，也许是渐进式改革使然，或者是利益链条的原因，使得金融制度安排的“市场化悖论”迟迟得不到解决，国家垄断、行政命令的表现时时抬头。第二，也许是由于经验和专业知识的限制，使得金融制度安排缺乏远见性、权威性、预防性和可操作性。因此，导致在金融制度实践过程中，出现了许多“缺位、失位、越位、不到位”的现象。一些本该由法律规范的惩治腐败的廉政立法滞后，在现实中就不得不依靠党内的一些规定、部门的行规或者是企业的规章制度来进行“越位”处理，国家在法律上的“缺位”，导致了金融制度安排上的“失位”，又使得党内法规、部门的行规和企业的规章制度“越位”，无可奈何地让党、部门和企业管起了很多不需要管或者是根本不该管的事。而许多行规和规章制度由于不具备法律效力，就只能够停留在所谓的“要”“不准”和“禁止”等缺乏约束力的文字要求上，根本没有可操作性，只能是寄希望于自律和自觉，硬性惩戒作用不强，存在着较大的主观随意性。第三，制度的执行缺乏严肃性、强制性、约束力。执行过程流失于宽、流产于软，有令不行、有禁不止，“有纪有法不依，执纪执法不严、违纪违法不究”的“毛病”特别突出；上有政策、下有对策，有利的就执行、不利的就变形，“有形的制度硬不过无形的权力”成为一种普遍的不良现象，从而使法规制度在实际执行中变了样，“不完善的制度”加上不完备的执行成了防范道德风险的一个“致命的软肋”。

建立健全预防道德风险体系，要着力解决制度不完善的问题，同时努力提高制度建设的质量。为此，要在积极推进完善管理体制上做文章，按照与时俱进的要求，根据后危机时代建立国际金融新秩序所面临的新的形势和新的实践，及时更新和丰富金融制度安排，及时进行金融制度创新的设计。比如，建立宏观审慎的管理制度，就是现实提出来的一种金融制度创新要求，这种创新性的金融制度安排，没有可以参照的指标数据，也没有多少可以借鉴的案例典型，有许多新的问题需要去研究，要高质量地进行宏观审慎的金融管理制度安排，必须要加倍的努力和付出，需要依靠团队的协调和大量的投入，在不断的探索中去逐步完善。同时，要提高金融制度建设的质量，还必须适时地把一些重要的政策上升为法律，才能实现以权威和强制力保证金融市场的健康运行。高质量地进行金融制度设计，还要求把相关的法律法规、政策规定、规章制度安排得非常具体管用、严密科学、全面系统，才能更具有针对性、可操作性和规范性，为此，要力争做到表达清楚、用词准确、概念明晰，尽量减少过于原则、多义、含糊的用语；要尽量避免制度出台的主观随意性，出台前要举行听证、研讨和普遍征询意见等多种有利于改进和完善的方式，在基本成熟的时候再择机颁布出台，以保证制度安排的严肃性。

解决制度不完善的问题，除了要及时进行制度创新外，还要抓紧对现有的法律法规、方针政策、规章制度进行梳理，坚持正本清源，改正错误，补充新内容，剔除过时的内容，完善有缺陷的内容和体系，包括制定实施细则，使对照有准绳、执行有依据，以确保制度内容的完整性和措施的科学性。在具体制度实质内涵方面的设计上，要重视和坚持制度的伦理观，努力体现立意的道德性要求，所蕴含的道德伦理观念及其价值取向，尽可能地贴合当前的现实状况，还要能够前瞻性地引导社会主体行为方式。

基于伦理文化保护的金融制度建设，贵在落实。因此，一是要加强对于立法、执法全过程的监管，克服监督意识淡化的现象；同时要有制度执行的相关规定，包括奖惩和激励方面的措施内容，以便有法可依、有据可循、有规可行，执法有度，才能使得常规性的督促检查不流于形式，真正形成能够按章办事、靠制度管人的科学的执纪执法体系。执行力和监督意识淡化，也来源于对监督缺乏自觉性和责任感；对监督者来说，也存在着怕得罪人而“不敢监督、不愿监督和难以监督”的意识。二是监督机制不顺。现行的监督关系不顺，容易出现“端谁的碗受谁的管，吃谁的饭为谁干”“看得见的管不着，管得着的看不见”“顶得住的站不住、站得住的顶不住”的现象，造成监督功能的弱化。三是监督渠道不畅，道德风险的信息特别是前兆性信息不对称。我国现行监督机制有许多软弱乏力、形同虚设，存在着大量的“虚监”“弱监”“漏监”和“空监”现象，面临着监督重点难突出、监督体制难解决、监督条例难落实、监督关口难前移的“四难”局面。

加强道德监督制度建设的基本要求是：首先，要在制度安排中，严格明确利益关系，避免形成监督者和被监督者的利益共同体，通过规范监督者和被监督者的责、权、利，使监督者能够彻底摆脱对于被监督者的依附，从而能够独立公正地行使监督权力。为此，必须要在机构设置、组织制度、监督者素质上予以保证，特别是对于监督者的素质要求，要有明确的道德修养方面的标准和规定，同时通过实行必要的部门或岗位的分离以及采取派驻制、事业部制等，打破“内部人控制”的格局。其次，要求有一整套相互配合和相互支持的制度设计，以提高和保证金融制度的效力，包括岗位责任制度、竞争制度、考核制度、激励约束制度等组成内部监管制度体系，以便进一步提升伦理文化的保护力度，减少各种可能的潜在的道德风险，通过制度体系的合力降低道德风险出现的概率。最后，要在贯彻以人为本原则的基础上，建立和完善人力资源制度安排。要善于运用现代化的高科技管理手段，比如信息化技术，建立人才的跟踪档案，努力实现开发和使用人才的科学性；要建立企业的管理信息系统网络，及时收集和捕捉相关信息，通过远程适时监控掌握各项经营业务活动的具体信息资料，及时发现道德风险，变事后检查为过程控制，把风险因素消除在萌芽状态之中，由此可以大大降低风险发生的概率以及风险的危害。

（3）自律体系建设是“全方位协同”防范系统能够有效地发挥作用的关键。因为制度的效率关键在于落实，落实的程度取决于执行力，而执行力不仅在于组织行为，最终的关键还在于个人的自律；有了个人的自律，才能形成组织的执行力和保证执行力的高效性。因此，从制度经济学的角度分析，自律体系建设是一种举足轻重的关键性制度安排。

“自律”一词在英文中表示为 Autonomy，在德文中表示为 Autonomie。在英文中现在又有这样一些表示：Self – discipline、Autonomy、Self – controlling。这些拼写和表示方式及其表现的意思，源自希腊文中的 autos（自己）和 nomos（法律），意指个人与法律的统一，或者说，自律是指在法律规范下的个体的自觉行为。实际上，自律还应该包括道德因素的约束，个体行为只有在一定的道德素质上，才能接受法律规范，在道德伦理品质与法律的双重作用下才能有效地形成一种自我约束力，自律行为才能最终产生。所以，德国著名的哲学家康德在其研究中，第一次在伦理学中使用了自律的概念，使得自律范畴的伦理要求成为重要的内涵，因而自律范畴进一步丰富和完善。康德认为，自律行为是所有个体在具备了一定的道德伦理品质以后成为一种“道德主体”的时候，能够超脱一切经验动机的自觉行为，自律决定于意志，是由道德法则培养的自觉服从意志，因此，康德又把这种道德主体的意志力所表现的自律，规定为一切道德法则的前提。可见，没有道德伦理品质，就没有自律；同时，在法律的作用显著的环境条件下，还必须有法律的规范，但是，法律规范的实现，也只有在伦理道德力量的支持下，自律才最终成为一种可能。因此，自律应该是一种基于个人道德品质修养的遵循法纪的自我约束行为。

中国古代文明中就有许多关于自律的明确记载，《左传·哀公十六年》中有说：“呜呼哀哉！尼父，无自律。”意思是说，如果没有自我约束的话，圣人也就不成为圣人了，说明了道德品质修养在自律中的重要性。唐代张九龄在《贬韩朝宗洪州刺史制》中指出，如果不能以好的品德自我约束，又怎么能去要求别人呢？宋苏辙在《西掖告词》之十五中指出，皇帝以恭良节俭自我要求，遵循法律制度的约束，才能够招引来慎独敬业的人才来实现天下的治理。这里已经在自律范畴中引入了遵纪守法的要求，是自律定义的进一步完善。而且，中国古代思想家在论述自律时所强调的慎独，是一种情操，它体现的是一种修养。《西掖告词》所表明的慎独，既是指进行个人道德修养的重要方法，也是指评定一个人道德水准的关键性环节。因此可以说，慎独是一种自律的典型体现。由此可以理解为，慎独是一种坦荡，是指人们在无监督的情况下，个人的独自活动完全凭着高度自觉，按照一定的道德要求和法律规范行动，而绝对不去做任何有违道德信念、违法乱纪之事。在西方哲学思想中，认为自由就是一种根本的人伦道德要求，所以对于自律范畴的理解中，强调自由和法纪，认为人是具有自由意志的道德主体，有关爱好、欲求、利己考虑等主观意识是经验动机的产物，是具有自由意志的道德主体必须摆脱的，这应该成为自律的前提条件，在这一前提下遵循法纪的规范就是一种自律。可见，中西方关于自律的理解基本是吻合的。贯彻于金融风险管理过程的自律，因此可以理解为是金融主体必须具备的道德修养和遵纪守法的自觉行为，也是一种对于金融主体的道德管理要求，既要求所有道德个体对于道德准则具备内心认同和理性实践，也要求道德主体对于共同建立市场准则和共同遵守这些准则达成共识，而且要把所达成的这些共识贯彻到企业的行为中去，为此需要自发地组建一个自律组织，以便监督自律准则的落实情况。[①]

从制度经济学角度分析，自律规则也是一种制度安排，属于一种非正式制度安排，它是通过形成于主体内心的自觉意识实现的自我监督和自我约束。作为一种非正式制度安排，虽然也要求具有严格性和针对性规定，但是它的制定成本、监督成本和执行成本，相较于正式制度安排的运行成本要低得多，同时它还具有相对的灵活性，可以避开烦琐的规章制度和法纪法规程序，又因为是一种主观见之于客观的自觉行动，由于监督成本的减少，其效率和效果，特别是执行力会得到极大的提升。所以，自律规则和自律体系对于金融风险防范是极为重要的一种管理方式，它与金融活动存在很强的契合性。

艾哈德指出，市场经济是自由与秩序的和谐体。自律对于金融发展的重要性，正是在于它能够同教育、制度体系建设一道，相辅相成地为金融市场建立提供一种有规则的、有秩序的健康发展的保障。如亚当·斯密所言，自爱、自律、诚实、公平、公共精神以及公共道德规范等，是人们进入市场之前就必须拥有的，这些也同样是金融主体行为的道德理性基础，所以应该成为维持金融秩序所必需的基本行为准则。因此，自律管理对于金融风险防范的重要意义首先表现在，它是金融主体道德理性的“内在道德律令”，可以同规章制度、法律法规等“外在行为准则”实现有机结合，有效地发挥伦理文化的力量和正式制度安排的力量，相辅相成地实现合力的放大效果。同时，自律所要求的情操和修养所体现的道德要求和对于法律规范的自觉遵守，有助于防范道德风险和有效地减少风险因素的产生，因而对于保障市场的顺利运作有着无可替代的重要作用。而且，自律管理符合多元化社会和谐发展的需要，尽管功利化、利益化的追求长期主宰着市场经济行为，但是，后危机时代的反思已经要求人们越来越多地重视和加强伦理文化在金融管理中的融合与发挥更多的作用，对于金融个体的慎独要求以及金融主体的自律管理成为有效防范金融风险、保障国家金融安全的历史性选择。

### 3. 金融道德风险防范体系的构建

防范和治理金融道德风险主要有两个层次：一是要通过金融企业内部的道德风险防范制度安排以及机制设计的支持和保障来实现；二是要通过财政部、中央银行或相关监管当局对道德风险的外部监管以及良好的金融生态环境来实现。内部控制道德风险的办法，主要是通过制度安排及其实施，这些制度安排的内容包括金融规章制度、企业文化、职业道德、自律机制、合理有效的内控等措施，同时要建立相关的道德体系来保证，主要包括职业道德体系、金融信

① 冯契，徐孝通．外国哲学大辞典［M］．上海：上海辞书出版社，2000.

用道德体系、金融自律体系、制度保障体系以及合规管理体系等。外部对道德风险的监管，主要是通过完善监管制度、道德法律化与制度化以及对于金融企业自身内控制度的可行性、有效性进行经常化的、制度化的检查和评估，并督促其不断完善内控制度来实现。

（1）金融职业道德体系的构建。新制度经济学的代表人物诺思认为："制度是一系列被制定出来的规则、守法程序和行为的道德伦理规范，它旨在约束追求主体福利或效用最大化利益的个人行为。"也就是说，制度能规范人的行为，减弱或消除不确定性（风险），降低交易费用，创造和谐稳定有序的程序，因此，用制度来保障金融道德的落实是非常有效的形式。金融职业道德体系建设是一项系统工程，是对金融风险防范体系的以法律法规及相关规章制度为主要内容的正式制度的配合与必要补充。如科斯所指出的那样，即使在最发达的经济中，正式规则也只是决定行为选择的总体约束的小部分，大部分行为是由习惯、伦理等非正式制度来约束的。建立金融道德风险防范体系，有利于行为主体自律性规范，并在法律无法达到的空间发挥调节作用。

建立符合中国当前发展需要的金融道德风险防范体系，要在坚持市场经济的共性原则的前提下，从社会主义市场经济的特殊性出发，结合社会主义经济体制、政治体制和道德体制的个性要求，既要遵循市场经济的物质利益原则，善于用物质利益杠杆撬动和增强员工的竞争力和创造力，同时还必须坚持社会主义的人生观、价值观、道德观。要将个人利益和集体利益、局部利益和全局利益、短期利益和长远利益结合起来，不断增强人们的自立意识、竞争意识、效率意识、民主法制意识和开拓创新精神，弘扬解放思想、实事求是、与时俱进、勇于创新的时代精神，使凭借知识和智能获取公平利润成为企业最基本的价值取向，通过正直和诚信获取阳光利润，以拼搏和创新获取功德利润，依靠人人为我和我为人人获取良心利润。其中的基本精神和基本要求就是"取之有道""取之有德"，不能为了自身获取利润最大化而使社会和环境以及他人的损失最大化，不能因为个体和小团体的小利而背弃了社会正义和人的良知。中央制定的《公民道德建设实施纲要》提出的"爱国守法、明礼诚信、团结友善、勤俭自强、敬业奉献"既是全社会的基本道德规范，也是金融行业的基本道德准则。

（2）金融信用道德体系的构建。金融信用是金融活动的前提和基础，也是实现金融健康发展的重要保证。"金融海啸"所暴露出来的种种私欲、贪婪、无度竞争的道德沦丧行为，是金融信用丧失、金融腐败严重导致金融危机的深层次原因。后危机时代的反思告诉我们，金融信用道德体系的构建对于防范金融风险、保障财政收支平衡、维护国家经济安全和社会稳定具有重要的制度性意义。

良好的金融信用制度安排，通过规范企业和个人的行为，可以有效地降低交易费用，减少金融风险因素；同时金融信用所内含的道德伦理要求，一方面可以促使金融机构、金融服务主体必须提供有保证的金融产品和金融服务；另一方面可以促使企业和个人重视自己的信誉，反对出现不良记录，从而有助于形成诚实守信、遵纪守法的金融秩序。金融信用道德体系的构建内容有：一是金融机构信用制度安排，包括国家层面的对于金融从业机构的合规经营、诚实守信的职业道德规定；二是企业信用制度安排，要求建立一整套针对企业的信用评价体系，这种信用评价体系的重要环节是具有公信力的信用评级公司的建立及全国统一的方便可查的信用评级信息；三是个人信用制度安排，要为每个公民建立一个无法伪造的终身信用安全号码，通过这个安全号码，每人拥有一份资信公司保存的信用记录，金融机构、公司以及其他业务对象都可以付费查询，以便减少和避免不良记录，不断提高个人信用。要加强这三个方面制度安排的建立和有机配合，需要政府主导和积极推动，加大财政的引导、投入和配合，尽快建立覆盖全国的安全、统一、可靠的社会信用体系。此外，针对我国当前复杂的地方债务体系问题，我们应尽快以财政部为主导建立一套地方政府的信用评级及财务健康状况信息系统。

（3）金融道德保障体系的构建。金融道德制度安排的实现，必须有相应的保障体系的支持。金融道德保障体系的主要内容基本包括：

第一，建立人力资源道德信息系统。人是金融活动的重要主体，是金融健康发展的革命因素，因此，在金融发展过程中，人力资源道德建设至关重要。人力资源道德建设的提升，不仅需要通过教育和企业文化建设来实现，而且在信息时代条件下，要充分利用信息化技术来加强人力资源道德建设，通过建立信息化管理支持系统，一方面加强伦理文化教育，另一方面及时记录、跟踪人力资源信息变化，及时发现和解决风险因素，以便更好地保证和实现金融制度安排。人力资源道德信息化管理支持系统的建设至少应包括两个部分：一是监测信息系统，包括守法合规情况、工作情况、奖惩情况、信用情况、履行社会责任情况的记录等；二是规划跟踪评价系统，包括评价指标体系设计、评价周期确定、阶段性评价指标量化、评价组织实施、评价整改措施等。

信息化技术对金融体系的影响是通过节约交易成本和解决信息不对称问题而实现的。它对交易成本的影响在于：计算机的出现以及便宜的数据传输导致了交易成本的锐减。通过增加交易的数量，以及让金融机构以低成本提供新的产品和服务，而使得金融体系的效率更高。计算机和通信技术可以合称信息技术。它对金融市场信息对称产生了深远的影响。投资者可以更容易地识别不良贷款的风险，或去监督企业，从而减少逆向选择和道德风险的问题。结果是，发行可交易证券的障碍减少，从而鼓励了发行。技术进步对金融体系的影响使金融体系也相应发生了改变，支付体系向电子货币体系发展，减少了家庭将其财富投资于银行存款的需求。

在信息化条件下，要求人力资源道德信息的共享性，为此，人力资源道德信息化管理支持系统必须建立全国性的、共享性的人力资源道德档案，同时在全国分行业或者分区域建立若干子系统，实现联网运行，服务于全国的金融、商业、人力资源管理等方面的工作需要。人力资源道德档案建设中，一方面要对信息的提供者给予必要的约束机制，保证信息的真实性、有效性、权威性，确保信息安全；另一方面要实行道德档案的可公开性，有利于充分发挥其作用。

考察国外的社会信用制度，一般已经形成一个完整的体系，其基础庞大，而且建立了有效的数据库，数据库内容包括民事诉讼记录、刑事诉讼记录、交通事故记录、银行信贷记录、行政处罚记录、专业资质认证记录、职业经历及职业信用记录等。对信息收集、整理、保存、更新等一般都由专门的政府机构或民间机构承担，任何具有相应资质的个人或机构都可以进行查询。在此基础上建立员工道德档案社会化管理体系，实现信用档案与道德档案的对接，逐步完善和推进，以成为社会管理和企业管理的基本手段和技术信息平台。金融从业人员道德档案建设工作涉及面广，任务庞杂，借鉴世界发达国家的经验，可以以央行的征信系统为基础，建立个人信用档案，不断完善社会信用体系的建立。

第二，建立高管人员道德记录与评价体系。其中，特别要严格规定市场准入的条件，要通过考察、公示、多个备选、反复比较等多种手段，利用信息化监管优势，支持和保护德才兼备的人进入高管人员队伍。对已任职的高管人员，要利用信息化管理系统进行动态跟踪监控；要打破任职资格的终身制，通过定期考核、考查及培训等方式，及时发现和防范高管人员的道德风险，对存在严重道德风险已不具备任职条件的，要实行优胜劣汰，及时实行禁入和取消资格。

第三，完善金融纪检监察制度。完善金融纪检监察制度是建立强有力的金融监管体系的需要。监督管理是有效防范风险的必要举措。作为金融企业内控体系的重要组成部分，加强金融企业纪检监察机构建设，一方面可以充分发挥其特有的政治优势和组织优势提升监督的有效性；另一方面可以通过与风险管理、审计、稽核、人力资源等部门协调一致形成合力，更有效地遏止金融道德风险。为了提升金融纪检监察的权威性和执行力，一方面要用法律法规的形式赋予必需的权力，包括相应的执纪办案权力；另一方面实行纪检监察派驻制度，充分发挥第三方监督的公平、公正。

同时，随着金融业务的国际化，金融业务的现代化程度越来越高、专业性要求越来越细，各种金融违规违德行为也朝着高智商化、科技化方面发展。为此，金融纪检监察工作在工作思路、工作方式和方法上都要实现与时俱进，要求金融纪检监察干部要进一步钻研新的金融业务技术，不断提高工作艺术和培养洞察秋毫的能力，真正成为现代化条件下金融工作的行家以及纪检监察的专家。

金融监管体系建设的内容，除了对于金融主体行为具有合规监督检查要求之外，还应该注重对于金融创新过程的监督检查。金融创新固然是金融发展的动力源，但是，金融创新过度就有可能会导致金融风险的发生。“金融海啸”的教训记忆犹新，次级抵押贷款的金融衍生品的过度创新，正是引发金融危机的罪魁祸首。格林斯潘主张的对金融衍生产品不监管，是导致金融危机的制度原因。因此，金融监管体系建设，包括未来全球性的金融监管体系建设，一个非常重要的任务就是要加强对金融衍生产品的监管。

（4）金融合规管理体系的构建。合规管理是指企业按照外部法规的要求统一制定并持续修改内部规范，监督内部规范的执行，以实现增强内部控制，对违规行为进行早期预警，防范、化解、控制合规风险的一整套管理活动和机制，也是防范和控制道德风险的有效途径。国际金融中的所谓“合规”，是对于金融主体，包括企业及其员工，在金融活动中遵守法律、监管规定、行业自律准则，以及企业自己制定的内部规范的总称。

巴塞尔银行监管委员会在 2005 年 4 月 29 日发布的《合规与银行内部合规部门》文件中指出，合规风险是指没有能够按照合规行事而导致的风险，主要包括银行因未能遵循法律、监管规定、规则、自律性组织制定的有关准则，以及适用于银行自身业务活动的行为准则，而可能遭受法律制裁或监管处罚、重大财务损失或声誉损失的风险。制度的效果需要良好的执行力，这就要求在制度的执行和操作阶段不能产生道德风险。路伟国际律师事务所是全球十大律师事务所之一，其在《中国企业法律风险管理标准化策略报告》中，把合规管理誉为“企业管理的第三支柞”，它通过创造和保持企业精神、市场信誉和公共形象的努力，“保护企业免于发生重大风险事件”。

（5）金融自律体系的构建。关于金融自律问题，以上相关内容分析认为，人是经济行为的主体，在金融风险防范体系建设中，从体系设计、指标选择、制度安排到实施执行的全部过程，都存在一个自律的问题。自律体系是保证金融风险防范制度安排的执行力以及执行效果的关键问题，因此，自律体系应该成为金融风险防范的重要制度建设内容。“道德的基础是人类精神的自律。”[①]唯有达到自律，即在社会道德转化成为社会个体道德，成为个体道德的需要时，道德才具有真正的现实性。金融自律体系的构建一方面由外部的自律组织组成，其基本理念、行为准则和价值观要得到从业人员的认同；另一方面要使职业道德成为从业人员的真正需求，成为从业人员的共识和认同，这样从业人员才能把道德作为自我修养、行为自律的准则，才能发挥自律机制的效用。

## （三）伦理文化保护的机制创新

保证和提升金融风险防范道德制度安排的效果，必然要求有相应的金融道德管理保护机制创新，因为，不断创新的保护机制是制度安排效率的保证。借鉴国际经验和针对国内实际情况，反思“金融海啸”的经验教训，应该在法律法规的基础上加强伦理文化的作用，构建切实有效的保护机制体系，包括对于现有机制的创新和完善。

第一，共赢的利益机制。利益是道德的基础，道德是利益的内在要求，二者是一种相互联系、相辅相成的关系。没有利益追求，就没有经济活动；而没有道德伦理，经济行为就失去了灵魂，就必然会发生道德风险而使经济活动走向邪路。因此，只有在利益观和道德伦理相互统一的基础上，建立利益与道德相互联动、相互促进的有效机制，才能有效地防范道德风险。防范和控制金融市场道德风险的利益机制建立，要从减少违德行为的预期收益、增加违德行为被发现的概率、加大违德行为失败的预期成本等相关方面综合考虑、统筹安排，才能减少违德动机，降低道德风险的诱惑力，以抑制道德风险的趋利行为的内在冲动。

第二，持续的激励机制。激励是一种激发人的内在本能的根本性措施。没有激励就没有人的主动性、积极性和创造性，那样，人的道德也就无从谈起。道德风险表现的一个普遍现象就是——只顾短期利益而不管长期利益。控制这种只顾短期利益的行为所可能产生的风险因素，必须运用激励手段来调动人的正能量，通过人的主动性、积极性和创造性发挥去建立持续动力机制。

考察现实经济生活，无论是从实证分析还是从规范分析的视野，从企业经营者的目标追求和人性角度分析，在长期、短期利益的关系上，一般是重视短期利益而忽视长期利益。表现在收入分配上，在现实管理中，一般来说，企业高层总是愿意接受以奖金的形式来保证其高收入，而不愿意采取固定工资的方式。这一方面表明了他们不愿意承担风险的心态，另一方面也表明了他们对于

① 马克思，恩格斯．马克思恩格斯全集（第一卷）[M]．北京：人民出版社，1956．

未来预期的不确定性，所以只要短期收入保证而不愿意采取长期化行动。这其中，也同时表现出一种道德伦理要求，以及自律的重要性。因此，建立持续的激励机制是实现长期的可持续发展和防范道德风险的有效途径。

激励与约束机制的创新。首先要求建立一个完善和有效的金融机构内部控制体系，可以有效落实国家法律法规和监管规章的贯彻执行，防范各类案件发生，有利于促进金融机构查错防弊、消除隐患，有效地控制各种环境风险。其次是绿色金融机构评估机制的建设，对各金融机构执行绿色金融政策、法规及对环境风险控制程度进行测评。最后是社会公众监督机制的创新，积极引入社会中介机构强化对金融机构的外部监管，以此促进金融机构的内部控制建设。

第三，自愿与强制的机制。从法律法规的强制力和道德伦理的自我约束力来看，以法律法规为核心的正式制度安排，是一种强制机制；而以伦理道德要求为内容、自律规则为核心的非正式制度安排，则是一种自愿机制。当然，在现实金融管理过程中，这两种机制是相辅相成的，而且是一种长期存在，是与时俱进的要求，需要进行自愿与强制机制的创新发展。

金融监管既是一种常规性制度安排，也是一种机制设计。在加强金融监管体系建设过程中，需要进行创新性努力，在加强社会监督和评价制度建设上下大力气，为此，要进一步明确和健全金融机构的信息公开发布制度，包括金融制度、授信制度、金融政策、金融产品、金融绩效等方面的公开发布制度，努力形成真正的社会监督机制；同时，要进一步明确规定社会和公众对金融机构的风险控制的知情权，包括重大社会责任和环境方面的信息。自律体系更多的是立足于道德伦理的自我约束之上的一种自愿机制，应该通过教育和企业文化建设，进一步明确自律规则和完善自律体系。

第四，创新绿色金融道德管理机制。适应可持续发展的要求，建设绿色金融，既是构建金融管理道德制度的要求，也是金融道德管理机制创新的要求。创新绿色金融道德管理机制的基本内容，主要包括创新绿色金融财政机制，实行财政与金融机构的风险共担，鼓励财政和金融机构向环保产业和绿色企业的投资；建立银行、证卷、基金、财政以及风险投资的资金综合服务机制，建立绿色企业评价制度，为金融服务决策提供环境行为方面的基本依据；建立特定领域绿色公示制度、绿色责任制度，通过法律的形式和道德伦理要求，进一步明确投资行为应该对所产生的环境影响应承担的责任和义务；建立绿色标准技术制度，使得已远远落后的绿色金融标准，能够在不断健全中满足绿色金融开展的要求，为此，要尽快地把建立绿色标准技术制度的任务列入国家环境保护标准制定的工作规划之中。另外，还包括建立绿色金融组织评估制度、建立绿色金融信息共享制度。

第五，政策激励机制。有效的政策支持是金融健康发展的重要保证。政府导向和市场取向相结合，是发展中国家成功发展的普遍经验，也是中国改革开放实践的成功之道。政府导向和市场取向的具体运用，都需要相应的政策支撑。市场取向并不等于自由放任，历史告诉我们，市场调节有其滞后性，如果任由市场规则自行发挥作用，会在无序的竞争中造成极大的浪费和损失。人们在认识市场规律的情况下，应该能动地对其加以利用，通过制定符合市场规律的各种政策进行有效的调节，去克服市场的盲目性，从而更有效地减少金融风险因素。金融政策支持因素在中国改革与发展过程中的特殊作用取决于特定的制度变迁逻辑，金融因素与经济改革过程存在有机联系，金融体制改革需要与整体制度变迁过程始终匹配。

金融政策激励机制创新的一个重要方面是，尽可能地在政策中融入道德伦理要求，把道德修养上升为相关的法律法规和政策安排。比如，金融支持政策的一个重要内容是人才政策，人才是事业成功的根本保证，富有道德精神的人才是金融健康发展的重要保证。在人才的标准、发现、培养、使用上都必须贯彻道德伦理的要求，以便进一步建立健全自律体系。

# 参考文献

［1］马克思，恩格斯．马克思恩格斯选集（第1~4卷）［M］．北京：人民出版社，1972.

［2］中共中央马克思恩格斯列宁斯大林著作编译局．列宁全集（第2版）［M］．北京：人民出版社，1985.

［3］毛泽东．毛泽东选集（第1~4卷）［M］．北京：人民出版社，1993.

［4］邓小平．邓小平文选（第1~2卷）［M］．北京：人民出版社，1989.

［5］邓小平．邓小平文选（第3卷）［M］．北京：人民出版社，1993.

［6］中共中央文献研究室．江泽民论有中国特色社会主义（专题摘编）［M］．北京：中央文献出版社，2002.

［7］习近平．习近平谈治国理政［M］．北京：外文出版社，2014.

［8］习近平．习近平谈治国理政（第2卷）［M］．北京：外文出版社，2017.

［9］习近平．之江新语［M］．杭州：浙江人民出版社，2007.

［10］人民日报评论部．习近平用典［M］．北京：人民日报出版社，2015.

［11］习近平．摆脱贫困［M］．福州：福建人民出版社，2014.

［12］人民日报评论部．习近平讲故事［M］．北京：人民出版社，2017.

［13］习近平．干在实处　走在前列——推进浙江新发展的思考与实践［M］．北京：中共中央党校出版社，2006.

［14］习近平．习近平的七年知青岁月［M］．北京：中共中央党校出版社，2017.

［15］中共中央党校．以习近平同志为核心的党中央治国理政新理念新思想新战略［M］．北京：人民出版社，2017.

［16］中央文献研究室．十八大以来重要文献选编（上）［M］．北京：中央文献出版社，2014.

［17］中共中央宣传部．习近平总书记系列重要讲话读本［M］．北京：学

习出版社，人民出版社，2016.

[18] 中央文献研究室 . 习近平关于全面从严治党论述摘编 [M] . 北京：学习出版社，2016.

[19] 任仲文 . 深入学习贯彻习近平总书记系列讲话精神 [M] . 北京：人民日报出版社，2014.

[20] 中国共产党第十八届中央委员会第四次全体会议文件汇编 [M] . 北京：人民出版社，2014.

[21] 中央文献研究室 . 习近平关于全面深化改革论述摘编 [M] . 北京：学习出版社，2014.

[22] 中央文献研究室 . 习近平关于全面依法治国论述摘编 [M] . 北京：学习出版社，2015.

[23] 中央文献研究室 . 习近平关于协调推进“四个全面”战略布局论述摘编 [M] . 北京：学习出版社，2015.

[24] 习近平 . 决胜全面建成小康社会，夺取新时代中国特色社会主义伟大胜利 [M] . 北京：人民出版社，2017.

[25] 中央文献研究室 . 十四大以来重要文献选编（上）[M] . 北京：人民出版社，1999.

[26] 中央文献研究室 . 十四大以来重要文献选编（中）[M] . 北京：人民出版社，1999.

[27] 陈锡喜 . 平易近人——习近平的语言力量 [M] . 上海：上海交通大学出版社，2014.

[28] 宋希仁 . 马克思恩格斯道德哲学研究 [M] . 北京：中国社会科学出版社，2012.

[29] 俞可平 . 治理与善治 [M] . 北京：社会科学文献出版社，2000.

[30] 罗国杰，夏伟东 . 以德治国论 [M] . 北京：中国人民大学出版社，2004.

[31] 罗国杰 . 罗国杰文集 [M] . 保定：河北大学出版社，2000.

[32] 焦国成 . 德治中国 [M] . 北京：中共中央党校出版社，2002.

[33] 李建华 . 现代德治论：国家治理中的法治与德治关系 [M] . 北京：北京大学出版社，2015.

[34] 宋希仁 . 伦理与人生 [M] . 北京：教育科学出版社，2000.

[35] 夏伟东 . 道德的历史与现实 [M] . 北京：教育科学出版社，2000.

[36] 焦国成 . 传统伦理及其现代价值 [M] . 北京：教育科学出版社，2000.

［37］章海山．经济伦理论——马克思主义经济伦理思想研究［M］．广州：中山大学出版社，2001.

［38］唐凯麟．伦理大思路［M］．长沙：湖南人民出版社，2000.

［39］厉以宁．经济学的伦理问题［M］．北京：生活·读书·新知三联书店，1995.

［40］厉以宁．超越市场与超越政府：论道德力量在政府中的作用［M］．北京：经济科学出版社，1999.

［41］王小锡．中国经济伦理学［M］．北京：中国商业出版社，1994.

［42］王克敏．经济伦理与可持续发展［M］．北京：社会科学文献出版社，2000.

［43］韦森．经济学与伦理学［M］．上海：上海人民出版社，2002.

［44］中国社科院应用伦理学研究中心．中国应用伦理学 2001［M］．北京：中央编译出版社，2002.

［45］刘光明．经济活动伦理研究［M］．北京：中国人民大学出版社，1999.

［46］唐凯麟．西方伦理学名著提要［M］．南昌：江西人民出版社，2000.

［47］理查德·T. 德·乔治．经济伦理学（第五版）［M］．北京：北京大学出版社，2002.

［48］阿马蒂亚·森．经济学与伦理学［M］．北京：商务印书馆，2000.

［49］霍尔斯特·施泰因曼等．企业伦理学基础［M］．上海：上海社会科学院出版社，2001.

［50］罗国杰．中国传统道德［M］．北京：中国人民大学出版社，1995.

［51］张曙光．制度、主体、行为：传统社会主义经济学反思［M］．北京：中国财政经济出版社，1999.

［52］德尼·古莱．发展伦理学［M］．北京：社会科学文献出版社，2003.

［53］Wilson，Edward O. The Future of Life［M］. New York：Alfred A. Knopf，2002.

［54］亚当·斯密．道德情操论［M］．北京：西苑出版社，2005.

［55］马克斯·韦伯．新教伦理与资本主义精神［M］．西安：陕西师范大学出版社，2006.

［56］汉斯·乌里希·德瑞克．金融服务运营风险管理手册［M］．北京：中信出版社，2004.

［57］曾欣．中国证券市场道德风险研究［M］．成都：西南财经大学出版社，2003.

［58］奥特弗利德·赫费．作为现代化之代价的道德［M］．上海：上海世纪出版集团，2005.

［59］安德里斯·R. 普林多等．金融领域中的伦理冲突［M］．北京：中国社会科学出版社，2002.

［60］许崇正．伦理经济学再论［M］．北京：中国财政经济出版社，2001.

［61］吴翠丽．社会制度伦理分析［M］．南京：东南大学出版社，2006.

［62］陈野华等．证券业自律管理理论与中国的实践［M］．北京：中国金融出版社，2006.

［63］许国平．不完全合同与道德风险：90 年代金融改革的回顾与反思［J］．金融研究，2001（2）.

［64］李华民．中国金融发展的道德重构［J］．中国软科学，2003（3）.

［65］郭晔．道德风险论［D］．南京师范大学硕士学位论文，2003.

［66］O. C. 费雷尔等．商业伦理［M］．北京：清华大学出版社，2005.

［67］约瑟夫·W. 韦斯．商业伦理［M］．北京：中国人民大学出版社，2005.

［68］胡海鸥．道德行为的经济分析［M］．上海：复旦大学出版社，2003.

［69］韦森．经济学与哲学［M］．上海：上海人民出版社，2005.

［70］马斯洛．人类价值新论［M］．石家庄：河北人民出版社，1988.

［71］福山．信任——社会道德与繁荣的创造［M］．海口：海南人民出版社，2001.

［72］戴维·J. 弗里切．商业伦理学［M］．北京：机械工业出版社，1999.

［73］博特赖特．金融伦理学［M］．静也译．北京：北京大学出版社，2002.

［74］John Dobson．Finanee Ethice［M］．Lan Ham：Rowman & Littlefield Publishers，Inc.，1997.

［75］Barelay William．Ethics in a Permissive Society［M］．London：Collins，1971.

［76］王锐生．东亚金融危机与社会伦理［J］．南京政治学院学报，1999（2）.

［77］徐艳．我国金融市场的金融伦理冲突与矛盾［J］．财贸经济，2003（10）.

［78］谢小飞．新形势下如何防范金融道德风险［J］．广西金融研究，2003（1）.

［79］吴绵超，周磊．论经济学与伦理学的三个结合点［J］．理论学刊，

2004（4）.

［80］R. Elliot，A. Gare，et al.Environmental Philosophy：A Collection of Readings［M］. St Lucia：University of Queensland Press，1983.

［81］宋书伟 . 协调与持续发展理论和中国发展道路［M］. 北京：经济科学出版社，1999.

［82］韩秀云 . 金融海啸与我何干［M］. 北京：中信出版社，2009.

［83］时寒冰 . 当次贷危机影响世界——中国怎么办［M］. 北京：机械工业出版社，2009.

［84］秦越存 . 追寻美德之路——麦金太尔对现代西方伦理危机的反思［M］. 北京：中央编译出版社，2008.

［85］神谷秀树 . 贪婪的资本主义——华尔街的自我毁灭［M］. 于丽译 . 北京：经济科学出版社，2009.

［86］拉菲・巴特拉 . 格林斯潘的骗局［M］. 范建军译 . 北京：机械工业出版社，2006.

［87］丹尼尔・贝尔 . 资本主义文化矛盾［M］. 严蓓雯译 . 南京：凤凰出版传媒集团，江苏人民出版社，2007.

[88］吴振兴，袁野 . 危机与转机——金融风暴、经济危机下中国经济的问题、政策分析与出路［M］. 北京：新世界出版社，2009.

［89］宋希仁 . 西方伦理思想史［M］. 北京：中国人民大学出版社，2004.

［90］沙奈等 . 突破金融危机：金融危机缘由与对策［M］. 齐建华，胡振良译，北京：中央编译出版社，2009.

［91］郎咸平 . 郎咸平说谁在拯救中国经济［M］. 北京：东方出版社，2009.

［92］南怀瑾 . 漫谈中国文化——金融・企业・国学［M］. 北京：东方出版社，2008.

［93］罗伯特・希勒 . 终结次贷危机［M］. 何止云译 . 北京：中信出版社，2008.

［94］奥特弗利德・赫费 . 作为现代化之代价的道德应用伦理学前沿问题研究［M］. 邓安庆，朱更生译 . 上海：上海世纪出版集团，2005.

［95］朱贻庭 . 儒家文化与和谐社会［M］. 北京：学林出版社，2005.

［96］周小川 . 保持金融稳定，防范道德风险［J］. 金融研究，2004（4）.

［97］郭莲 . 文化的定义与综述［J］. 中共中央党校学报，2002（2）.

［98］A. 布坎南 . 伦理学、效率与市场［M］. 北京：中国社会科学出版社，1982.